科学
发现
之旅

生物的净土

陈积芳——主编　　黄民生 等——著

上海科学技术文献出版社
Shanghai Scientific and Technological Literature Press

图书在版编目（CIP）数据

生物的净土 / 黄民生等著 . —上海：上海科学技术文献
出版社，2018
（科学发现之旅）
ISBN 978-7-5439-7696-2

Ⅰ．① 生⋯　Ⅱ．① 黄⋯　Ⅲ．① 环境保护—普及读
物　Ⅳ．① X-49

中国版本图书馆 CIP 数据核字 (2018) 第 161300 号

选题策划：张　树
责任编辑：李　莺
封面设计：樱　桃

生物的净土
SHENGWU DE JINGTU
陈积芳　主编　黄民生　等著
出版发行：上海科学技术文献出版社
地　　址：上海市长乐路 746 号
邮政编码：200040
经　　销：全国新华书店
印　　刷：常熟市华顺印刷有限公司
开　　本：650×900　1/16
印　　张：13.25
字　　数：127 000
版　　次：2018 年 8 月第 1 版　2018 年 8 月第 1 次印刷
书　　号：ISBN 978-7-5439-7696-2
定　　价：32.00 元
http://www.sstlp.com

目

录

控制噪声：还我们一个安静的世界

〜〜〜〜〜〜〜〜〜〜〜〜〜〜〜〜〜

　　长期以来，人们只注意化学物质对环境的污染，却忽视了噪声对人类带来的危害。噪声，从物理学的观点来看是各种不同频率、不同强度的声音无规律的杂乱组合，从生理学观点看，凡是使人烦恼的、讨厌的、不需要的，并对人类生活和生产有妨碍的声音都是噪声。一般人适应的噪声强度为 15～30 分贝。一般认为低于 40分贝是噪声的卫生标准，超过 40 分贝会影响睡眠，60 分贝以上会影响人们的工作、谈话及娱乐，70 分贝开始损害人的听觉，85 分贝以上人感觉不舒服，115 分贝以上健康受损伤。因此，噪声对人体的影响是多方面的。

　　其一是噪声对听力的影响。噪声对人体健康最显著的影响和危害是使人听力减退和发生噪声性耳聋。长期在较高噪声的环境中工作，则产生听觉疲劳，听觉敏感性随之下降，听力功能不能完全恢复，使听觉器官发生器质性病变，造成永久性听力损失，即形成噪声性耳聋。按照"国际标准化组织"的定义，人耳对 500 赫兹、1 000 赫兹、2 000 赫兹三个频率的平均听力损失超过 25 分贝，称为噪声性耳聋。噪声强度超过 90 分贝以上，耳聋发病率明显增加。因此，目前大多数国家听力保护标准定为 90 分贝（A），它能保护 80% 的人群。由于噪声对环境的污染不积累，所以短时期处在 90 分贝的噪声环境中也只产生暂时性的病患，在脱离噪声环境的一定时间内，耳朵还会嗡嗡作响，听觉器官的敏感性下降，甚至听不清别人的一般说话声，休息几分钟后仍可恢复正常。因此，噪声的危害关键是长期作用。

噪声性耳聋可分：轻度——听力损失 15～40 分贝；中度——听力损失 40～60 分贝；重度——听力损失 60～85 分贝；全聋——听力损失 85 分贝。

▼ 道路噪音监测仪

法国听觉专家梅耶耳比斯奇向音乐迷发出警告：听摇滚音乐会比戴立体声耳机听音乐或是去迪斯科舞厅更易损害听力。他研究了 1 364 个年龄在 14～40 岁的人，其中大音量的音乐对经常光顾音乐厅的人的听力影响是十分惊人的。在"喜欢听音乐会"这一组，40% 的人都表现出暂时性听力减退的症状，如觉得耳旁好像总是有铃声在响——耳鸣，还有所谓的"闷听"——耳朵里仿佛塞了棉花和羊毛。每个月至少到音乐厅去听两次摇滚乐的人差不多有 2/3 也出现这些症状。更令人担忧的是，那些经常听现场音乐会的人中，患永久性听力减退的人数明显增加。与 18 岁的健康人相比，经常听音乐会的人对高频段声音的听感平均下降 9 分贝。一般来说，人年岁大的时候，通常对高频声音的敏感度下降。经常听摇滚音乐会，尤其是那些特别喜欢听重金属摇滚乐的人容易发生听力明显下降。摇滚乐在高频区对耳朵的损害要比古典音乐厉害得多。

其二是噪声对睡眠的影响。一定强度的连续噪声会影响人们的睡眠质量和数量，使人多梦，缩短睡眠时间，如打麻将的嘈杂声使房主睡眠严重不足，引起神经衰弱。当声强达到 50 分贝时入睡就有困难，尤其对病人、儿童、老人的干扰更大。突发性的噪声还会使人从熟睡中惊醒。当睡眠受干扰而无法入睡时，会引起头疼、头晕、记忆力衰退、疲乏、失眠等症状，使第二天的工作、学习效率下降，注意力分散，易出差错。在噪声环境里，神经衰弱的发病率可达 50%～60%。

其三是噪声对人体生理的影响。长时间接触噪声，对全身各系统如中枢神经系统、心血管系统、消化系统、内分泌系统等都会有不同程度的影响。中枢神经系统受到噪声刺激，会使大脑皮层的平衡状态失调。有报道说噪声对人体心血管系统的影响主要是血管运动中枢失调，交感神经紧张性增强，就会出现心动过速，心电图异常，血压升高。高强度噪声可致大脑功能低下，刺激肾上腺素分泌，促进心肌收缩，从而导致心动过速。消化系统受到噪声刺激，唾液、胃液分泌减少，肠胃蠕动减慢，胃酸降低，食欲不振。长期在 80 分贝噪声环境中工作的人，胃肠道的消化功能会受影响，胃的收缩能力只有正常人的 70%，易患胃溃疡和十二指肠溃疡。噪声对人体的生理影响还涉及内分泌、免疫等功能，当噪声过高，就会造成免疫细胞被长期抑制，从而造成免疫功能下降。纺织车间工作的女工初乳中的三种免疫球蛋白含量均明显下降。

20 世纪 60 年代初，美国空军在俄克拉荷马市上空做超音速飞行实验，飞机每天在 1 万米的高空飞行 8 次，6 个月以后，当地一个农场饲养的 1 万只鸡竟被飞机的轰鸣声"杀死"了 6 000 只，幸存的 4 000 只鸡，有的羽毛全部脱落，有的干脆就不下蛋了。噪声对胚胎发育也有影响，动物实验发现大鼠和豚鼠在怀孕期受到实验噪声的刺激，可出现胎儿体重下降。

生活中我们还要注意有一种人耳听不见的"次声噪音"。一般说来，人耳所能听见的声音，频率范围是 20 赫兹到 2 万赫兹（物体每秒振动一次为 1 赫兹），高于 2 万赫兹的超声和低于 20 赫兹的次声，人耳都听不见。次声是一种奇特的声音，它能穿透建筑物墙壁而无明显减弱，在大气中可传播几千里。次声的声源很多，又传播得很远，风暴、台风、火山爆发、地震都能发出次声。据记载，1883 年印度尼克拉卡托火山爆发所发生的强大次声，环绕地球三圈，历时 108 小时后才停息，全世界的微气压机都记录到这次次声。高强度次声使人产生头晕、恶心、胃痛、失眠、耳鸣、心悸、四肢麻木、烦躁以及精神不振等症状，特强次声还可以致人死命。

那么怎样控制噪声污染呢？

同水体污染、大气污染和固体废物污染不同，噪声污染是一种物理性污染，它在环境中只是造成空气物理性质的暂时变化，噪声源的声输出停止之后，污染立即消失，不留下任何残余物质。因此，噪声的防治主要是控制声源和声的传播途径以及对接收者进行保护。

其一是控制声源。运转的机械设备和运输工具等是主要的噪声源，控制它们的噪声有两条途径：一是改进结构，提高其中部件的加工精度和装配质量，采用合理的操作方法等，以降低声源的噪声发射功率。二是利用声的吸收、反射、干涉等特性，采用吸声、隔声、减振、隔振等技术，以及安装消声器等，以控制声源的噪声辐射。

控制声源的方法主要有如下几种：

飞机减噪。国外专家研制出一种特制的耳机，它由一个微型的拾音器和一个通话器组成。当进入耳机的声音由拾音器送入一个很小的电气箱后接受分析并测出它的噪声类型，同时产生一个"反"信号。这个信号与噪声的频率一致，但声波相位恰恰相反，两者相互干扰而相互抵消。使用这种特制的耳机，可将进入人耳的噪声降低到 50 分贝左右。这种耳机在欧美国家已被广泛用于

航天飞机上。

火车减噪。为了消除火车在铁轨上运行时产生的噪声，目前英国采用了两种方法：一是改用安静铁轨，二是阻抑铁路振动。安静铁轨的高度只有110毫米，比一般的铁轨低50毫米，同时铁轨的横截面也被适当减小。当铁轨高度和横截面减少后，也就是降低了其声能效率，从而把噪声减少5分贝。所谓阻抑铁路振动，是采用一种弹性夹层材料来衬垫铁轨。当该弹性材料受到剪切力的作用时，就会吸收能量和吸收声能。另外，把火车轮的直径缩小，也能把噪声减小。

桥梁减噪。凡是到过日本的人，都知道在横滨车站的背后，有一座看上去不起眼的桥梁。当人们过桥时，这座桥就会发出清脆悦耳犹如细雨落下的"沙沙"声，人们因此而称之为细雨桥。原来，在这座桥的桥栏杆上装有传感器，它能把行人过桥时产生的振动能转化为机械能，并有规律地敲击金属片，从而让人听到"沙沙"的细雨声，使人心中漾起诗情画意。据报道，许多国家都纷纷仿效修建了细雨桥。

公路减噪。挪威生产并使用消声水泥铺设无噪声公路，能吸收汽车行驶时由轮胎与路面摩擦时产生的噪声，从而达到减噪的效果。这种公路是双层结构，上层较薄，厚约40毫米，下层厚度约200毫米，基础可以是砾石或原路面。它比普通水泥公路使用寿命更长（可达 80 年），铺后 24 小时即可使用，而且噪声明显减弱。

其二是控制传声途径。主要措施有：（1）声在传播中的能量是随着距离的增加而衰减的，因此使噪声源远离需要安静的地方，可以达到降噪的目的。（2）声的辐射一般有指向性，处在与声源距离相同而方向不同的地方，接收到的声强度也就不同。不过多数声源以低频辐射噪声时，指向性很差；随着频率的增加，指向性就增强。因此，控制噪声的传播方向（包括改变声源的发射方向）是降低噪声尤其是高频噪声的有效措施。（3）建立隔声屏障，或利用天然屏障（土坡、山丘），以及利用其他隔声材料和隔声结构来阻挡噪声的传播。（4）应用吸声材料和吸声结构，将传播中的噪声声能转变为热能等。（5）在城市建设中，采用合理的城市防噪声规划。此外，对于固体振动产生的噪声采取隔振措施，以减弱噪声的传播。

其三是对接收者采取防护。为了减少噪声对人的危害，可采取下述防护措施：（1）佩戴护耳器，如耳塞、耳罩、防声盔等。（2）减少在噪声环境中的暴露时间。（3）根据听力检测结果，适当调整在噪声环境中的工作人员。人的听觉灵敏度是有差别的。如在 85 分贝的噪声环境中工作，有人会耳聋，有人则不会。可以每年或几年进行一次听力检测，把听力显著降低的人调离噪声环境。

（王忠华　黄民生）

看不见的杀手——电磁辐射

~~~~~~~~~~~~~~~~~~~~~~~~~~~~~~~~~~~~~

　　高耸入云的广播电视塔、星罗棋布的电力输送线路、数以亿计的移动电话和几乎家家都有的彩电、冰箱等等，人类社会物质文明和精神文明的发展已经极大程度地依赖于电气、电器及电子设备。但是应该清楚地认识到，我们在享受这些现代文明的同时，一张看不见、摸不着、错综复杂的电磁网时时刻刻都在笼罩着我们每个人。

　　电磁辐射分为电离辐射和非电离辐射，是一类以电磁波形式通过空间传播的能量流。其中，与人类生活和健康关系最密切的是非电离辐射，它们产生于工业、科学、医疗及家庭应用的各种电气、电器及电子设备。据统计，截止到 1997 年上半年我国共有广播电视发射设备 10 235 台，总功率约 130 万千瓦；各类通信系统发射设备数量已超过 81 000 台，总计功率近 50 000 千瓦（其中，移动通讯网的基站总数近 30 000 个，总发射功率 2 239 千瓦）；工科医高频设备 14 756 台，合计功率约 2 500 万千瓦。此外，以电为能源的交通运输系统及高压电力系统发展也十分迅速。人工造成的电磁场其强度及危害性已经远远超过了地球原始电磁环境（据悉，现在发达国家人均每天所接受的电磁辐射强度要比自然界电磁辐射强度高出二亿倍左右），并已成为现代人类社会的"隐形公害"，必须引起我们的高度重视。

那么，电磁辐射有哪些危害呢？首先是影响人体健康。

其一，电磁辐射是造成儿童患白血病的原因之一。医学研究证明，长期处于高强度电磁辐射的环境中会使血液、淋巴液和细胞原生质发生变化。美国纽约州北部的一个城镇，在离地面 60 米的空中有一新架设的高压输电线通过。有时常常听到"噼啪噼啪"的响声，人们感到担心。有一天夜晚，天色漆黑，人们每人手里拿着一支荧光灯灯管，纷纷聚集到高压线下面。结果，手里的灯管都闪闪发光，可见其电磁辐射的强度有多高。前联邦德国的一些医学工作者，曾发现一些"神秘"死亡的儿童大都是住在靠近高压电线和电气化铁道的地方。美国科学家也证实，长期生活在高压电线附近的儿童，其癌症（特别是血癌淋巴瘤、神经性肿瘤）的患病率是对照区的 2～3 倍。另外，怀孕期间使用电热毯的妇女她们产下婴儿的血癌、脑癌患病率比正常情况下要高出很多。

除儿童外，高强度电磁辐射导致成年人患白血病的事例也屡有报道。1962 年，美国中央情报局发现有一种"怪电波"向设在莫斯科的美国驻苏大使馆发射。这种"怪电波"类似于雷达发射的微波，这是苏联当局有意识地从与美驻苏使馆隔街相对的两幢建筑物发射的，其结果造成近三分之一的使馆工作人员白血球总数上升近百分之五十，这是白血病的特征之一。

其二，电磁辐射能够引发癌症，并加速癌细胞增生。电磁辐射会影响人体的免疫功能，严重的还会诱发癌症，并加速癌细胞的增生。瑞士的研究资料指出，周围有高压线经过的居民，患乳腺癌的概率比正常人高出 7.4 倍。

其三，电磁辐射影响人体的生殖功能。主要表现为男子精子数量和质量降低，孕妇发生自然流产和胎儿畸形等。我国某省曾对 16 名女性电脑操作员的跟踪调查发现，其月经紊乱明显高于对照组。有的研究报告还指出，每周使用电脑 20 小时以上的孕妇流产率明显增加。

另外，电磁辐射还可导致儿童智力缺陷及心血管系统与视觉系统疾病。世界卫生组织认为，计算机、电话机、移动电话等的电磁辐射对胎儿均有不良影响。父母一方曾长期受到电磁辐射影响的，其子女唐氏综合征的发病率也明显提高。主要表现在心悸、失眠，部分妇女经期紊乱、心动过缓、心搏血量减少、窦性心律不齐等。微波炉发出的高强度微波辐射会使一些装有心脏起搏器的病人感到不适，有的起搏器甚至失灵骤停。由于眼睛属于人体对电磁辐射的敏感器官，高强度电磁辐射将引起视力下降，还可能引起白内障等。

需要一提的是，电磁辐射对人体健康的危害程度不仅与辐射强度、接受辐射的持续时间及辐射频率有关，还与不同的人群或同一个人在不同的年龄时段及健康状况有关，老人、儿童、孕妇及有病、体质虚弱者都是对电磁辐射敏感的人群，更加需要注意辐射防护。

除影响人体健康外，因电磁辐射导致瞬间人亡、机毁的事例同样是不胜枚举。

二十多年前，俄罗斯著名国际象棋大师尼古拉·古德可夫与一台电脑对弈，连胜三局后，不料突然被电脑释放出来的什么东西击倒，死在众目睽睽之下。经调查、分析证实，杀害古德可夫的"凶手"正是电脑产生的电磁辐射。

位于美国芝加哥的伊利诺伊州工学院为了研究和教学的需要，曾耗资十万美元建造了一架高级电子扫描望远镜。结果由于受到附近电视台发射塔的超短波电磁辐射干扰，该电子扫描望远镜失灵，不能使用。

国际无线电咨询委员会专家指出：距离 300 千瓦发射机 300 米内，因高强度电磁辐射，可使得互相接触的金属导线产生电火花、起重机的钩子与金属部件间发生电弧，可使得距离 500 米以内的仪表被烧毁、距离 5 000 米明线电话线完全不能用。电磁辐射还会造成空难等可怕的事故。

1991 年英国劳达公司一架民航机不幸坠毁，机上223 人全部遇难。据有关专家推测，造成这次空难的罪魁

▲ 电视发射塔会产生
电磁辐射污染

祸首可能仅仅是一部笔记本电脑，或便携式摄录机，或一部移动电话，它使用时产生的电磁辐射干扰了飞机上的电子设备，从而酿成了这场大祸。

再如，1997年8月13日上午8时30分，深圳机场的地空通讯系统受到不明干扰，在航管中心还出现了刺耳杂音，致使空中指挥无法继续。从12时到14时，机场被迫关闭2个小时，多架航班的起、降受到影响。事后调查发现干扰来自机场附近山上的200多台无线电发射机。

通过以上介绍，我们对电磁辐射的危害已经有了比较全面的了解了。那么，我们要采取哪些行动和措施来面对这个"看不见的杀手"呢？

首先，我们要消除"谈波色变"的恐惧心理。在物质文明高度发展的当今人类社会，电磁辐射已经成为我们生存环境的一种客观现实，为了避免电磁辐射而拒绝使用电以及各种电气、电子设备的想法不仅没有科学依据，而且无法实现。这就需要我们对电磁辐射的强度及其与人体健康的关系进行科学地分析和评价。1996年国家环保总局颁布了《电磁辐射环境保护管理办法》，制定了安全的环保标准。例如，国家在900兆赫这个频段制定的电磁辐射强度标准是每平方厘米40微瓦，而许多发达国家的标准是每平方厘米200微瓦，是我国标准的5倍，中国香港地区在这个频段的标准更低，大约400多微瓦。由此可以看出，我国的电磁辐射安全标准是比较严格的。因此，在这个标准范围内，在实际工作中的操作人员和附近的广大居民的身体健康是有保障的。另外，我们还可以在生活、生产环境中采取许多措施来控制或减轻电磁辐射对人体健康的危害。下面介绍的都是一些行之有效的做法：

电视机、电冰箱、空调、微波炉、电脑等家用电器的摆放应适当分散，不宜过分集中。最好在电脑显示器前安装辐射防护屏。

安放微波炉的位置应低一些。使用微波炉时，尽可能离它远一些，不要用眼睛盯看工作中的微波炉。安装有心脏起搏器的人不宜靠近微波炉。发现微波泄露要及时维修。

在使用电热毯时，当电热毯通电变暖后，应拔去插头，或切断电流。孕妇不宜使用电热毯。

交流电闹钟和空调器应尽量离床铺远一些，人与彩电间的距离应保持在4～5米以上。

手机接通瞬间释放的电磁辐射强度最大，使用时应尽量使人体头部与手机天线保持足够的距离，最好使用分离耳机和话筒接收电话。

购买和使用电磁辐射少的绿色家电。

工作或生活在高压线、变电站、电台、雷达站等附近的人员，经常操作和使用电子仪器、医疗设备、电脑等的人员，应定期测量居室或工作环境的电磁场强度。尽量减少作业人员进入强辐射区的次数和工作时间，并采取必要的防护措施，如安装接地金属网，对高频与微波设备设置机箱挡板，进入工作区前穿戴特别配备的防护服、防护眼罩和头盔等。另外，多吃一些胡萝卜、豆芽、西红柿、动物肝等富含维生素A、维生素C和蛋白质的食品，经常喝些绿茶等，可以增强人体对电磁辐射的免疫力。

（林　静　应俊辉　黄民生）

光污染

华灯溢彩,霓虹闪烁,我国城市的夜景越来越绚丽多彩。然而夜景灯在使城市变美的同时也给都市人的生活带来了一些不利影响,"越亮越好"的确是人类认识上的误区。城市上空不见了星辰,刺眼的灯光让人紧张,人工白昼使人难以入睡。城市建设和环境专家提醒说,城市亮起来的同时就伴随着光污染(有人称其为"噪光"),而"只追求亮,越亮越好"的做法更是会带来难以预计的危害。

光污染泛指影响自然环境,对人类正常生活、工作、休息和娱乐等带来不利影响,损害人体健康的各种光危害现象。最早提出光污染问题是在 20 世纪 30 年代,即气体汞灯开始广泛应用的时期。白炽灯的难熔灯丝不易在瞬间熄灭,所以亮度的变化不明显,而日光灯却在 1

秒内就有 20 次完全不发光，这对眼睛十分有害。日光灯下皮肤会发绿，有损人的心理健康。

国际上一般将光污染分成 3 类，即白亮污染、人工白昼和彩光污染。

其一是白亮污染。阳光照射强烈时，城市里建筑物的玻璃幕墙、釉面砖墙、磨光大理石和各种涂料等装饰反射光线，明晃白亮、炫眼夺目。专家研究发现，长时间在白色光亮污染环境下工作和生活的人，视网膜和虹膜都会受到不同程度的损伤，视力急剧下降，白内障的发病率明显升高。还易使人头昏心烦，甚至发生失眠、食欲下降、情绪低落、身体乏力等类似神经衰弱的症状。

夏天，玻璃幕墙强烈的反射光进入附近居民楼房内，增加了室内温度，影响正常的生活，导致家用电器及家具容易老化。有些玻璃幕墙是半圆形的，反射光汇聚后

还易引起火灾。烈日下驾车行驶的司机会出其不意地遭到玻璃幕墙反射光的突然袭击，眼睛受到强烈刺激，很容易诱发车祸。

其二是人工白昼。夜幕降临后，商场、酒店上的广告灯、霓虹灯闪烁夺目，令人眼花缭乱。有些强光束甚至直冲云霄，使得夜晚如同白天一样，即所谓人工白昼。在这样的"不夜城"里，夜晚难以入睡，扰乱人体正常的生物钟，导致白天工作效率低下。人工白昼还会伤害鸟类和昆虫，破坏和干扰它们的觅食、寻偶和交配等活动。据悉，德国法兰克福游乐场的

霓虹灯每晚要烤死数万只有益昆虫；美国杜森市夏夜蚊虫众多的原因与该市上千个霓虹灯"杀害"无数食蚊益虫和益鸟有关，长此以往就会严重影响生态平衡。

根据美国的调查研究，"人工白昼"造成的光污染已使世界上1/5的人对银河视而不见。许多人已不知道夜空本来的"面目"。在许多大城市的郊外夜空，可以看到2 000多颗星星，而在中心城区却只能看到几十颗。

其三是彩光污染。舞厅、夜总会安装的黑光灯、旋转灯、荧光灯等各式各样的光源构成了彩光污染。据测定，黑光灯所产生的紫外线强度大大高于太阳光中的紫外线，且对人体有害影响持续时间长。人如果长期接受这种照射，可诱发流鼻血、脱牙、白内障，甚至导致白血病和其他癌变。彩色光源让人眼花缭乱，不仅对眼睛不利，而且干扰大脑中枢神经，使人感到头晕目眩，出现恶心、呕吐、失眠等症状。科学家最新研究表明，彩光污染不仅有损人的生理功能，还会影响心理健康。

除上述3类外，家庭用灯、电视、电脑甚至包括书本，以及建筑物上的釉面砖、磨光大理石等装饰材料也是光污染的来源，都会对人体和周围环境造成不良影响。当我们在翻阅一些纸张光滑的杂志时，纸面上时而出现一道道或者一片片高光区域，闪烁着耀眼的光芒，十分炫目，这一道道的亮线和一片片的亮面随着读物在读者手中的微微抖动而不断变换着位置与形状，读者必须不断调整页面的状态及其与视线之间的角度方可看清楚内容，不仅令人感到眼睛不舒服而且阅读书刊也不方便。

有研究表明，我国高中生近视率高达60%，居世界第二位，有关专家认为视觉环境是形成近视的主要原因。

在我国，光污染已经导致越来越多的民间纠纷。如1996年8月，某市一栋22层的大厦竣工后，由于通体的玻璃幕墙及楼顶的金属装饰球的反光，通过窗户直射到居民家室内，强烈光照导致居民室内温度过高，使人根本无法休息，且使高血压等病症加重。再如，1998年浙江省某市19户居民以该市电业大厦玻璃幕墙产生光污染影响正常工作生活为由，将电业局和房产开发商诉至法庭等等。

那么怎样防治光污染呢？国外许多经验和做法值得我们学习、借鉴。

在欧美和日本，光污染的问题早已引起人们的关注。捷克政府通过了一项控制光污染的法令。美国的亚利桑那州也成立了国际夜空协会，有关光污染控制的法律和法令在美国其他几个州相继通过。在意大利的威尼斯，城市的公共场所灯光的照度很低，晴朗的夜晚人们可以清楚地看见小熊星座的每一颗星星，这样做的目的是为了保持这座城市"罗曼蒂克"的自然风格。

20世纪80年代末期，发达国家率先开展了绿色照明的推广工作，在商用建筑、政府建筑上采用高效节能的光源、灯具、灯用电器附件和控光开关等替换原有的照明系统，使建筑物的照明设计更科学、舒适、安全、节能和环保。一些国家对环境光照强度也做了具体规定，如：商业或混合居住区的建筑墙面照度一般规定为50勒

克斯，灯具的光强度为 2 500 坎德拉；居住区的照度为
10～20 勒克斯，灯具的光强度为 500～1 000 坎德拉。

可喜的是，我国部分城市已开始重视光污染的防治。
近年来北京、上海、天津等城市都先后制定、颁布《城
市夜景照明工程评比标准》《城市夜景照明技术规范》《城
市环境装饰照明规范》等。广州市也十分重视夜景照明
的科学设计，并为此成立了夜景灯光审查专家组，对珠
江两岸及六座桥、花园酒店景区、天河体育中心等大型
夜景照明设计方案根据国际标准进行了严格审查。北京
市近年来长安街两旁的建筑物也很少有鲜艳刺目的灯
光了。

（王忠华　黄民生）

光污染

"光污染"是这几年来一个新的环境话题，它主
要是指各种光源（日光、灯光以及各种反折射光）
对周围环境和人的损害作用。国际上一般将光污染
分成三类，即白亮污染、人工白昼和彩光污染。就
目前城市来说，光污染危害来源主要仍是城市高层
建筑的玻璃幕墙。鉴于此，一些建筑师建议：在闹
市区、居民密集区、交通要道等处不宜设计玻璃幕
墙，或采取高层部分使用的方法解决光污染问题。

谈谈放射性污染

～～～～～～～～～～～～～～～～～～～～～～

　　想必你也到医院放射科拍过 X 光片。那么拍 X 光片对身体有没有危害呢？这就要科学地看待了。专家认为，因诊断疾病而需拍的几张 X 光片的射线通常都在安全剂量内，一般对身体并无危害。但孕妇拍 X 光片的确会有一定危险，特别是孕前 3 个月，X 射线可能会引起宝宝发育障碍或畸形，因此孕妇应尽量少拍 X 光片。最近的科学研究表明，乳腺 X 光照射已成为公共健康领域的一大问题。据悉，美国女性乳腺癌患者中有近 1/10 是因拍 X 光片引起的。因此，一些医生建议普通的健康妇女在做常规乳房检查时尽量要避免不必要的 X 光照射。

　　事实上，放射性污染已经成为环境公害之一，是我们身体健康的一大隐患。

　　那么放射性污染究竟是怎么回事？它的主要来源有

哪些？

在科学上，把不稳定的原子核自发地放射出一定动能的粒子（包括电磁波），从而转化为较稳定结构状态的现象称为放射性。其实，人类生活在地球上时刻都在接受着各种天然放射线的照射，它们来自于宇宙射线和存在于土壤中、岩石中、水和大气中的放射性核素，如铀 -235、钾 -40、镭 -229、氡 -222 等。这些因素构成的辐射剂量称为天然本底辐射，人类是在此环境中衍生发展起来的，已经适应了天然本底辐射。可是，一旦放射性辐射超过本底水平，就会造成公害。特别是人为放射性污染，通过空气、饮用水以及复杂的食物链等多种途径进入人体，或者以外照射方式危害人体健康。

近几十年来，随着频繁的核武器试验、核工业的迅速发展、放射性核素在各个领域的广泛应用，排放到大气、水、土壤中的各种含有放射性的废水、废气、废渣日益增多，不可避免地污染大气并随同自然沉降、雨水冲刷或废弃物堆积而污染水质和土壤。就连居室装修使用的大理石，如果选材不当，也会造成放射性污染。

专家认为，放射性污染主要有以下来源：

其一是核工业。核工业排放的废水、废气、废渣是造成环境放射性污染的重要原因。如，铀矿开采过程中的氡离子气会引发呼吸道癌症，放射性矿井水造成对水质的污染，废矿渣和尾矿造成了固体废物的污染。

其二是核试验。它造成的污染要比核工业严重和广泛得多。因此全球已经严禁在大气层进行核试验，且严禁一切核试验和核战争的呼声也越来越高。

其三是核电站。目前全球正在运行的核电站有 400 多座，还有几百座正在建设之中。核电站排入环境中的废水、废气、废料等均具有较强的放射性，会造成对环境的严重污染。因此，核电站的建设必须合理规划布局、采用多层有效的防护和严格的管理，才能避免事故，减轻污染。1986 年 4 月 26 日，苏联的切尔诺贝利核电站 4 号机组，由于操作人员严重违反操作规程，引起爆炸造成大量的放射性物质外逸，使 31 人急性死亡，237 人受到严重辐射性损伤，周围 30 千米范围内的 13 200 人受到核辐射伤害，造成了严重的后遗症。部分放射性物质随大气一直飘到欧洲西北部。

另外还有核燃料后处理厂及人工放射性同位素的应用。核燃料后处理厂是将反应堆废料进行化学处理，提取钚和铀再度使用，但后处理厂排出的废料依然含有大量的放射性核素，仍会对环境造成污染。目前对其废料处理有 3 种意见：（1）深埋于地下 500~2 000 千米的盐矿中；（2）用火箭送到太空或其他星球上；（3）贮存于南极冰山中。在医疗上，放射性同位素常用于"放射治疗"以杀死癌细胞；有时也采用各种方式有控制地注入人体，作为临床上诊断或治疗的手段。工业上放射性同位素可用于金属探伤；农业上用于育种、保鲜等。但如果使用不当或保管不善，也会造成对人体的危害和对环境的污染。

放射性污染到底是怎样对人体造成损害的呢？

专家认为，射线与生物体作用时，会使机体细胞、组织、体液等物质的原子或分子电离，而破坏机体内某些大分子结构，如使蛋白分子链断裂，核糖核酸或脱氧核糖核酸链断裂，破坏某些对物质代谢有重要意义的酶等。这不仅能扰乱和破坏机体组织的代谢活动，而且能直接破坏细胞和组织结构，并能引起机体的白细胞、淋巴细胞和血小板的减少。射线对人体造成危害的程度，主要决定于照射部位和照射剂量，大剂量照射头部和腹部会产生严重的病理变化，特别会使白血病和其他癌症的发病率明显升高。

因放射性污染造成的灾难已经不计其数。20 世纪 50 年代中期，美国好莱坞巨片《征服者》的原剧组的 220 人到 80 年代初竟有 91 人患上癌症，其中 46 人死亡，原因就在于摄片的外景地圣乔治沙漠受到 200 千米外的内华达州境内的原子弹试验基地频频升起的蘑菇云带来的放射性物质的毒害。在我国，近年来放射性污染造成的恶性事故也屡有报道。1996 年 7 月 4 日，河南省某县水泥厂二号生产线停产检修，一位电工在检修电路时，将设置在振动机上用于监控投料的放射性同位素 γ 射线源卸下，随手放在了一边。上午 10 时，当工人们正在进行试车前的准备工作时，机械主任发现放射源被盗！被盗的放射源为铯 -137，在封闭状态下，1 米内即可直接穿透人体皮肤，刺伤骨质，破坏人体造血功能，一旦流散开来，后果不堪设想。此案于 7 月 10 日被公安机关破获，原来是一个小学生把它当成废铁卖给了废品站！7月11日上午，河南省防疫站连忙带人赶到该县，亲自将放射源安全地封装起来。至此，一场紧急追踪"铯-137"行动方告结束。

如何对环境放射性污染进行防护？具体来说，下列一些方面应当加以注意。

一方面，我们要注意生活环境中是否有人为放射性污染的来源。居住在大型核工业企业、核科学研究单位、大量应用放射性核素的医院等单位附近的居民，应该主动关心周围环境中如水、土壤、空气、农作物是否被放射性污染的情况。

第二方面，我们要注意天然放射性污染对人体的影响。天然放射性污染对人体也有很大的危害，比如铀矿石等。据报道，国内某铀矿将辐射剂量为 18 000 伦琴以下的矿石都作为尾矿到处遗弃堆放。这不仅造成了资源浪费，更重要的是严重危害矿工及周围村民的健康。经检测表明，该铀矿的矿工们普遍受辐射损伤，半数矿工眼睛红肿，手臂红肿脱皮，一矿工的手擦破皮后因受放射性污染，长期溃烂不愈，诊断为四度放射性损伤。

另外，我们要采取措施防止放射性诊疗过程中对人体的损伤作用。随着核技术的迅速发展，放射性核素以及 X 射线在医学诊断与治疗中应用十分广泛。比如钴-60 和铯-137 辐射治疗各种恶性肿瘤等，具有方法简便、疗效好的特点。然而在放射性诊断过程中，人体组织同时也要接受一定的剂量，一次 X 射线胸透剂量为 0.1～2 拉德，钴-60 辐射治癌总剂量高达 4 000～6 000 拉德。所以，在做核医学诊断或放射性治疗时，必须持慎重态度，在保证医疗质量的前提下，要避免接受不必要的剂量，防止放射性反复多次的诊疗，以免造成有害的影响。

近年来，放射性污染物件（材料、仪器、设备和废物）通过各种渠道非法越境转移的事件时有发生，这给放射性污染的防治带来了新的难题。据来自美国国会的一份最新报告指出，用于医学、工业和技术研究等领域作"和平用途"的内含危险放射性物质的各类设备仪器正广泛散落在全球范围内，由于缺乏有效控制，许多都下落不明，而最后被追回的不到三分之一。而我国的情况也不容乐观。据悉，近 10 年来，我国就曾发生多起对进口放射性污染的废金属进行再冶炼而造成危害的事件。

（林　静　王忠华　黄民生）

我国自然资源真的很丰富吗

在课本或是在课外读物上我们往往读到例如祖国"幅员辽阔，地大物博"等语句，这个时候，我们心中自豪和骄傲的感情油然而生。随着年龄的增长，我们获取知识和信息的渠道越来越多了，渐渐地，我们发现，好像祖国的资源并没有我们童年时想象的多。那这究竟是怎么回事呢？我国的自然资源到底是不是真的丰富呢？那就让我们从头慢慢来看吧。

自然资源是指自然界中能被人类用于生产和生活的物质和能量的总称，其中包括水资源、土地资源、矿产资源、森林资源、野生动物资源、气候资源和海洋资源等等。这些自然资源按是否能够再生，可划分为可再生资源和不可再生资源。

天然气、石油、煤矿、铁矿等矿产资源都是不可再生资源，它们用一些就少一些，在有限的时间内不可能再重新产生。以铁矿为例，铁元素聚集成具有工业利用价值的矿床是一个漫长的地质历史过程，它们多形成于距今26～30亿年的太古时代。远古时代时期，成矿期均以亿年计算。与此形成强烈对比的是，人类开采、消耗矿物却十分快速，一个矿区开采期仅为百年、数十年，以至几年。因此，从人类历史的角度看，这些矿产好像一瞬间就被使用完了，根本来不及等它再重新产生，所以说它是不可再生的。其实不仅仅是铁矿，石油、天然气、煤矿都是如此。所以如何合理地利用这些有限的资源，就变得非常重要了，这也是我们在建设可持续发展社会过程中必须重视的问题。

那么可再生资源是不是就能让我们取之不尽，用之不竭呢？答案是否定的。因为如果我们不注意保护、任意取用，可再生资源也有可能变成不可再生资源。比如对某种野生动物来说，一旦它的生存环境被破坏，其物种数量减少到一定程度后，它就不可能再维持自身的繁衍，只能灭绝，恐龙就是这样从地球上消失的。据统计，1600年以来，有记录的高等动物和植物已灭绝724种。经粗略测算，400年间，生物生活的环境面积缩小了90%，物种减少了一半，其中由于热带雨林被砍伐对物种损失的影响更为严重。由此可见，即使是可再生资源，我们仍旧应该"吝啬"一点，这同样关系到子孙后代的生存。谁都不想看到，若干年后的人类生活在一个光秃秃的地球上，我们除了自己以外没有其他的生物陪伴。尽管这是一种极端情况下的假设，我们谁都不愿意看到它变成现实。下面就介绍一些我国现在所面临的资源危机。

物种灭绝。我国是世界上生物多样性最丰富的国家之一，高等植物和野生动物物种量均占世界的 10% 左右。然而，环境污染和生态破坏导致了我国动植物生存环境的破坏，物种数量急剧减少，有的物种已经灭绝。据统计，我国高等植物大约有 4 600 种处于濒危或受威胁状态，占高等植物的 15% 以上，近 50 年来约有 200 种高等植物灭绝，平均每年灭绝 4 种；野生动物中约有 400 种处于濒危或受威胁状态。近年来，非法捕猎、经营、倒卖、食用野生动物的现象屡禁不止。广东省某县非法出售犀牛角，某市活熊取胆等案件已在国际上造成了恶劣的影响。

植被破坏。森林是生态系统的重要支柱，一个良性陆地生态系统要求森林覆盖率 13.9% 以上。尽管新中国成立后开展了大规模植树造林活动，但森林破坏仍很严重，特别是用材林中供采伐的成熟林和过熟林蓄积量已大幅度减少。同时，大量林地被侵占，1984～1991 年全国年均达 837 万亩，呈逐年上升趋势，这在很大程度上抵消了植树造林的成效。草原面临严重退化，沙化、碱化，加剧了草地水土流失和风沙危害。

土地退化。我国是世界上土地沙漠化较为严重的国家，近十年来土地沙漠化急剧发展，20 世纪 50～70 年代年均沙化面积为 1 560 平方千米，70～80 年代年均扩大到 2 100 平方千米，总面积已达 20.1 万平方千米。目前水土流失面积已达 179 万平方千米。我国的耕地退化问题也十分突出。如原本土地肥沃的北大荒地区，土壤的有机质已从原来的 5%～8% 下降到 1%～2%（理想值应不小于 3%）。同时，由于农业生态系统失调，全国每年因灾害损毁的耕地约 200 万亩。所以，不管是不可再生资源，还是可再生资源，我们都应该注意保护和合理利用。

当你看完了以上这些，你还会不会认为我们国家自然资源真的很丰富呢？是不是觉得问题已经超乎了你的想象呢？其实，我们国家是全世界人口最多的国家，如果按照人均来计算的话，我们每个人所拥有的自然资源很多都没有达到全世界的平均水平！所以我们在自豪、骄傲之余，应该冷静下来面对现实中这些棘手的问题，节约利用每一份资源，这才能使我们国家不断发展，我们的生活环境才能更加丰富多彩。

（于学珍　黄民生）

莫让人海淹没未来

~~~~~~~~~~~~~~~~~~~~~~~~~~~~~~~~~~~~~

联合国人口基金会的统计资料表明，世界每年新增
8 000 万人；到 2050 年，世界人口将达到 89 亿，将有 20
亿人口面临严重缺水；石油、土地、矿产资源短缺将可
能成为引发战争的导火索。因此，我们不得不思考人口
大幅度增长对环境、资源永续利用和社会经济可持续发
展将产生什么样的影响？

20 世纪 60 年代以来，我国人口迅速增长，平均每 5
年增长 1 亿人口，国内需求直线上升，人口数量及消费
需求膨胀给资源利用与开发带来巨大的压力。目前我国
人均耕地面积已降到 0.11 公顷，从一个粮食出口国变为
进口国，每年进口 2 亿公斤粮食，这个数字还可能继续
增加。

我国计划生育政策从 20 世纪 70 年代开始实施以来

取得了举世公认的成绩。三十多年来，面对巨大的人口压力，我国政府在大力发展经济的同时，坚持计划生育基本国策，把开展计划生育与发展经济、普及教育、消除贫困、完善社会保障、提高妇女地位、建设文明幸福家庭、提高生殖健康水平紧密结合起来，运用经济、教育、法律、行政等手段综合治理人口问题，使我国人口过快增长的势头得到有效控制，人口出生率从1970年的33.43‰下降到2003年的12.41‰，自然增长率从1970年的25.83‰下降到2003年的6.01‰。人均预期寿命显著提高，婴儿死亡率、孕产妇死亡率和婴儿出生缺陷发生率大幅度下降。经过三十多年坚持不懈的努力，我国实现了人口再生产类型的历史性转变，进入了稳定低生育水平的新时期。人口和计划生育的成功实践，增强了我国可持续发展的能力，促进了我国的经济建设、社会进步和人民生活水平的改善。这一伟大成就的取得，使得二十多年来我国少出生了3.38亿人口，被联合国人口基金会的官员盛赞为"使60亿人口日推迟了4年到来"。

但是，由于人口的惯性作用、生活质量与国民健康状况的改善以及总死亡率的下降，我国年均人口增长总量仍十分可观。在《中国21世纪议程——中国21世纪人口、环境与发展白皮书》中，国家计划生育政策、国家环保政策以及国家耕地政策被列为我国的可持续发展战略中的基本国策，计划生育排在了第一位。

2005年1月6日，我国大陆总人口达到13亿。中国

13亿人口日的到来,再一次敲响人口问题的警钟,警示我国人口形势仍然不容乐观。因此,在全面建设小康社会的进程中,必须以科学发展观为指导,把人口和计划生育工作抓紧抓好,努力实现人口与经济、社会、资源、环境协调发展和可持续发展。

人口多,底子薄,耕地少,资源相对不足,是我国社会主义初级阶段长期面临的基本国情。未来几十年,我国人口总量高峰、就业人口高峰、老龄人口高峰相继到来;人口总体素质不高、流动人口规模庞大、出生人口性别比持续升高、贫困人口脱贫困难、艾滋病及其他传染性疾病滋长蔓延等五大难点相互叠加;就业人口对经济承载的压力,贫富差距对社会承载的压力,生产生活方式对资源承载的压力,人口总量对环境承载的压力,四大压力相互作用。在这种形势下,我国人口和计划生育工作既面临稳定低生育水平的艰巨任务,又要统筹解决人口素质、人口结构和人口分布等方面存在的突出矛盾和问题。我们必须清醒地认识到,我国人口多、底子薄、人均资源相对不足的基本国情没有根本改变;计划生育作为基本国策的地位没有根本改变;严格的生育政策与群众生育意愿之间的矛盾没有根本改变;计划生育作为天下第一难的工作性质没有根本改变。稳定低生育水平,统筹解决数量、素质、结构、分布的要求更高,任务更艰巨。任何认识的缺位、政策的偏差、工作的失误和外来因素的不利影响,以及目前普遍存在的盲目乐观情绪,都可能导致生育率的反弹和人口环境的恶化。

让我们充分珍惜我国人口控制上来之不易的成果，继续坚持可持续发展的科学理念，莫让人海淹没我们美好的未来。

（于学珍　黄民生）

人口控制论

人口学历来被认为是纯属于社会科学的范畴，但也可以从自然科学角度来研究它。20世纪70年代初，美国的 D.R. 福尔肯伯格、G.J. 奥尔斯德、H.L. 朗哈尔、荷兰的 H. 夸克纳克和日本的高桥安等人，开始应用控制论方法研究人口问题。70年代末中国控制论科学家宋健从理论和应用两个方面对人口控制进行了系统的定量研究，在数学模型、人口指数、人口系统动态分析、稳定性理论、人口预报、人口结构和人口发展过程的最优控制等方面都取得了很多重要结果，奠定人口控制论的理论基础。

人口控制论研究人口系统结构和参数的变化，分析人口系统的特性和动态行为，其目的是通过调节和控制生育率来改变和控制人口发展趋势，从而使人口系统的繁衍过程朝着人们期望的方向发展。人口控制论的研究对于像中国这样大力提倡计划生育和实行人口控制的国家尤为重要。

清洁能源

〜〜〜〜〜〜〜〜〜〜〜〜〜〜〜〜〜

　　回想多年前，你一定会对蜂窝煤有着深刻的印象。那时城市里很多人都是用煤炉做饭，有些人家甚至舍不得用蜂窝煤，仍然靠捡柴火过日子。现在，中国城市大多数的家庭都用上了天然气或煤气，蜂窝煤已成为那个时代中国人日常生活的一个历史标志。

　　随着生产发展和生活水平的提高，能源危机也越来越被人们重视。以前，人们由于生活所迫，家家都有节约的习惯，不论是对电、水或其他能源的使用，总是能省则省。现在生活宽裕了，人们不需要为吃饭穿衣、孩子上学节省下每一分钱，能源的使用量就逐年上升。这一方面反映中国经济在增长，人们的生活越过越好。但从另一方面，我们看到的是，大家对能源节约意识的下降。

　　我们这里所说的节约能源，并不完全等同于减少能源的使用。发达国家人均消耗的能源量大，但能源的利用率却很高。能源短缺的问题，不是使用量减少就能解决的，我们要抓住问题的实质，才能从根本彻底地解决问题。

我们现在大量使用的化石燃料给地球的环境带来了很大的压力。1854年美国打出了世界上第一口油井，几千米的地底冒出的浓浓的黑色液体，点燃了如火如荼的石油工业。仅仅150年之后，由石油和煤支撑起的现代文明社会，已经清晰地显露出文明之下的危机：地球历经千万年乃至上亿年历史累积而成的宝藏，在惊人的消耗速度下正迅速枯竭，使用它们引起的大气污染等环境问题也日益困扰着人们。"能源革命"的呼声从20世纪60年代起就日渐高涨，而那正是石油消费量超过煤炭、成为新一代主体能源的时候。

在"能源革命"的初期，人们为了缓解使用能源给环境造成的压力，就从提高机器对能源的利用率，使用脱硫煤、低硫煤等角度来考虑解决环境问题，但这是一种治标不治本的方法，要根本解决问题，就必须找到煤炭和石油的替代能源，逐渐减少人类对这些能源的依赖性与对环境的污染。方法之一就是开发和利用清洁能源。

那到底什么样的能源可以称为清洁能源呢？清洁能源包括两个类型：一是可再生能源，就是在消耗后可以得到恢复和补充，并且不产生或产生很少的污染物，如水能、风能、太阳能、潮汐能、氢能、生物能等；二是不可再生资源，就是在其生产和消费过程中只对环境造成很小的影响，例如：地热能、核能、天然气等。

对于生物能可能很多的人还不是非常的了解。实际上，简单地说，生物能就是以化学能形式贮存在生物中的太阳能。这是一种以生物为载体的能量，它直接或间接地来源于植物的光合作用。

其实，人类使用生物能的历史可以追溯到几十万年前，从我们的祖先开始使用火的时候，我们就与生物能结下了不解的渊源。生火用的薪柴，施肥用的动物粪便等等，这些都可以称为是传统生物能。但这些生物能的利用率很低，大部分都被浪费掉了，并不是我们所提倡使用生物能的方式。

作为清洁能源使用的生物能是指那些可以大规模用于代替常规能源亦即矿物类固体、液体和气体燃料的各种现代生物能。现代生物能与传统生物能的区别仅仅在于，科学技术在生物能开发和使用中发挥的作用。巴西、瑞典、美国的生物能计划便是这类生物能的例子。现代生物质包括：木质废弃物（工业性的）；甘蔗渣（工业性的）；城市有机废物；生物燃料（包括沼气和能源型作物）。这些东西看起来都是没用的废物，但经过人们合理的利用之后却有着极大的优势和潜力。

在生物能备受关注的今天，氢能也正在以飞快的速度发展着。过去的几十年来水力发电和核裂变发电曾一度是非化石燃料型能源的发展重点。水力发电量已占到世界总发电量的近20%。在法国等少数国家，核电成为国家电力供应的主要来源。但是拦河筑坝、建起巨大的水库，在地质、生态、水文等方面也可能存在不利影响。

地球上的水资源十分的丰富，是不是因为一些不确定的因素就放弃对水的利用呢？我们可不可以间接又安全地使用水呢？带着这个问题氢能源成为可靠的替代能源。氢是宇宙中最为丰富的元素。而从化学书上我们学到两个氢原子结合成为氢分子，氢气在氧气中容易燃烧，释放出热量并生成水。由于氢氧结合会产生水，而不会产生二氧化碳、二氧化硫、烟尘等普通化石燃料所产生的污染物，所以氢气被视作未来的理想清洁能源。

现在利用氢能源的主要方式就是开发燃料电池。燃料电池构造简单，能量利用率高，噪音小而且稳定。应用于汽车的燃料电池可以把氢燃料能量的 60%～70% 转化为动能，而内燃机只能达到 20%～25%。氢能的使用将会使人类告别光化学烟雾等一系列的大气污染问题。在未来，氢能将会被用在更多的领域中。

但是，值得我们思考的是，我们所说的"清洁能源"是不是就真的安全而干净呢？在有些所谓的清洁能源的使用中，仍然存在对环

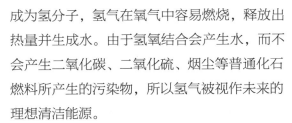

▲ 以天然气为燃料的公共汽车

▼ 风力涡轮发电机

境的威胁，就像前面我们提到的水资源的利用，就有可能对生态环境造成不利的影响。核能使用的安全，切尔诺贝利电站事故使人们产生了很大的疑虑。

现在提到的能源短缺的问题主要是针对煤、石油、天然气等化石能源，并不包括可再生能源。据探测，目前全世界以煤为主的化石能源至少还可以维持人类两三百年的需要，但如果铀-238中的核能利用技术得到解决，则现在的能源可供全世界消耗两三万年。再加上人类可能开发出的其他新能源，所谓的能源危机可能就不复存在了。但实际上，可供人类消耗的能源，包括太阳能在内，都是受到许多具体条件的制约的，不能做到随意供应的。这就要求人类在与自然界进行质能转换时，尽量考虑降低不可再生能源的消耗速度；充分利用可再生能源以促进其循环再生；同时减少能源消耗对环境的污染，以达到人类对于自然环境的持续利用。

能源如同我们呼吸的空气一样，没有能源人类不能够生存。能源的问题是全世界的问题，需要大家来共同努力。自从20世纪，有远见的人们预测到能源短缺的问题后，全世界越来越关心这个问题。距今为止，科学家也提出了很多可行的方案，国家之间的合作越来越频繁。

许多环境问题都是伴随着能源的开发和利用而产生的，因此只有大力发展清洁能源事业才能从源头上控制污染物的排放。

（于学珍　黄民生）

西电东送

在中学的地理课本上，我们知道了中国是个地大物博、能源丰富的国家，煤炭的探明储量居世界第三位；石油居第六位；天然气居第六位；水力资源居世界第一位，我们一度引以为自豪。但随着年龄的增长和知识面的扩大，我们又了解到，中国的另一必须面对的国情：人口众多，能源分布很不均匀，煤炭资源60%以上在华北，水力资源70%以上在西南；而工业和人口集中（占全国人口36.5%）的东南八省一市能源匮乏，煤炭仅占2%，水力占10%。所以我国每年用于对这些常规能源的运输费用不计其数，我们的铁路、公路和水路运输的压力也随着南方城市的高度发展而不堪重负。

"西电东送"正是为适应我国目前的经济、社会的高速发展而提出的。

"西电东送"是国家实施西部大开发战略作出的重大决策和标志性工程，也是西部大开发的骨干工程。"西电东送"指开发贵州、云南、广西、四川、内蒙古、山西、陕西等西部省区的电力资源，将其输送到电力紧缺的广东、上海、江苏、浙江和京、津、唐地区。"西电东送"将形成三大通道：一是南部通道，将贵州乌江、云南澜沧江和桂、滇、黔三省区交界处的南盘江、北盘江、红水河的水电资源以及黔、滇两省坑口火电厂的电能开发出来送往广东；二是中部通道，将三峡和金沙江干支流水电送往华东地区；三是北部通道，将黄河上游水电和山西、内蒙古坑口火电送往京津唐地区。该项工程将把西部丰富的资源优势转化为经济优势，充分利用西部地区得天独厚的自然资源，获得西部大开发所急需的启动资金；为东部地区提供清洁、优质、可靠、廉价的电力，促进东部地区经济发展。

当然，今天我们在这里提到"西电东送"，仅仅关注它的经济、社会意义是不够的，我们同时也应该认识到，随着这项工程的建设，与它紧密相连的环境问题也是不可忽视的。

目前，我国温室气体排放总量为世界第二位，仅次于美国，受到国际舆论的压力。我国现在电力组成中火电占80%，水电占19%，全国火力发电用煤占全国总用煤量的1/3，排放的SO_2每年达520万吨，是典型的污染排放"大户"之一。我国的水电开发程度目前约为 10%～18%，远低于世界平均 22% 的水平和发达国家 50%～100% 的水平。

"西电东送"不仅可以有效缓解其他能源开采、使用带来的经济和社会压力以及环境污染问题，而且充分利用了我国水力资源丰富的优势。

但我们知道，要利用水力资源，必须建造水库。而到目前为止，世界上没有一座水库的建造不需付出巨大的环境代价。为使"西电东送"成功进行，必须在水力资源丰富的地区建造大量的水库。这必然会对当地的生态环境造成一定的影响，原有的生态平衡被破坏，许多的野生动植物死亡，同时钉螺等大量繁殖会促使地区性疾病的蔓延。水库的建造还可能会引起地面沉降，地表活动频繁，甚至诱发地震。这绝对不是耸人听闻。历史上的很多水库的建造都可以作证。意大利的法恩特坝建成以后，当地时有小地震出现，最后于 1963 年坍塌，造成两千多人丧生。

再者，这些提供水电的地区中许多是中国古代政治和经济高度发达的地区，有着无数的古迹和文物，其中的大多数还未发现，随着水库的建立，这些古代的文明也将永远地被淹没到水中，这是文化和经济的一大损失。

（董　亮　黄民生）

生活中的节电小常识

随时关掉不用的灯，不开长明灯。

白天尽量利用自然光，在自然光线充足的地方学习。

尽量用扫帚和抹布打扫卫生，减少吸尘器的使用。

尽量用风扇防暑降温，比空调节省几十倍的电力。

经常清洁灯管、灯泡或冰箱后面散热器上的灰尘。

集中存取冰箱食品，减少开关次数，存取食品后尽快关好冰箱门。

汽车明天的"饮料"

～～～～～～～～～～～～～～～～～～

　　我国从 1993 年开始成为石油净进口国，2004 年我国进口石油占全国原油加工量的 36%。据统计分析，到 2010 年中国民用汽车将达 5 000 万辆，年耗汽油 16 400 万吨，而那时中国石油只剩下 7 年的开采时间。汽车明天"喝"什么？如今越来越多的人把目光投到"酒精掺汽油"的新招儿上。

　　有人风趣地说，省下司机杯中的酒，让给汽车喝，两全其美。但你不要以为这是天方夜谭。从中科院广州能源所获悉，汽车"烧"木薯在广东即将成为现实。可以替代汽油并且具有广东特色（即以木薯、甘蔗为原料）的可再生能源——燃料酒精（也称乙醇汽油），最近由该所下属单位成功投产。

　　从木薯中提取燃料酒精，再与汽油以一定比例混配成汽油醇，当作汽车燃料。它对解决极为严峻的汽车尾气问题及寻找农产品出路是一大福音。以木薯、甘蔗为原料生产的燃料酒精被誉为"绿色石油"，应用前景良好。燃料酒精是目前国际上最受欢迎的可再生能源，将一定比例的燃料酒精代替油品，不仅可维持汽车的正常能耗，更可减少二氧化碳、苯等污染物的排放。

　　作为稳定粮食价格、提高农民收入，缓解原油进口压力，改善环境质量的一项有效措施，粮食转化汽油醇项目已列入国家重点工程。我国东北地区也已提出用玉米制燃料酒精，以解决存放粮及环境污染的问题。而作为我国南方的广东，生产燃料酒精则有更多的便利条件，首先是广东生产燃料酒精的原料——木薯、甘蔗等可再生资源极为丰富，即具备得天独厚的"广东特色"，而且这种开发生产不占粮食耕地，有助于解决"三农"问题，经济效益明显。其二，燃料酒精在我国"两广"地区和东南亚具有很大的市场，销路广阔。

　　鉴于这些有利条件，广州能源所科技人员着眼于国民经济建设的需要，勇于探索，从1997年开始，与其他公司合作，运用 NIPCS—XEC 型控制器技术对燃料酒精项目进行分析，对用生物工程方法加工的燃料酒精进行深入的研究和试验，1998年完成生产燃料酒精的高产优质酵母研究，并完成年产50万吨燃料酒精工厂的设计。现已在广东的怀集、湛江两地分别建立年

▼ 用乙醇燃料电池所驱动的汽车

产 15 万吨和 13.5 万吨的燃料酒精生产基地。由于使用木薯和甘蔗作为原料制取燃料酒精，其生产成本低于汽油的成本，一吨燃料酒精的价格最高大概为 3 000 元，而一吨汽油价格为 3 600～3 800 元。

目前，中国每年消耗汽油 4 000 万吨，2005 年将达到 4 500 万到 4 800 万吨，如果采用添加酒精的方法来解决汽车燃料，就可以不再增加石油消耗。如果按照 15% 比例添加，需要酒精 600 万吨，按 3 吨玉米生产 1 吨酒精计算，需要 1 800 万吨玉米。而中国正常年景，有 1 500 万吨玉米的剩余，再加上红薯、木薯的补充，生产 600 万吨酒精应该是有保障的。随着科技的发展，用秸秆、树叶、垃圾生产酒精的技术已经成熟，潜在生产能力在 5 000 万吨左右。专家认为，发展石油替代农业，既可解决农民卖粮难的问题，为农民增加收入开辟新路，又可以缓解中国石油紧缺，不再为汽车明天喝什么发愁，实为一举两得。

据了解，位于北京通州区的交通部机动车试验场里，曾经进行过一项特殊试验：夏利、富康和桑塔纳各 4 辆，它们都即将跑满 8 万千米的预定目标，"与众不同"的是都使用乙醇汽油作为燃料。每行驶 1 万至 2 万千米，技术人员都要记录相关数据和进行尾气监测试验。统计结果证明，如果按乙醇添加量 10% 计算，则我国每年就可以减少汽油消耗 1 640 万吨。研究人员同时指出，要在我国大面积推广使用乙醇汽油，目前尚存四大难题：一是储运设施和调和要求严、成本高；二是使用乙醇汽油后，汽车的油耗和发动机的动力性能都有变化；三是政府应给予相应的鼓励和优惠政策；四是企业需要降低燃料酒精的生产成本。

所以我们应该克服目前所存在的暂时困难，把生物燃料应用到我们的日常生活和消费当中，这样不仅可以改善目前能源紧缺的状态，而且有助于我们对环境污染问题的解决。

（于学珍　黄民生）

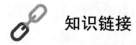 ## 知识链接

生物燃料

是指通过生物资源生产的燃料乙醇和生物柴油，可以替代由石油制取的汽油和柴油，是可再生能源开发利用的重要方向。受世界石油资源、价格、环保和全球气候变化的影响，20世纪70年代以来，许多国家日益重视生物燃料的发展，并取得了显著成效。中国的生物燃料发展也取得了很大成绩，特别是以粮食为原料的燃料乙醇生产，已初步形成规模。

西气东输

"西气东输"源自我国新疆,其目的地是富甲天下的长江三角洲地区。而从资源地区分布看,我国东部是资源相对贫乏地区。这个地区的能源 85% 以上靠从外地调入。一项调查显示,未来 10 年这里对天然气的需求将由目前的 20 多亿立方米增长到 2010 年的 200 多亿立方米,十倍之巨!这正是我国天然气工业发展巨大的市场空间。新疆拥有丰富的油气资源,被称为我国油气资源的战略供应区。"西气东输"这条横贯中国腹地、全长 4 000 千米的资源、能源大动脉,西起新疆巴音郭楞蒙古自治州的轮南,经甘肃、宁夏进入陕西,在陕西的靖边与长庆气田连接,再穿越黄河经山西、河南、安徽、江苏、浙江,东抵上海,把塔里木盆地储量丰富的天然气源源不断地送抵我国经济最发达的东南沿海地区。朱镕基总理称其"拉开了西部大开发的序幕"。

　　当然，有人也会提出这样的问题，为什么一定要用天然气，煤不也可以缓解能源缺乏的问题吗？中部蕴藏丰富的煤炭资源岂不更近？这就涉及清洁能源的问题了。天然气素有"清洁能源"的称号。东部由于长期以来的工农业发展，当地脆弱生态环境已不堪煤炭使用产生的重负。如果将煤炭和天然气在相同能耗下排放污染物量进行对比，两者排放灰分的比例为 148∶1，排放二氧化硫比为 700∶1，排放氮氧化物比为 29∶1。按照"西气东输"工程投入使用后每年沿线供气 20 亿立方米，供长江三角洲地区 100 亿立方米的规划，这 120 亿立方米的天然气，即意味着可替代 900 万吨标准煤，减少排放烟尘 27 万吨。

　　如前所述，清洁能源有很多种，相对于其他的清洁能源如核能、风能、太阳能而言，天然气是产生污染少且更容易利用的能源。所以"西气东输"不仅可以满足我国东部地区的经济发展需要，也有利于西部的经济发展。我们曾经说过环境的保护并不与经济落后挂钩。相反，经济的发展会促进人们环境保护素质的提高。

　　万事万物的发展都有两面性，有有利的一面，也有不利的一面。如同特大型工程建设那样，"西气东输"也会带来一定的负面影响。"西气东输"由西向东，穿大漠、过太行、越黄河、跨长江，蜿蜒八千里的输气管道的建设，输送的天然气的开采，接受地管道的铺设及接受点的建立等等也必然会带来一些环境的问题。这些问题在"西气东输"这项工程提出的开始就受到环境科学家的密切关注。

因为这次的工程横穿不同的生态类型区，涉及地域广，有时环境问题会比较突出。例如，"西气东输"要经过罗布泊地区，而这里生活着国家一级保护动物——野

骆驼，它们目前仅分布在蒙古国西部的阿塔山和我国西北一带，其数量比大熊猫还要少，目前只剩下不到900只。如果在"西气东输"建设过程中不注意加以保护，它们很可能从地球上永远消失。"西气东输"要大量挖土并铺设几千千米长的管道，这就出现了回埋后的土壤是否适合草类生长的问题，直接或间接地对野骆驼等珍稀动物生存、繁殖造成影响。"西气东输"工程建设中和结束以后，都需要根据沿线区域生态敏感区的特点与保护需求，实施生态恢复与重建。

另外，大家想一想"西气东输"是要给沿线的10个省、市、自治区输气，每年的输气量高达120多亿立方米，那么这样大规模的开采天然气，会不会对西部当地的环境造成影响呢？答案是肯定的。天然气的开采和其他矿藏的开采一样都会引起地表下陷、地下水污染等诸多环境问题。山西省曾因为煤矿的过度、无序开采，导致环境污染和地表结构的破坏都十分严重。

（董 亮 黄民生）

西气东输供气网络

西一线：起于新疆轮南，途经新疆、甘肃、宁夏、陕西、山西、河南、安徽、江苏、上海以及浙江10省（区、市）66个县，全长约4 000千米。

西二线：工程为1干1支，总长度为4 661千米，干线长4 595千米，与西二线并行约3 000千米；支线为荆门——段云应，长度为66千米；主干线设计输气能力300亿立方米/年，压力10～12兆帕，管径1 219毫米，与西气东输一线综合参数相同。

西三线：干线管道西起新疆霍尔果斯首站，东达广东省韶关末站。从霍尔果斯——西安段沿西气东输二线路由东行，途经新疆、甘肃、宁夏、陕西、河南、湖北、湖南、广东共8个省、自治区。

核能的春天

～～～～～～～～～～～～～～～～～～～～～～～

　　随着社会、经济的发展，工业化、城市化进程的逐步加快，人类对能源的需求特别是对电能增长的需求越来越迫切，电能工业高速发展的同时对人类赖以生存和发展的环境又产生了巨大的影响。在我国一些地区，煤仍然是发电的主要燃料，其造成的大气污染问题相当严重。

　　自从 1954 年世界第一座核电站在苏联建成以来，核能发电的理论与工程技术日臻成熟，经济效益逐渐提高，在西方一些发达国家核电成本已开始低于火电，但是关于核能发电的科学知识的普及则远不如核电发展速度那么快，人们对核能发电特别是对它对环境的影响缺乏了解，总认为核电站的安全性很差，核电站的放射性污染严重等，特别是在美苏相继发生了三哩岛和切尔诺贝利核电站事故之后，一些公众对核电的安全性就更加担心。其实核电站在各种能源中是相对比较干净清洁的。核电站环境放射性污染是人们最担心的问题，而实际上由于核电站建筑设计贯彻了三道屏障的设计准则和严格的三废处理准则，使其释放到环境中的放射性物质对附近居民产生的辐照剂量一般都已经降到很低。据报道，同等规模的发电厂燃煤机组由于煤中含有镭、钍等天然放射性元素，燃烧后通过废气排放对居民产生的辐照剂量却是核电站的 7 倍。此外核电站在运行期间更不会产生二氧化硫、氮氧化物、二氧化碳一类有害气体及大量煤灰。以法国为例，现今该国核电机组装机容量占发电总装机容量的 75% 以上。1980 年到 1986 年之间为法国核电高速发展时期，此间法国核电站发电量占总发电量的比例由 24% 上升到 70%，并使全国发电总量增加 40%，但其间二氧化硫的排放量却减少 56%，氮氧化物排放减少 9%，尘埃减少 36%。国外的经验值得借鉴，从保护环境的角度出发，核电站作为一种安全、清洁的能源在我国东部沿海地区的应用前景是十分看好的。

核电站的生产工艺过程中会产生大量的放射性物质，但其中绝大部分始终处于被封闭状

▼ 广东大亚湾核电站全景

态，一小部分以气、液、固态被分类作为废物处理。在核电站的生产和检修活动中，还会产生一定量的放射性样品和被放射性玷污过的工器具等。此外，根据生产和质量控制的需要，电站还须购买和应用一定数量的放射性同位素源，如射线探伤用 γ 放射源和检定辐射监测仪器的标准源等。对放射性物品需有效监控，否则其扩散会造成严重的后果；放射性同位素源尽管数量有限，且绝大部分放射性活度很小，对电站工作人员的危害相对较低，然而一旦失控和扩散便会对环境及社会带来不利的影响，也会使电站的形象受到损害。

专家认为，如果没有大亚湾和岭澳核电站，则我国广东和香港两地每年要多消耗燃煤 1 060 万吨，这会产生几千万吨二氧化碳、二氧化硫和一氧化氮，排放到大气中的尘埃会增加上万吨。煤从地下掘出，带有微弱的天然放射性。聚沙成塔，火电站释放的放射性物质比相同发电能力的核电站正常排放的还要多。根据中国原子能科学研究院的调查，大亚湾和岭澳核电站是参照法国 20 世纪 80 年代初的同类核电站建设的，法国开始使用这类反应堆以来，从未发生过导致重大辐射后果的严重事故，所以，大亚湾两座核电站的正常营运应该也不会对当地海洋生物和周边环境产生辐射危害。

据了解，大亚湾的植被覆盖率很高。栽种的植物有的不是本地物种，而是专门从他处移植过来检测核电站对环境的长期效应的。核电站厂区里的植物中不少是对核辐射比较敏感的"指示植物"，松树就是其中一种。监测人员会定期采集松针到实验室分析放射性是否超标。同时，他们也会到附近海域捞取马尾藻和在海底生活的贝类进行化验，这些也都是很好的"指示生物"。十年来对该核电站周边的大气、海洋、土壤和生物不间断的监测表明，那里的放射性指标"并没有出现可察觉的变化"。

实践经验证明，核电站安全保障的关键在于人的科学管理和操作，只要大家的安全意识一刻都不放松，永保核电站的平安就能做到。如果说 20 世纪核能的出现和发展是核能的第一个春天，那么现在核能正处于向第二个春天过渡的蓄势待发时期。让我们努力迎接核能新的春天的到来。

（林　静　黄民生）

"生态足迹"警示全球

~~~~~~~~~~~~~~~~~~~~~~~~~~~~~~~~

    2004 年 10 月 21 日世界自然基金会（WWF）和联合国环境规划署（UNEP）在瑞士格兰德共同发布了《2004年地球生态报告》。十几位来自 WWF 总部、挪威管理学院、美国威斯康星大学和全球足迹网络的专家参与了会议，该报告所提供的数据来自联合国粮农组织、国际能源机构、政府间气候变化专门委员会以及联合国环境项目世界保护监测中心。该报告主要目的是分析、评价人类活动对地球生态环境的冲击和影响，检验了 149 个国家的自然及资源状况。

    该报告指出，地球生态系统的健康状况正在急剧地变化。这主要是因为她的儿女们对于自然资源的消耗量日益增加，煤、天然气和石油等化石燃料的过度使用所致。人类现在开采、消耗这一类自然资源的速度已经超出了地球资源再生能力的 20%。即使如此，许多国家依旧对资源过度浪费。科学家们的研究发现，在 1970 到 2000 年间，陆地和海洋生物物种总数下降了 30%，而淡水生物物种总数则下降了 50%。该报告的主要作者、生态学家骆乔森说："专家们在主要结论上达成了一致意见，事情正在朝不好的方向发展。"世界自然基金会总干事马丁说，"除非各国政府重新恢复我们对自然资源的消耗和地球再生能力间的平衡，否则我们将无法偿还这些生态债务。"

　　该报告的评估结果主要依据两项指标："地球生态指数"和"生态足迹"。那么这些专业名词究竟是什么意思呢？其实这并不难理解，所谓"地球生态指数"就是指地球上生物种类和数量的变化情况。而为了让各个国家在占用了多少自然资源上"有账可查"，专家们使用了

甘肃人工种植的水土保持林 ▶

"生态足迹（Ecological Footprint）"这一指标，并列出了一份"大脚黑名单"。"生态足迹"也称"生态占用"，是20世纪90年代初由加拿大生态经济学家提出的。为科学计算"生态足迹"指标，科学家们首先需要收集一个区域或国家人们的衣、食、住、行以及他们所产生的废弃物方面的详细数据，然后把它们折算成相应的陆地或水域生态系统面积（"脚印"的大小）。"生态足迹"的意义不在强调"事情到底有多坏"，而是探讨人类应该怎样做才能保证地球不会超负荷运行。

在这份"大脚黑名单"上，巴西、加拿大、印度尼西亚、阿根廷、刚果、秘鲁、安哥拉、巴布亚新几内亚、俄罗斯、新西兰等国家由于国土面积辽阔、人口相对稀少或者位于热带、亚热带地区，在"生态盈余（总生态足迹小于总生态承载容量）榜"上位居前列。就在这些生态盈余国家的居民为全球生态环境作出贡献时，有许多国家正在超规模地消耗着自然资源——北美人均资源消耗水平是欧洲人的两倍，是亚洲或非洲人的七倍！阿联酋以其高水平的物质生活和近乎疯狂的石油开采"荣登榜首"——人均生态足迹达 9.9 公顷，是全球平均水平（2.2 公顷）的 4.5 倍。美国、科威特紧随其后，以人均生态足迹 9.5 公顷位居第二。该报告显示，美国、日本、德国、英国、意大利、法国、韩国、西班牙都是"生态足迹"的脚印很大、生态赤字严重的国家。有些专家调侃地说，"如果全世界的消费都达到美国的水平，人类还将需要 5 个地球。"

中国在"大脚黑名单"上排名第 75 位，人均生态足迹为 1.5 公顷，低于 2.2 公顷的全球平均水平。该报告的数据显示，全球年人均新的水资源开采量为 650 立方米，中国年人均新的水资源开采量为 430 立方米；全球年人均水资源消耗量为 8 870 立方米，中国年人均水资源消耗量为 2 240 立方米。

　　世界自然基金会指出，政府、工业界和公众应该转向使用可再生能源、推广节能技术、建设节能建筑和节能交通系统，倡导并厉行节约型生活方式，尽可能地降低我们的"生态足迹"指标，只有这样才有利于全球生态系统的保护和人类社会的可持续发展。

（马丽华　黄民生）

保护生物多样性

~~~~~~

　　生物多样性是指地球上的生物（包括动物、植物、微生物）在所有形式、层次和联合体中生命的多样化，包括生态系统多样性、物种多样性和基因多样性，其中生态系统多样性是物种多样性和基因多样性的基础。

　　大家一定都有这样的经历和感受：小时候，蹲在路边看蚂蚁，爬上树杈抓甲壳虫；冬天雪下得再大也要观梅花；秋季风刮得再刺骨还要赏菊花。我们惊叹山崖的云松；感叹一现的昙花；羡慕豹的速度；赞赏狗的忠诚；感受森林的绿意和海洋的蔚蓝。我们感谢神奇的大自然提供给我们呼吸的新鲜空气、果腹的粮食、解渴的清水……但你可知道，所有这一切都是以丰富的生物多样性作为前提基础的。

　　首先，生物多样性为我们提供了食物、纤维、木材、药材和多种工业原料，只有保护和维持地球上生物的多样性，我们才会拥有充足的生产和生活资料，人类社会才能健康发展，人民的生活质量才会不断提高。另外，生物多样性还具有科学、教育、文化、娱乐和美学等多种内在价值。下面仅以药材为例，谈谈生物多样性的重要作用。

世界卫生组织的统计表明，发展中国家 80% 的人口依靠传统的天然药物治疗疾病，发达国家也有 40% 的药物来自于自然资源。我国有记载的药用植物有 5 000 多种，常用的就有 1 000 余种。使用最广的药物大都离不开野生动植物，许多疑难顽症的攻克也有待于野生药物的进一步开发。例如，治疗疟疾的特效药奎宁，来自南美洲的金鸡纳树。白血病在 1960 年被视为不治之症，而目前的特效药是一种叫长春新碱的药物，是从非洲马达加斯加岛上原始森林中生长的一种长春花属的野生植物中提取的。就连阿司匹林最初都是从柳树中提取的。科学家还希望在热带雨林中找到某些治疗肿瘤、糖尿病等人类顽症的天然物质。例如，在非洲的喀麦隆、坦桑尼亚、加蓬等国家都已经从药用植物中提取能够抑制艾滋病和疟疾的化合物。相当多的动物也可成为药物的来源，如水蛭素是珍贵的抗凝剂，蜂毒可治疗关节炎，有些毒蛇的毒素可控制高血压，而目前世界上 3 000 多种抗生素则更要归功于微生物。另外，长期以来生物医学的研究依赖于老鼠、豚鼠等作为实验对象。果蝇可用于基因研究，鳌和鱿鱼可用于神经细胞研究。鲨鱼也可用于医学研究以解开生物学奥秘并提炼出特效药物。从鲨鱼体内分离出来的 1 种氨基类固醇物质——角鲨烯，在一些动物的研究实验中能防止肿瘤的增生，而且还显示具有对多种病原微生物的广谱抗性。但是由于过度捕

▲ 华北平原的农业防护林

捞和对鱼翅及鲨鱼软骨的需求，一些鲨鱼种已濒于灭绝，相应地人类对它们独特免疫系统的研究也将趋于结束。

再拿令人讨厌的"四害"来说吧，我们能不能将它们赶尽杀绝呢？科学研究表明，鼠肉是高蛋白低脂肪的营养补品，鼠皮可制裘，大白鼠和小白鼠是医学、医药和科研方面理想的实验材料。另外，我们还可以从蟑螂和家蝇体内提取了抗肿瘤活性成分。可见，我们对于这些生物既要控制其危害性又要利用其潜在价值，绝不可"一灭了之"。

其次，生物多样性在保持土壤肥力、保证水质、涵养水源、净化污染物、调节气候及维持生态平衡等方面发挥了重要作用。以森林为例，它就像一块巨大的海绵，在雨季可以通过高大的树木、中层乔木或灌木、地表草或苔藓层、枯枝落叶层以及地下根系等储存大量的水，以降低洪水期的水流量，到旱季时又逐渐放水出来，从而增加旱季水流量。而森林中的大多数鸟类是灭害能手，

一只杜鹃平均每天可食松毛虫100条，一对燕子在一个夏季能捕食各种有害昆虫近百万只，还有啄木鸟等能吸食钻入树干、土壤中的害虫。根据"中国生物多样性国情研究报告"分析，在生物多样性上投入、产出比约为1∶20，可见其效益是十分显著的。

因此，保护生物多样性就是保护我们人类赖以生存的生态环境。

那么，生物多样性的现状到底如何呢？

据报道，由于人类活动的加剧造成物种灭绝的速度达到了自然状态下的1 000倍以上。据科学家统计分析，在世界上9 000多种鸟类中，1978年以前有290种不同程度地受到灭绝的威胁，而现在则上升到1 000多种，大约占鸟类总数的11%。我国是生物多样性十分丰富的国家之一，但同时又是生物多样性受到威胁最严重的国家之一，仅以脊椎动物为例，目前濒危种达到400种左右，约占中国脊椎动物总数的7.7%。无数的动植物在我们还没认识它们之前就随着生境的破坏、掠夺式开发和利用、环境污染及外来物种入侵等从地球上消失了。

生境的破坏。生境的破坏的最典型例子是砍伐森林和毁林开荒，这是导致许多物种减少乃至灭绝的一个重要原因。热带雨林是世界物种宝库，尽管其面积只有世界陆地的7%，却拥有全球一半以上的物种。据统计分析，目前热带雨林正以每年0.6%（约730万公顷）的速度减少，如果持续下去，生活在这里的动植物的适宜生境会越来越少，一些珍贵鸟兽的数量会逐年下降，最终将导致绝灭。最典型的代表是生活在波多黎各的亚马逊鹦鹉。哥伦布 1493 年发现波多黎各这个岛屿时，岛上森林中这种鹦鹉数量还很多。欧洲人移民到这个岛上以后，大肆砍伐森林，1900 年时，岛上森林面积不到原来的 1%，该种鹦鹉的栖息地遭到破坏。再加上捕杀、贩卖，到 1954 年只剩下 200 只，1966 年只有 70 只，1975 年仅剩下 13 只。我国的东北虎，原来主要分布在小兴安岭和老爷岭，自 50 年代小兴安岭大规模开采以来，原始红松林面积大大缩小，代替原始林的是次生林和树种单一的人工林。这种林的生物多样性较原始红松林大大降低。森林的砍伐，不仅破坏了老虎的栖息地，更主要的是破坏了老虎的主要食物如狍、野猪、马鹿等的栖息生境。栖息地的缩小，限制了虎的活动，更容易被盗猎者捕杀。在小的种群内更易发生近亲交配，导致基因变异，使种群衰退，目前东北虎在野外分布不足 20 只。

掠夺式开发和利用。人类滥捕乱猎和过度开发利用活动，使得许多生物资源濒临枯竭。例如，我国东北三宝中的人参、貂皮，资源已十分有限。野生的人参已很难见到，野生的紫貂数量仅有 6 000 只。再如，北美洲的旅鸽在 19 世纪中期还是地球上数量最多鸟类之一。但自从欧洲殖民者到达美洲大陆后，开始捕杀旅鸽，并且捕杀数量越来越大，1878 年的三个月里，美国密歇根州的一个营巢地就杀死了 150 万只，全年的捕杀量多达 1 000 万只。由于过度捕杀，到 1890 年这种美丽的鸟类从野外消失了，而地球上的最后一只人工饲养的旅鸽也于 1914

年死于美国辛西那提动物园。20年以前，我国海洋捕捞对象以带鱼、大黄鱼、小黄鱼、乌贼等优质品种为主，但由于过度捕捞，结果使得这些鱼类产量已大大下降，并破坏了海洋生态平衡。

环境污染。大气、土壤、水域被污染，使得生物的生存环境变得极为恶劣，甚至不能生存。化学农药（如DDT）的使用，使得一些生物被农药直接毒死。例如，200年以前白尾海雕在欧洲比较容易见到，但因人为捕杀和DDT等污染物的影响，该鸟在英国已灭绝。类似的事件在我国也时有发生。据报道，因甲拌磷农药污染曾造成了青海省许多地区麻雀绝了迹、喜鹊无踪影，使昔日鸟语嘈杂的农村地区变得一片寂静。酸雨素有"空中死神"之称，是导致生物多样性剧减的罪魁祸首之一：酸雨使挪威南部大约2 000多个湖泊完全没有鱼类生存，瑞典4 000多个湖泊没有了鸟类的身影；酸雨抑制土壤微生物对有机质的分解，降低土壤肥力；酸雨将土壤中有害重金属元素淋溶出来，影响作物生长和品质。另外，经酸雨侵袭后的森林可能出现严重的病虫害等等。

外来物种入侵。外地引来的物种可能使本地的特有生物区系受到破坏，也是危害生物多样性的因素之一。在自然界长期演变过程中，生物与其天敌相互制约，各自的种群被限制在特定的区域和相对恒定的数量。当一种生物传入新区之后，由于缺乏足够的生物阻力，极易扩散蔓延，形成单优群落，与本土物种竞争生存空间，造成本土物种数量减少乃至灭绝。例如，澳大利亚原本没有兔子，1859 年英国人托马斯·奥斯汀引进了 24 只兔子。在这没有天敌的国度里，它们迅速就繁衍出 6 亿多只后代，随之将数万平方千米范围内的植物都吃得精光，导致其他野生动植物面临饥饿乃至绝种。

生物多样性减少、消失问题已经引起全世界的共同关注。联合国将每年的 12 月 29 日定为"国际生物多样性日"，但对于我们来说一年 365 天的每一天都应该是"保护生物多样性日"。

（于学珍　马丽华　黄民生）

 **知识链接**

生物多样性公约

生物多样性公约是国际社会所达成的有关自然保护方面的最重要公约之一。该公约于 1992 年 6 月 5 日在联合国所召开的里约热内卢世界环境与发展大会上正式通过，并于 1993 年 12 月 29 日起生效（因此每年的 12 月 29 日被定为国际生物多样性日）。到目前为止，已有 100 多个国家加入了这个公约。该公约的秘书处设在瑞士的日内瓦，最高管理机构为缔约方会议（CoP）。CoP 由各国政府代表组成。

生物入侵

~~~~~~

　　随着国际贸易的不断扩大和全球旅游业的迅速发展，外来物种带来的生物入侵问题正在成为新的威胁，这种威胁同时又加剧了粮食、资源、环境和能源危机。外来生物入侵一般是指通过自然扩散和人类有意或无意的活动，某物种由其原产地侵入异地后定植、扩散并对传入地生态系统和社会经济造成明显损害的一种现象。

　　自然界众多的物种在不同环境中生活和繁衍，长期的适应与进化形成了稳定的生物群落，赋予其特有的面貌，正所谓"一方水土养一方人"。然而，一些物种借助自然因素或人为作用进入新的区域，并在新的生态系统中占据适宜的生态位，种群迅速增殖，发展成为当地新的优势种，进而影响本土生态系统的结构和功能，打破原有生态系统平衡，对当地生态环境和社会经济发展都会产生不利影响。外来物种入侵的生态效应往往不是短期内能让人们觉察到的，可能要经过十年甚至几十年的时间。一旦出现负效应，不仅很难消除，而且需要付出巨大的代价。

其实，外来物种入侵现象自古就存在，只是发展到近代更为频繁、更加广泛、更加严重，越来越多的物种正在借助人类活动跨越屏障，物种入侵变得更加容易成功。

随着我国加入 WTO 和国际交往的不断增加，大量外来有害物种传入我国。据统计分析，目前列入我国生物入侵"黑名单"的仅植物就有 20 种，如藜、菊叶香藜、巴天酸模、宽叶独行菜、黄香草木樨、白香草木樨、窄叶野豌豆、冬葵、密花香薷、野薄荷、车前草、苍耳、黄花蒿、碱茅、赖草、狗尾草、油杉寄生、无根藤、松寄生植物、桑寄生植物、槲寄生植物、薇甘菊、紫茎泽兰等。如何应对这个问题已经成为我国面临的严峻挑战。

▼ 上海郊区河道中的水花生

外来物种入侵带来的直接后果是对人类社会经济的危害。另外，外来生物通过改变生态系统造成一系列水土、气候等不良影响，继而产生的间接经济损失更加巨大。在美国，目前已有 4 500 余种生物入侵成功，仅夏威夷州就有 2 000 余种外来生物定居，而且每年仍有 20～30 种不断侵入。据统计，美国每年因外来物种入侵造成的经济损失高达 1 500 亿美元。我国因外来物种入侵造成的经济损失也相当惊人，每年因外来物种入侵造成的经济损失高达 574 亿元人民币，仅对美洲斑潜蝇一项的防治费用每年就需 4.5 亿元人民币。吉林省 1993 年首次发现水稻象甲传入，该害虫繁殖力、抗逆性强，对该省水稻生产造成了严重威胁，每年仅防治费用就耗资近百万。到 2000 年，该省稻水象甲危害已造成每年损失稻谷 1 500 万千克，直接经济损失达 2 000 多万元。

外来物种入侵还极大地威胁着生物的多样性。据报道，紫茎泽兰在云南等地已成为植被中优势种，它们与作物争肥、争水、争光，抑制作物生长，并对人体有毒害作用（是人类花粉病的主要来源之一）。再如，水花生已对江苏水田田埂植物多样性构成严重威胁，水花生侵入处植物种趋于单一，其他植物种数显著减少，植被景观单调，伴之大量病虫天敌减少，作物病虫害加重，堵塞河道，影响水面交通安全等等。

目前，生物入侵已经成为全球关注的生态环境问题。世界许多国家和地区都颁布了有关控制外来生物入侵的法律。1996 年国际环境问题科学委员会为了实施生物多样性公约中有关外来种预防、控制和消除的条款，与联合国环境规划署、国际自然保护联盟、国际农业和生物科学中心共同发起了"全球入侵物种规划"项目，旨在了解外来种现状，研究新方法，解决外来物种入侵问题。

1996 年美国颁布了"国家外来物种法",1999 年 2 月 3 日美国前总统克林顿再次签署总统令,强化美国政府对入侵动植物的研究和管理,这对于美国近年来有效控制外来物种入侵与及时应对和减少外来物种的危害发挥了重要作用。澳大利亚也成立了生物安全局,对外来物种和生物材料实施最严格的控制。俄罗斯于 2001 年亦成立了生物入侵研究与管理中心。

我国在生物入侵的防范和控制方面的现状不容乐观,突出体现在相关法规制度尚不完善、各部门(口岸、农林、环保等)之间的行动协调性有待加强。如,当发现一个新的危险性入侵生物时该向哪里报告,哪个部门负责处理,如何迅速做出部署以抓紧有利时间予以根除或控制等等方面还存在不少问题。因此,我国亟须研究并制定关于预防和控制外来生物入侵的相关法律法规。从入侵生物引入、贸易传输、人员携带、发现鉴定、根除控制、责任追究等各个环节,以法律的形式规范对入侵生物的预警与控制。

(马丽华　黄民生)

充分认识森林火灾，防患于未然

森林火灾是指因自然或人为原因而引起的森林大火。特大森林火灾多由干旱、高温、大风或雷击等特殊气象条件而引发。火灾是森林最凶恶的敌人。大的森林火灾不仅会严重破坏当地生态环境，造成重大经济损失和人员伤亡，而且将严重干扰当地正常的社会秩序。虽然全球森林火灾呈现总体下降趋势，但近年来由于受各种不利因素的影响，森林火灾的发生又出现上升势头。我国森林火灾损失率随科技进步和林火管理的加强在不断下降，但我国属于少林国家，林地覆盖率仅为13%，人均森林蓄积量不足10立方米，因此减少森林火灾十分重要。

森林火灾，是世界性的生态杀手。据不完全统计，全世界平均每年发生森林火灾22万起，一般年份烧毁森林 640 万公顷以上。20 世纪 80 年代以来，全球气候变暖，火灾次数和火灾损失都呈上升趋势，许多国家和地区的火灾不断，其中最为严重的是澳大利亚、巴西、加拿大、蒙古、中国、法国、希腊、印度尼西亚、意大利、墨西哥、土耳其、美国和俄罗斯。据测定，印尼森林大火释放出的二氧化碳总量已经超过了西欧所有汽车和电站一年排出的二氧化碳的总和，造成的损失达 200 亿美元以上。历年来，美国都是全球森林火灾发生次数最多的国家之一。2001 年 8 月中旬，该国西部 11 州连续遭到热浪袭击，导致频繁发生了大小 1 000 多起森林火灾，烧毁森林高达 520 多万公顷。火灾最严重的华盛顿州弗吉尼亚湖区，大火吞噬了 13 万公顷的森林，并威胁到湖边一些城镇的安全。在俄勒冈州，火灾在两周之内就烧毁了 25 万多公顷的森林。

森林火灾，也是我国森林资源的心腹大患。新中国成立后，我国森林火灾每年平均发生 1.6 万次，面积 98.5 万公顷，造成死亡百人以上，森林火灾总面积相当于造林保存面积的 1/3 以上，经济损失难以计数。森林火灾发生次数最多的年份 1955 年计发生 6 万多次，最少年份 1950 年计发生 2 000 多次。一般来说，干旱年份火灾较多，季节上主要发生在春、秋和冬季，地域上以黑龙江、内蒙古及云南、广西、贵州等最为严重。2000 年，全国共发生森林火灾 5 934 次，受害森林 8.84 万公顷；2001 年春季，全国发生森林火灾 3 138 次，包括 1 次重大森林火灾。发生在 1987 年 5 月 6 日的大兴安岭特大森林火灾，先后持续燃烧 28 个昼夜，烧毁林地 87 万公顷，3 个林业局址变成废墟。从塔河到古莲的几百公里铁路沿线被大火洗劫一空，67 座桥梁、61.4 万平方米房屋在这场大火中灰飞烟灭。本次火灾使 10 807 户群众受灾，使 56 092 人无家可归，夺去了 193 人的生命。惨重的损失震惊了世界。

森林火灾何以禁而不绝，甚至在一些地方愈演愈烈？其根本原因在于森林火灾形成和发展的条件。构成森林燃烧的必要条件有三：火源、环境因素、林中可燃物，它们合称为森林的"燃烧三角"，对森林的燃烧起着决定性的作用。火源主要分为天然火源和人为火源。环境因素一般包括地形因素和气象因素两部分。地形因素对火灾有直接影响，火灾在 15 度坡上蔓延的速度比在水平地段上蔓延的速度要快 1 倍。间接影响主要是当地的气候条件和山坡上的小气候。可燃物根据其危险程度不同可分为三类：危险可燃物，如干枯杂草、落叶、小枝、树皮、地衣和苔藓等，它们容易燃烧，是森林中的主要引火物。缓慢燃烧可燃物，一般指粗大可燃物，如枯立木、倒木、大枝丫、伐根、腐殖质和泥炭等，这些可燃物不易燃烧，只有在地表火势较大时才能燃烧，但燃烧时释放出的热量较大。难燃物质，指正在生长的草本植物、灌木和乔木等，它们体内含有大量水分，难燃，有时会起到削减火势的作用，但如果遇到重大火灾，也会参加燃烧。因此，在一定的森林环境中，只要火源不除、林中可燃物不断积累，森林火灾就必然发生。但显而易见的是，在"燃烧三角"中，环境因素具有相对的稳定性，林中可燃物稳定性次之，而火源是最为活跃的因素。一般情况下，火源，特别是人为火源是造成森林火灾的主导因素。"一千克木材可以加工出成千上万根火柴，而一根火柴却能够毁灭成千上万棵树木"！这句话十分生动地描述了杜绝人为火源对预防森林火灾的极端重要性。

面对森林火灾，最好的方法就是"预防"二字。目前，防治森林火灾应实行"预防为主，积极消灭"的方针。森林火灾的预防是防止森林火灾发生的先决条件，这是一项群众性和科学性很强的工作。要做到防患于未然，森林火灾的预防必须坚持森林防火行政领导负责制，充分发动群众，宣传群众，不断提高、强化群众的森林防火意识，坚持依法治火、严控火源，同时要根据各地的自然特点和社会经济条件，运用各种先进的科学技术，加强各种防火设施建设，采取各种行政、经济、法律手段，努力加强森林火灾的控制能力。森林是宝贵的，我们必须更加珍惜这越来越少的资源了。

（李华芝　马丽华　黄民生）

也谈凤眼莲

近些年来，我国南方地区许多江河湖荡的水面上都会漂浮着一团团凤眼莲。在水流较缓的河港尽头，凤眼莲你挤我挨地堆积在一起，再也不见昔日小桥流水，荷塘月色的水乡风光。

凤眼莲原产于南美洲，属雨久花科、凤眼莲属植物，因其茎状如葫芦故又名水葫芦。人们对凤眼莲的研究和利用始于19世纪。1844年在美国的一个博览会上，凤眼莲引起了人们的注意，当时就被称为"开着淡紫色花的美丽植物"。但那时对它的认识还较肤浅，仅仅把凤眼莲作为观赏植物引种。大约于20世纪30年代凤眼莲被作为畜禽饲料开始引入我国，并曾经在促进我国农村经济发展中起到了不小的作用。由此说来，凤眼莲应该算得上是一种美丽而有较高利用价值的良草。

在中国最先引起人们关注的凤眼莲灾害地区是云南滇池。由于大量污染物未经有效净化而排放进入滇池，使得滇池水体中氮、磷等植物营养物质含量越来越高，为控制蓝藻等低等浮游水生植物疯长带来的生态环境危害，人们有意或无意地将凤眼莲带进了滇池。在营养充足并加上光照、气温适宜的条件下，造成凤眼莲在滇池中快速繁殖，并且到了靠人工打捞已根本无法将它们从水体中清除的地步。残留在水体中的凤眼莲死亡后一部分被微生物分解，大量消耗水体中溶解氧并发臭；另一部分沉淀到水底，造成河道阻塞、湖泊库容下降等问题。目前我国长江以南许多城市和地区都出现了凤眼莲泛滥成灾的问题。据统计，每年发生的凤眼莲灾害使中国蒙受80～100亿元的直接经济损失，其中仅治理费用一项就高达5～10亿元人民币。许多城市"谈莲色变"，投入了大量的人力、物力、财力对凤眼莲进行"围剿"。从此，凤眼莲就有了大毒草的"别称"。

　　是什么使得我们对凤眼莲如此地"爱憎分明"呢？这要进行一番科学分析了。首先，我们辩证地看待凤眼莲"利"和"害"两面性。

　　从"利"方面看，凤眼莲不仅能美化景观，而且还是净化污染物的能手，打捞出的凤眼莲植株经加工后具有一定的经济价值。凤眼莲是少数几种能在污染十分严重的水体中生长并发挥强大净化作用的高等水生植物，它们植株高大、生长繁殖快且拥有发达的须根和根毛，这些特点决定了它们能够将大量污染物快速地从水体中

▲ 滇池凤眼莲

清除。在富营养化水体中，凤眼莲还能通过遮光、竞争营养等途径抑制蓝藻等低等浮游植物的生长繁殖。据报道，在已发生水体富营养化的湖泊中放养凤眼莲5天后，营养物质便可消除80%，且水质澄清，臭味消除，水质明显好转。凤眼莲对水中酚、氰、汞、镉、铅、锰、铬等强毒性的污染物具有良好的富集作用。据资料介绍，24小时内1公顷的凤眼莲能富集汞89克、铅104克、锶321克。根据凤眼莲对污染物具有很强净化作用的特点，科学家们在应用凤眼莲处理生活污水和工业废水方面曾取得了很大的成功。另外，打捞出的凤眼莲茎叶其潜在的经济价值也是十分可观的。凤眼莲经过厌氧发酵可产生大量的甲烷气体，可作为燃料、化工原料进行利用。实验结果表明，每千克凤眼莲可产生含甲烷70%的沼气373升。印度孟买的一个研究所利用污水养殖凤眼莲，然后把它的茎叶装在一个特制的袋子中，暴晒后收集沼气，剩下的渣子还可做燃料，其热值比牛粪还高。作为高产优质的畜禽饲料，凤眼莲曾在我国农村大面积养殖，其茎叶鲜嫩适口，容易消化，营养丰富（干物质中粗蛋白含量可达20%～30%，且禽畜发育所必需的各种氨基酸俱全），可以同玉米等配合，制成干饲料，长期保存，很适合喂养鸡、猪等禽畜。凤眼莲还可用做绿肥，还可加工成纤维板或花盆。

凤眼莲危害主要是泛滥成灾和没能被妥善利用而造成的。首先，凤眼莲泛滥成灾的最根本性的罪魁祸首是人类活动形成的环境污染，凤眼莲具有"喜肥"的特性，它们只有在污染严重的水体中才能疯长，因此凤眼莲可以作为评价水体污染程度的指示生物之一。其次，由于在污染水体中生长的凤眼莲因其品质差（含有较多的污染物）而不适合于饲喂畜禽，加上凤眼莲植株中水分太高、综合利用过程复杂而价值相对较低，目前上海市及其周边地区对打捞后的凤眼莲一般都是作为有机垃圾进行填埋处置，但这增加了垃圾填埋场的运行负担。

所以说，不分青红皂白地把凤眼莲一概称为大毒草是不科学的，也是不公平的。从源头分析，凤眼莲问题是环境污染造成的，也只有通过控制乃至消除污染才能获得根本解决。如何充分利用凤眼莲对水体中污染物的强大净化作用而同时防止其泛滥成灾和进行有效利用，这才是我们应该思考和研究的问题。

（王忠华　黄民生）

遥感——给环境保护一双"千里眼"

当我们在看神话故事的时候，我们经常感叹要是自己有一双千里眼那该多好，这样我们足不出户就能看到很远的地方。当然这只是我们的一厢情愿罢了。但是科学家们却不这么认为，因为他们的研究工作就需要一双千里眼来支撑。于是，人们开始研究并着手制造"千里眼"。如今，我们已经拥有了好几种"千里眼"了，遥感便是其中一种。"遥感"，顾名思义，就是遥远地感知。就如同传说中的"千里眼"所具有的能力。人类通过大量的实践，发现地球上每一个物体都在不停地吸收、发射和反射信息和能量，其中包括一种人类已经认识到的形式——电磁波，人们还发现不同物体的电磁波特性是不同的。遥感就是根据这个原理来探测地表物体对电磁波的反射和其发射的电磁波，从而提取这些物体的信息并进行加工，完成远距离"看"物体的行为。

例如，大兴安岭森林火灾发生的时候，由于着火的地带温度比没有着火的地带温度高，它们在电磁波的热红外波段会辐射出比没有着火的树木更多的能量。这样，当消防指挥官面对着熊熊烈火担心不已的时候，如果这时候正好有一个载着热红外波段传感器的卫星经过大兴安岭上空，传感器拍摄到大兴安岭周围方圆上万平方千米的影像，因为着火的森林在热红外波段比没着火的森林辐射更多的电磁能量，在影像着火的森林就会显示出比没有着火的森林更亮的浅色调。当影像经过处理，交到消防指挥官手里时，指挥官一看，图像上发亮的范围这么大，而消防队员只是集中在一个很小的地点上，说明火情逼人，必须马上调遣更多的消防员到不同的地点参加灭火战斗。

上面的例子简单地说明了遥感的基本原理和过程，并且涉及了遥感的应用价值。除了上文提到的不同物体具有不同的电磁波特性这一基本特征外，还有遥感平台，在上面的例子中就是卫星了，它的作用就是稳定地运载"眼睛"——传感器。除了卫星，常用的遥感平台还有飞机、气球等。传感器就是安装在遥感平台上探测物体电磁波的仪器。针对不同的应用和波段范围，人们已经研究出很多种传感器，探测和接收物体在可见光、红外线和微波范围内的电磁辐射。传感器会把这些电磁辐射按照一定的规律转换为原始图像。原始图像被地面站接收后，要经过一系列复杂的处理，才能提供给不同的用户使用，他们会对这些处理过的影像作出科学的判断。

由于遥感在地表资源环境监测、农作物估产、灾害监测、气候变化等等许多方面具有显而易见的优势，这一技术正处于飞速发展中。更理想的平台、更先进的传感器和影像处理技术正在不断地发展，以促进遥感在更广泛的领域里发挥更大的作用。

环境遥感就是利用各种先进的遥感技术，对自然与社会环境的动态变化进行监测或作出评价与预报的统称。由于人口的增长与资源的开发、利用，自然与社会环境随时都在发生变化，利用遥感多时相、周期短的特点，可以迅速为环境监测、评价和预报提供可靠依据。

日前，我国比较突出的环境污染问题主要有空气污染，河流、湖库水体污染，生态破坏问题有土壤侵蚀、土地退化、沙化，湿地、草场、天然森林不断减少等。面对这些大面积的环境问题，如果监测与研究手段还停留在常规水平，无论从时效上还是从了解掌握的具体程度上都不能满足环境保护事业发展的需求。近 10 多年来，卫星在环境保护的应用方面取得的成绩已证明，遥感技术为环境科学提供了全新的研究手段，遥感信息提供了全球或大区域精确定位的高频度宏观环境影像。

利用遥感技术对环境进行监测，获取了生态环境变化的基本数据和图面资料，提供了生态破坏、水体污染、大气污染及海洋污染等基本状况和发展程度的数据和资料，为环境管理和治理的科学决策提供了依据。遥感技术对环境科学的发展起了重要推动作用。目前遥感信息技术已广泛应用于环境监测、科研和管理的诸多领域，是实现可持续发展的重要手段。

20世纪90年代以来，环境遥感技术应用领域越来越广，从陆地的土地覆被变化、城市扩展动态监测评价、土壤侵蚀与地面水污染负荷产生量估算、生物栖息地评价和保护、工程选址以及防护林保护规划和建设，到海洋和海岸带生态环境变迁分析、海面悬浮泥沙、水体叶绿素含量、海上溢油、赤潮、热污染等的发现和监测、珊瑚和红树林的现状调查和变化监测、堤坝的规划与水沙平衡分析、水下地形地貌调查以及水域初级生产力的估计，再到大气环境遥感中的城市热岛效应分析、大气污染范围识别与定量评价、大气气溶胶污染特征参数化、全球的水—气—化学元素等的循环研究、全球环境变化

◀ 遥感某地环境得到的图片

以及重大自然环境灾害的评估等，几乎涵盖了整个地球环境生态系统。

我国应用环境遥感技术的起步较晚，但经过科技人员的不懈努力，在大气、水体、生态等领域开展了多方面的研究探索工作，并取得了不少成果。但由于信息源限制，许多方面工作在深度和广度上还不够，具体研究范围与领域受到了很大限制，目前所能提供的信息远远不能完全满足环境部门的特殊要求。因此为了改变这种被动局面，就有必要建立国家环境资源信息系统以提高对环境资源的宏观调控能力，为我国经济和社会可持续发展战略、布局和趋势预测，为环境保护、资源管理以及实现环境、经济、社会的宏观调控提供科学依据和决策支持。

（林　静　黄民生）

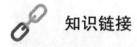 ## 知识链接

水污染遥感

"遥感"顾名思义，就是遥远的感知。它是指借助于专门的探测仪器，把遥远的物体所辐射（或反射）的电磁波信号接收记录下来，再经过加工处理，变成人眼可以直接识别的图像，从而揭示出所探测物体的性质及其

变化规律。由于遥感手段先进、客观、准确，可在同一时间获得较大范围的信息，近年来遥感技术在资源与环境研究和测量任务中扮演着越来越重要的角色。由于人口的增加与资源的开发、利用，自然与社会环境随时都在发生变化，利用遥感多时相、周期短的特点，可以迅速为环境检测、评价核预报提供可靠的依据。

　　水污染遥感事业目前在我国较快，它是利用污染物的红外、紫外或荧光特征，应用飞机、实验室、地球卫星等设施对河流、湖泊、水库、海洋等水域受污染状况进行分析，具有连续、快速、范围大等优点，但定量方面尚有困难，需与常规监测技术配合使用。

路面是不是越硬越好

～～～～～～～～～～～～～～～～～～～～

　　有人把水泥、钢筋和石头造就出来的城市称为"水泥森林"，形象地描绘了城市越来越"硬"的现状。当你行走或行驶在一条条硬化路面上时，你可知晓其中隐藏着怎样的生态环境危机呢？

　　首先硬化路面影响了水资源的自然循环，增加了水安全隐患。不透水的硬化路面，一方面使得降雨时雨水对地下水的补充几乎完全被阻断，在依赖地下水作为饮用水源的城市，会使下降的地下水位难以回升，并造成大面积地面沉降和海水入侵等问题。另一方面，路面不透水使得降雨形成径流的速度和峰值大大提高，极易形成水灾。据资料报道，天然地表洼地具有良好的蓄水性能，其中沙地可蓄积 5 毫米降雨量，黏土可达 3 毫米，草坪可达 4～10 毫米，甚至有报告已观测到了在植物密

集地区可高达 25 毫米的记录，而光滑的平水泥地面在产
生径流前只能保持 1 毫米的水，这将造成从降雨到产流
的时间大大缩短，径流量大大增加，因管道和河渠来不
及排水往往造成洪涝灾害。

　　其次，路面硬化加剧了生态环境恶化。一方面，硬
化路面使得雨水从路面流失或被阳光蒸发掉，使城市变
为地表干燥的缺水地区，这不仅加重城市扬尘污染，还
会因地表干燥而给城市绿化带来很大困难。另一方面，
硬化路面会使空气交换和空气湿度降低，可使地面温度
平均升高几度，会加重城市热岛效应，降低城市生活的
舒适感，同时增加城市为降温付出的能源消耗。据悉，
在夏季的阳光照射下，混凝土平台的温度比大气温度高
8 ℃左右，屋顶和沥青路面则要高 17 ℃，夜晚其吸收的
热能又大量散发出来，成为夜晚气温升高的热源。混凝

土、沥青等硬化建筑材料其表面会反射噪音，致使城市噪音加大。再如，硬化路面对本地植物和动物的生存也是十分有害的，不仅阻断了城市地面生物过往的通道，而且使树木因根不能正常呼吸而导致死亡，这对城市生态保护和建设都极为不利。另外，在冬季硬化路面容易结冰，对人们的出行带来多种不便甚至危险。而且，冰冷的硬化路面不利于城市路面降雪的融化，因而给市政扫雪增加负担等等。还有，硬化路面因无法截留、净化雨水中及地面上携带的污染物，将造成水环境质量进一步恶化等等。

为解决硬化路面带来的一系列问题，自 20 世纪 90 年代以来，许多国家都在将以前铺设的一些城市硬化路面分阶段、逐步改为透水性路面，以增强其生态环境功能。具体做法有以下六种：

铺杂草地。这种杂草地由腐殖质和杂草组成，草皮较厚，适合于多种露土的遮盖。

铺露草方格砖。混凝土通透蜂窝砖的中间用腐殖质填上，草地种子生长其中，可保证 40% 的绿色面积，适合于露天停车场或自行车道路面。

铺地砖草皮拼接型路面。地砖与地砖之间留出一定距离，之间用泥土填充，让草生长于泥土上。这样的路面，植被覆盖面积约占 35%，适合于公园和街边散步路面应用。

铺鹅卵石 / 碎石路面。路面由大小较为均匀的鹅卵石或小石头散落铺成，通透性强，不长杂草，适合于房舍周边、人行道边难以绿化的露土地面等应用。

铺路使用透水性地砖。这种砖有许多渗漏性孔，连接处由透水性填充材料拼接，适合于人行道、步行街巷的地面应用。

铺设多孔砖加碎石地面。这种地面由四角带孔的地砖铺成，孔中撒入小鹅卵石或小碎石以保证雨水顺利通透，好处是不生杂草，地面的热反射大大低于全硬化路面。

铺设透水性路面的方法曾在中国的古代城市和庭院的建设中普遍使用，如故宫的地面有很好的透水性能，传统的园林、庙宇、宅院、街道都拥有大面积透水地面，并被当今国际城市环境和生态保护专家学者推崇备至。遗憾的是，在当今急于追求建"现代化"城市的过程中，我们似乎忘记了先祖们的宝贵经验，没有认识到城市透水地面的生态环境价值，给自己的城市铺设了大量不透水的硬化地面，走了一段不小的弯路。不过，亡羊补牢、犹未为晚，在充分了解硬化路面的危害性后，就让我们以实际行动来改正吧。

（林　静　黄民生）

湿地——地球之肾

～～～～～～～～～～～～～～～～～～～～

　　肾脏的解毒功能对维持人体的健康是极其重要的。湿地之所以被称为"地球之肾"，其原因就是它也发挥了类似的功能，即：湿地对各种各样的污染物具有很强的净化作用，对地球生态环境系统发挥了巨大的解毒功能。

　　那么什么是湿地呢？国际湿地公约将湿地定义为：不论其为天然或人工、长久或暂时之沼泽地、泥炭地或水域地带，带有或静止或流动、或为淡水、半咸水或咸水水体者，包括低潮时水深不超过 6 米的水域。根据这种定义，河流、湖泊、沼泽、珊瑚礁都是湿地，此外还包括水库、鱼（虾）塘、盐池、水稻田等人工或人造湿地。可见，湿地的类型众多、分布极广。我国的湿地资源十分丰富，湿地面积约占世界湿地面积的 11.9%，居亚洲第一位，世界第四位。根据气候区域差异、生物区系的相似和生物多样性的丰富程度，我国湿地可分为 8 个主要区域，即：东北湿地，华北湿地，长江中下游湿地，杭州湾以北滨海湿地，杭州湾以南沿海湿地，云贵高原湿地，蒙新干旱、半干旱湿地和青藏高原高寒湿地。据初步统计，我国的沼泽约 1 100 万公顷，湖泊 1 200 万公顷，滩涂和盐沼地 210 万公顷，稻田 3 800 万公顷，共计约 6 300 万公顷，它们都是不同类型的湿地。

作为地球上主要类型的生态系统之一，湿地在人类社会的发展和生态环境保护中具有十分重要的地位。国外的尼罗河、底格里斯河、幼发拉底河、恒河、湄公河和我国的黄河都是人类文明的发祥地。湿地拥有丰富的水资源、生物资源、矿产资源和能源，湿地可以调节降水量不均带来的洪涝与干旱，湿地可以调节气候等等。

那么，湿地有着怎样的"解毒"功能呢？

湿地对污染物的净化是通过物理、化学和生物的三方面作用来共同完成的。首先，湿地具有沉淀、过滤、吸附等物理净化作用，可以有效去除颗粒态污染物、重金属和病原体等。科学研究表明，污染水质通过芦苇湿地时，在 2～3 天内可以去除 80% 左右的悬浮性颗粒污染物，可以使得浑浊不堪的水体迅速变清，这其中植物表面拦截和吸附发挥了重要作用。其次，湿地的化学净化作用包括化学氧化与还原、化学凝聚、化学吸附等，它们对磷、重金属及难溶性有机污染物具有良好的净化效果。但湿地最主要的净化功能还是通过各种湿地生物的分解、转化、吸收、利用来完成的。湿地是生物多样性

▲ 上海崇明长江口湿地

极其丰富的生态系统，在湿地中不仅有茂密的湿地植被，还有伴生其中的鱼、虾、蟹、贝等水生动物，更为重要的是被称为"周丛微生物"的微小生物群体。随水流进入湿地的各种污染物或可以直接被湿地植物、动物吸收利用，或可以通过湿地微生物的分解、转化作用被净化。实验研究表明，湿地中的芦苇、香蒲等植物的组织中重金属污染物的富集浓度比周围水中浓度高出 10 万多倍，可见其解毒功能之强大。据有关专家估算，位于上海市东海沿岸总面积约 420 平方千米的九段沙湿地其"排毒解毒"功能如能得到充分利用，则相当于建设了一座投资达 200 亿元的城市污水处理厂！

近年来，利用湿地净化废水或污染水质的工程案例也越来越多。例如，辽河石油勘探局特油公司将经过隔油、气浮预处理后的稠油污水通入到芦苇湿地中。经检测，该芦苇湿地的出水水质达到国家污水综合排放的二级标准，完全能够满足回注要求，具有很好的生态环境和经济效益。山东省沾化县也探索出了一条利用芦苇湿地处理造纸废水的新路子：造纸废水经过预处理后引入盐碱地，通过种植芦苇不仅实现废水净化，而且改良了盐碱荒地，收割后的芦苇又是造纸的理想原料。深圳市观澜湖高尔夫球会有限公司利用人工构建的湿地系统处理职工宿舍生活污水获得了显著效果，生活污水经过化粪池预处理后直接进入湿地系统，出水中主要污染物的浓度降低了75%～95%左右，溶解氧大大增加，可以养鱼。1998年，一座集水质净化、环境教育和居民休闲为一体的湿地公园——府南河活水公园在成都建成，其功能核心实质上就是一个人工湿地塘床系统。该公园的整体布局呈"鱼形"，污染河水由"鱼嘴"而入，经"鱼身"中的植物、动物和微生物等的净化作用，然后从"鱼尾"重新返回到府南河。在整个净化系统的旁边安置了不同形式的解说牌，以中英文对照的方式说明如何通过湿地功能净化河水的过程，是难得的环境教育场所。

（马丽华　黄民生）

草坪：二氧化碳的"消费大户"

~~~~~~

在午后路过一片片绿色的草坪时，我们都想能够睡在上面享受一番阳光的暖意，闻着青草的气息，简直享受之极。可有时我们会发现草坪上会插着写有"养草期间，请勿入内"的牌子，我们会感到十分遗憾。但如果我告诉你，草坪不仅用于休闲，还有很重要的生态环境功能时，或许你就不会迈出那一步。世界上有许多国家为了绿化城市，改善生态环境，提供自然美的享受和蓬勃的生活气息，都特别重视草坪的建设。在欧洲，有不少城市的公园都以草坪唱主角，形成"草原牧歌"式的独特风格。

近年来，我国城市草坪建设也日益受到人们的重视。北京、沈阳、天津等北方城市，为改善黄土弥漫的环境，开展了大规模的群众性种草活动。如大连市街心广场，炸毁了原有的水泥地坪，种上了大面积草坪，决心之大，令人感动。南京市的鼓楼广场，原来广告牌林立，四周被高楼大厦包围。为了给广大市民营造一个美的生活空间，市政府拆去部分建筑，搬走广告牌，取而代之的是

▲ 护坡草坪

大面积草坪，南京又多了个景点，人们又多了个休息、游玩的地方。草坪成了人们生活中不可缺少的组成部分。

草坪能给人以清新、凉爽和愉悦的感受，为人们提供一个愉快、干净、安全的工作和生活环境。绿茵芳草能像吸尘器一样净化空气、过滤灰尘，减少了尘埃也就减少了空气中的细菌含量。据测定，南京火车站灰尘数量大，每立方米空气中含细菌达 49 100 个，而南京中山植物园大草坪上空仅为 688 个。

草坪还是二氧化碳的"消费大户"。生长良好的草坪，每平方米 1 小时可吸收二氧化碳 1.5 克，每人每小时呼出的二氧化碳约为 38 克，所以如有 25 平方米的草坪，就可以把一个人呼出的二氧化碳全部吸收。草坪还是巨大的制氧机，这也是为什么人们站立于大草坪上感到空气特别新鲜的原因。

草坪还能减弱噪声，一块 20 米宽的草坪，能减弱噪声 2 分贝左右。杭州植物园中一块面积为 250 平方米的草坪，经测定，与同面积的石板路面相比较，其音量

降低了10分贝。草坪还能调节温度和湿度。在南京市的夏天，有时没有长草的土壤表面温度为40 ℃，沥青路面温度为55 ℃，而草坪地表温度仅为32 ℃。多铺设草坪可减少地表放热，降低城市气温。据测定，夏季的草坪能降低气温3 ℃~3.5 ℃，冬季的草坪却能增高气温6 ℃~6.5 ℃。同时，草坪还能增加空气湿度，它能把从土壤中吸收来的水分变为水蒸气蒸发到大气中。

草坪所用草种，根据对环境的适应情况可分为冷地型草和暖地型草两大类。冷地型草有匍匐剪股颖、紫羊茅、草地早熟禾、多年生黑麦草等，它们能忍受寒冷，适合于我国北方栽植。暖地型草有结缕草、假俭草、绊根草、地毯草等，适合夏季高温的地区，常用于我国南方地区。因地制宜地选择草种是草坪铺设成败的关键。

翠绿的草坪给人们带来舒适宁静的绿色空间，给城市带来了文明和优美的环境。城市要保护高质量的草坪，不是人们所想象的那样简便和轻巧。可以说从整地、土壤改良、播种，到剪草、喷水、施肥、病虫害防治等等，每一个环节都十分重要，而且费用相当大。据说美国每年用于维护草坪的费用高达40亿美元。

种草容易养草难。要保护好草坪，需要每个人的爱心，属于草坪的东西请勿带走，不属于草坪的东西也请勿留下，这是每个公民应具备的环境意识。所以当你想迈出那一步时，请再好好想一想。

（马丽华　黄民生）

自然保护区——让生物拥有一方净土

～～～～～～～～～～～～～～～～～

九寨沟、长白山、四川卧龙、武夷山、神农架……
这一个个美丽的自然保护区，远离了城市的喧嚣，展现
着大自然的美妙。每到假期，都有无数的游人来到这里，
与自然进行最亲密的接触，因为在这里，我们可以看到
很多奇花异草；在这里，我们可以看到奇妙的自然景观
和历史遗迹；在这里，我们可以追寻那些已经离我们而
去、或正在悄悄离去的动物朋友们的足迹。

记得有一次，有一位小朋友问我："为什么一定要到
自然保护区，才能看到那些濒临灭绝的动物呢？"是呀，
为什么现在只有在自然保护区里，才能看到这些曾经满山
遍野活蹦乱跳的金丝猴、憨态可掬的大熊猫呢？面对它们
天真无邪的眼神，我不知该怎样向它们解释人类对自然界
所做的愚蠢行径。不过值得庆幸的是，人们已经认识到地

球不仅仅属于人类自己，那些动植物同样是地球的居民。现在我们能做的就是尽可能地保护它们，并在此基础上让它们壮大起来。因此我们建立了自然保护区。

可以说，自然保护区是生态系统、物种资源、自然景观的保存圣地。在自然保护区里，我们可以看到自然的生态系统以及濒危、珍稀物种。不仅如此，自然保护区还能保护山地、河流、水源及自然景观、历史遗迹等等。因此，建立自然保护区对人类的生存发展以及保护生态环境具有十分深远的意义。

现今世界上许多自然生态系统已经遭到人类的干扰和破坏。建立自然保护区可以用来分析、评价人类活动对自然界的影响程度，同时也为建立合理的、高效的人工生态系统提供启迪。

其次，由于人类活动造成的环境污染，生物物种的破坏和减少日益加剧，可能会使许多物种在人类还未来得及发现和命名时就消失或濒于灭绝。而自然保护区为这些物种的生存、繁衍提供了良好的场所。

1956 年，我国在广东省鼎湖山建立了第一个自然保护区，并于 20 世纪 80 年代以后在全国获得了快速发展。但我们还应该看到，我国的自然保护区建设与管理运行还并不完善。据统计，目前受威胁的自然保护区有 273 个，占保护区总数的 56.87%，即有半数以上的保护区面临各类威胁。其中最严重的是偷猎、偷砍和偷挖各种动植物资源，受这类威胁的保护区有 105 个，占保护区总数的 21.9%。由于偷猎珍稀动物、偷砍珍稀树木、偷挖珍

稀药材等对保护区资源和保护价值造成无法估计的损失
和破坏。其次为林牧渔业活动问题，约有 35 个，占保护
区总数的 7.29%，这类活动多是由于保护区的维持经费
有限或区内其他机构的生产活动而引起的，表现为不合
理的开发、资源的经营不当和旅游的压力过大等。另外，
因经费不足导致基本建设跟不上等问题也十分突出，有
125 个保护区，占保护区总数的 26.04%，这已经成为影
响保护区可持续发展的主要问题。除此之外，游客的不
文明行为也对自然保护区的运行管理造成了影响。

综上所述，自然保护区是我们鲜活的自然资源博物
馆，是野生动植物的乐园，只有通过大家共同的努力，
才能把它建设好、管理好，并发挥应有的作用。

（董　亮　王忠华　黄民生）

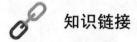

知识链接

我国自然保护区的类别

第一类　生态系统类，保护的是典型地带的生态系统。如广东鼎湖山自然保护区。

第二类　野生生物类，保护的是珍稀的野生动植物。如黑龙江扎龙自然保护区。

第三类　自然遗迹类，主要保护的是有科研、教育、旅游价值的化石和孢粉产地、火山口、岩溶地貌、地质剖面等。如山东的山旺自然保护区，保护对象是生物化石产地。

生态农业

小小的庭院四季常青，春季采收周围坡地上的嫩笋，夏季欣赏美丽的花卉；除去砖制的院墙，取而代之的是绿色樊篱——金针菜，在开花期我们看到的将是一堵飘洒芳香的花墙；在庭院角落种上菜葫芦、南瓜、笋瓜、蛇豆，搭架造型或沿屋檐、墙攀缘，收获季节采收嫩瓜、嫩豆；在窗前种上月季、仙人掌、菊花等耐旱、耐瘠薄、易管理的花卉，每当你打开窗就会有沁人心脾的花香飘进。这是一个多么惬意舒适的庭院，就像在梦境中，不过我可得告诉你，这不是梦，这就是我们的生活，只要你愿意。这是生态农业的一种——庭院生态农业，它是指在住宅院内及与宅基地相连的承包地上，充分利用院内土地资源因地制宜进行种植、养殖等的一种生产经营模式。

那么什么是生态农业呢？生态农业来源于生态农学思想，这要追溯到我国春秋战国时代思想流派之一——农家。农家学说以重农思想为理论核心，生态农业是其中组成部分之一。

现代生态农业的总体思路是运用生态学原理以及现代化管理运行机制等，建立健康稳定的农业生态系统，包括生态农业园、绿色生物园和农业观光园三个子系统，三位一体，各有侧重。其中，生态农业园着重农业生态系统合理配置、资源有效利用和环境保护。绿色生物园着重绿色食品生产和阻止有害物质进入生物体，保障食品的安全性。农业观光园着重景观观赏、农产品品尝、乡村娱乐和土特产品购物等。三者互为依赖，相互促进。生态农业园的建设充分应用生态学原理，建立结构合理、功能优化的农业生态系统，并通过优化经营管理模式，实现农产品高产优质高效，环境优美，人与自然友好相处的总体目标。遵循自然规律，利用生态系统物流和能流进行生态系统组成要素配置，优化生态系统结构，进行无公害清洁生产，以人文精神建设美丽的田园风景，提升农民生活质量。同时按照经济规律，计算并评价投入产出比，保证农产品质量，实施品牌战略，提高产品的市场竞争力，加强科学管理和监督

▼ 玛雅农场的运作模式

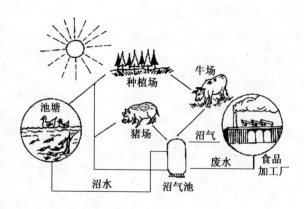

机制，保证园区健康稳步发展。目前农产品质量安全性已受到社会普遍关注，我国有机食品、绿色农产品生产尚处于起步发展阶段，其生产规模和产品范围将不断扩大，经营管理将逐步完善规范，因此生态农业开发区应建设成为净土、净气、净水的绿色食品生产基地。农业观光园是新型农业发展模式，追求山乡野趣，感受幽静田园风光，品味农家生活已逐渐成为城市居民向往的旅游新时尚。观光农业正是顺应这种新潮流而发展的新型农业模式，它具有常规农业所有功能并叠加了旅游功能，是现代农村社会经济发展的重要方向，对促进区域生态平衡和社会文明具有积极意义。

菲律宾的玛雅农场被认为是生态农业的典范之一，下面以它为例，向大家介绍它的运作模式。

玛雅农场位于菲律宾首都马尼拉附近，从 20 世纪 70 年代开始，经过 10 年建设，农场的农林牧副渔生产形成了一个良性循环的农业生态系统。

最初，玛雅农场是由一个面粉厂发展起来的。为了充分利用面粉厂产生的大量麸皮，经营者建立了养畜场和鱼塘。为了增加农场收入，他们建立了肉食加工和罐头制造厂。到 1981 年农场已拥有 36 公顷的稻田和经济林，饲养了 2.5 万头猪、70 头牛和 1 万只鸭。为了控制禽畜粪便污染和实现资源的循环利用，他们陆续建立起十几个沼气生产车间，每天产生沼气十几万立方米，满足了农场生产和家庭生活所需要的能源。另外，从产气后的沼渣中，还可回收一些牲畜饲料，其余用作有机肥料。产气后的沼液经藻类氧化塘处理后，送入水塘养鱼养鸭，最后再取塘泥去肥田。农田生产的粮食又送面粉厂加工，进入又一次循环。据悉，像这样一个大规模农工联合生产企业，竟不用从外部购买原料、燃料、肥料，却能保持高盈利，而且没有废气、废水和废渣的污染。这样的生产过程由于符合生态学原理，充分实现了各种资源的循环利用。1980 年，在玛雅农场召开了一次生态农业国际会议，与会者对玛雅农场的运作模式给予了高度的评价。

起源于我国珠江三角洲地区的桑基鱼塘也同样是一个典型的生态农业范例。据史料记载，早在汉代珠江三角洲已有种桑、饲蚕、丝织、池塘养鱼的生产实践。从长期实践摸索中，当地农民发现养蚕的蚕沙（蚕粪）可以养鱼、鱼塘的底泥可以种桑，并逐渐悟出桑多—蚕多—蚕沙多—塘鱼多个中的道理，由此桑基鱼塘这种特殊生产方式逐渐形成起来，并很快传到其他地区。

（于学珍　黄民生　邓文剑）

生态旅游

～～～～～～～～～～～～～～～～～～～～～～

　　到人烟稀少的高山脚下探索江河源头，去冰天雪地的南极跋涉，在充满神秘色彩的高原丛林窥视野生动物，赴泰国北部和澳大利亚体验土著人的生活，到亚马逊河流域观赏热带雨林，潜入光怪陆离的海底观看绚丽多姿的海洋世界……这类更加刺激更富有探险性的旅游越来越吸引着当代人。随着人们生活方式和工作节奏不断变化，追求超常态的生活经历、更多关注自身的生活内容与生命质量，遂成为一种新的潮流，这种情形下生态旅游应运而生。

　　与许多拥挤、喧闹的都市旅游相比，生态旅游追求的是原汁原味的自然风光和享受。置身于这样洁净、淳朴、优美的环境中，旅游者不仅获得了妙不可言的愉悦感受，还获得了大量生态环境知识，而且人的意志和毅力也经受锻炼，精神世界得到了升华。生态旅游的这些特点是其他旅游所不具备的，因此受到越来越多旅游者的推崇。美国、加拿大、德国、西班牙、澳大利亚、荷兰等发达国家把生态旅游作为旅游项目中一个支柱产业来加以开发。20世纪80年代后期起，生态旅游也逐渐成为发展中国家旅游热点。20世纪90年代初，赴非洲的国际旅游者尽半数是参加生态旅游的。据统计，近年来全世界生态旅游每年以15%的增长率在迅速发展，年产值超过了2 000亿美元。我国生态旅游也处于不断"升温"

▼ 人间仙境——九寨沟

过程中。

那么生态旅游的内涵是什么呢？我们知道，生态旅游作为人类旅游活动行为之一，主要是针对在现代工业化、城市化发展过程中，人们常年生活在喧嚣的城市工厂中，生活节奏紧张，竞争激烈，环境污染严重的城市居民，他们希望返璞归真，到优美、洁净和开阔的环境中去感悟大自然、放松身心、考察生态、增长阅历等。生态旅游要求人们在欣赏大自然美景、享受大自然提供的新鲜空气的同时，自觉保护生态环境。因此，生态旅游具有重要的环境教育功能。

当代西方著名的思想家海德格尔认为，"亲近现身于带来遥远的亲近中"。人与自然相互融洽的理想境界也在我国古代诗人陶渊明的诗中有深刻而清晰的表述："孟夏草木长，绕屋树扶疏。众鸟欣有托，吾亦爱吾庐。"也就是说，人们喜爱鸟鸣，但不是把鸟养在笼中观赏，而是在自己的住宅周围广植树木，引来鸟的千鸣百啭，人与自然各适其性，各得其乐。生态旅游中，对自然美的欣赏能够深化人类对自然的亲近感，有助于维护对大自然的尊崇和敬畏，唤醒人们对遗忘的本源的回忆，并最终使人们进入"采菊东篱下，悠然见南山"那样的美妙场境。

（马丽华　黄民生）

生态旅游

传统的山水风光游，把大自然作为欣赏的对象，双方是一种商品交换关系，即花钱享受自然。而生态旅游则对大自然充满了尊重、敬畏与关爱，双方至少是一种平等的、朋友的关系。游人在欣赏自然的美色的同时，也在聆听自然的呼声，关注和思考着环境问题。这是一种肩负着社会责任感的全新的旅游方式，既融入了环境教育，又有利于自然资源与生物多样性保护事业。生态意识、生态理念与生态道德，是生态旅游的核心。

生态厕所

在各个城市的街道、公园、风景区等都能看到传统的水冲式公共厕所。别小看了它，它曾被誉为 20 世纪对人类影响最大的十大发明之一，因为它的出现，彻底改变了人类生活的卫生条件，使得人类肠道等传染病的发病率大大降低，也使得人类的寿命大大提高。现在，你恐怕已经无法想象没有厕所的生活了吧。不过，随着时代的发展，传统冲水式厕所的缺点也逐渐显现。首先，传统的冲水式厕所每次使用需要消耗大量宝贵的水资源，冲下来的脏水大多没有经过严格的处理就排放到水体中，与此同时，人们还需要定期清运，集中处理那些排泄物，这样就需要消耗大量的人力、物力，对环境造成很大的污染。"一闻（闻味寻厕）、二跳（厕内污水横流）、三叫（蝇飞蛆爬）、四笑（毫无遮挡）"这句话是京城老百姓对以前"如厕"问题尴尬的描述。

因为中国人特有的含蓄，长期以来，厕所一直是人们不愿公开谈论的话题。但是随着人们对绿色生活、健康生活的不懈追求，厕所问题作为人们生活中不可缺少的一部分，越来越受到人们的重视。许多注重节水和减少环境污染的环保生态厕所也应运而生，那么生态厕所究竟是什么样的呢？

用水冲走人粪尿是导致水污染的一个最大的原因。它也是水（一种在城市日益宝贵和稀少的资源）的一种巨大浪费。1993年，生态工程师格雷格·艾伦（Greg Allen）指出："自然界没有废物。一种生物废弃的东西是另一种生物的食物。我们将粪便倾倒入海洋实际上是在破坏土壤，不让土壤得到这些养分，并在这一过程中破坏了我们的水体。"

那么，用什么办法来改变这种状况呢？从上面的那句话，我们发现，最有吸引力的答案是建堆肥厕所，因为这种厕所用水量很少或根本不用水，而且能够将粪便变成能回归土壤的肥料。但在城市中建堆肥厕所，最让人担心的是恶臭问题。其实，普通蹲坑式厕所之所以发出难闻的气味，是因为它是一个厌氧环境，有机物厌氧分解时，产生氨氮和硫化氢气体，造成了令人作呕

的臭味。相反，堆肥厕所形成一个好氧环境，在好氧环境条件下分解的有机物产生无味的二氧化碳和水。看来，人们的想法在理论上并不是高不可攀的，接下来，就要将这种想法变成实实在在的产品了。

其实，目前，市面上已经有堆肥厕所了，虽然它们在外观、结构等方面有所不同，但它们的工作原理却是相似的：厕所将粪便、尿、手纸收集在一个有氧的容器中，使微生物在那里很容易发挥分解作用，使废物的体积大大缩小（约减少90%），最后留下的是腐殖土状的固体残渣。为确保这种有效的分解，使容器保持良好的通气、足够的湿度、较高的温度是很重要的。由于容器池较大，必须把它们放在地下室，这样既保温又不占地方。大量有机物质的分解过程中能够产生很多热量，使得容器池中各种气体被加温后通过排气管口排出，并形成部分真空将外界的空气吸入容器池内，使池内始终保持有氧状态。

据了解，这种环保厕所在使用和运行过程中不产生对环境有害物质，适用于城市、乡镇、农村、旅游景点、家居、临时集会和车船等不同场合使用。

生态厕所的开发和应用可以实现环保、卫生、清洁、无臭味、节水、废物利用等多种目的。据测算，按1 200万人口计算，目前北京一年从厕所流失的水就达4亿吨。如果应用生态厕所，则可以大大降低污水处理厂的建设和运行费用。有资料显示，一个10蹲位免冲水生态厕所一年就可减少污水处理厂3 566立方米的污水处理量。据载，在北京海淀区双榆树公园旁，就建有一所免水冲洗的堆肥厕所。它由几位从加拿大留学回国的博士设计并建造，成为中国第一所具有节水、节能、无臭、卫生好、并在不断输出有机肥的成功的新型城市堆肥公厕。与普通的冲水公厕相比，这个堆肥厕所的一个蹲位每年可节约自来水400吨，相当于400个人一年的总饮水量。这不仅是一个节省了水资源的数据，也是一个减少了污水排放量的数字。在人口流量大的中国城市和一些热点旅游区，用这类环境友好型堆肥公厕如能得到广泛推广应用，将会带来显著的环境—生态—经济效益。

生态厕所从根本上改变传统厕所的概念和运作方式，是"公厕革命"的方向和发展趋势。我们现在一直在讲要保护环境，要进行"绿色革命"，此时你有没有发现，其实它离我们并不遥远，其实就在我们身边。

（应俊辉 黄民生）

绿色居住

～～～～～～～～～～～～～～～～～～～～

　　生态建筑大概是 20 世纪末建筑领域最时髦、最具诱惑力的词了。但不知道大家对生态建筑的概念了解多少，是不是一提起生态建筑脑海中就会浮现出这样一幅画面：山清水秀，避风向阳，让人神情愉悦；流水潺潺，草木欣欣，使人流连忘返；莺歌燕舞，鸟语花香，使人心旷神怡……

　　的确，由于生态建筑在我国还是一个新名词，人们自然会存在一些概念误区。对一个住宅区而言，园林、水景的确能起到美化作用，然而"生态建筑"并不是简单的绿化和阳光，其真正的目标是尽量减少能源、资源消耗，减少对环境的破坏，并尽可能采用有利于提高居住品质的新技术、新材料。生态建筑无论朝南朝北，一年四季都将充满阳光。建筑的这些独特"性格"并非一串机械不变的硬指标,而是在"智能大脑"的统一指挥和多个探头的感应和反馈下,建筑的通风、采光、空调等各个系统,将根据天气的具体情况和人们的真实感受自动调节,最大限度地利用自然,活像一幢会动脑筋的"聪明屋"。大家是不是感觉很奇妙?那生态建筑何时诞生的呢?

一般认为,"生态建筑"的萌芽,始发于环境污染。我们都知道,环境事业是与我们人类幸福密切相关联的,并与自然界的原材料的持续开发联结在一起;还关系到减少温室气体的排放和控制废料。而将这一理念融入建筑和城建中,就诞生了生态建筑。20世纪的两次世界大战后,从战争桎梏中解脱出来后的世界人民,急于运用各类手段获取最大限度的物质文明,不顾后果地迅猛发展工业,环境污染日益严重,先进的工业化国家的环境污染,在1970年代达到"登峰造极"之地步。

在此污染恐慌中出现的"生态建筑"雏形,迅即成为时代的宠儿。通过相当长的一段时间的发展,人们对"生态建筑"认识有了一个比较一致的概念:所采用的材料必须纯天然、无化学合成、很少产生并能有效控制污染;设计主导思想是体现古代建筑技术和现代建筑技术相结合,取长补短综合筛选;建筑物的形式和内涵必须充分体现出自然生态与社会生态的协调统一;在具体功能上,必须节约能源、降低建筑造价和使用费用,强调实用性和对人体及环境有益而无害等等。

关于是否属于"生态"型建筑,也有其独特的评估属性：要素之一是建筑物在不影响环境前提下，合理地利用地球资源，确保地理地貌的和谐；应最大限度地利用自然热能、光能、风能、潮汐能，包括自然降落的雨水利用；对太阳能的利用率通常达到 85% 左右。不论住宅还是办公楼，设计中应用自然通风、采光，尽量达到在人员密集条件下，也能较好地保持空气的新鲜；此外，人体健康是首要标准，强调建筑材料的无污染、无害，不产生过敏性疾病等等。

国际太阳能建筑和建筑革新领域内的开拓者托马斯·赫尔佐格认为，所谓生态建筑其实并无统一或符号化的固定格式，而是应该从建筑的材料、形式等各个方面结合本土实际气候、地理位置等情况，进行有效整合，以达到节约能源的目的。这就要有合理的选址与规划，尽量保护原有的生态系统，减少对周边环境的影响，并且充分考虑自然通风、日照、交通等因素。要实现资源的高效循环利用，尽量使用再生资源。尽可能利用太阳能、风能、地热、生物能等自然能源。尽量减少废水、废气、固体废物的排放，采用生态技术实现废物的无害化和资源化处理，以便回收利用。控制室内空气中各种化学污染物质的含量，保证室内通风、日照条件良好。生态建筑的建筑功能要具备灵活性、适应性和易于维护等特点。

清华大学建筑学院教授、中国工程院院士江亿也指出：评价建筑的生态技术水平可用 Q/L·E 来表示。其中，Q（Quality）指建筑环境质量和为使用者提供服务

▲ 2000 年汉诺威世界博览会展馆：使用木材为主要结构构件，充分利用自然通风和采光来节约能源

的水平；L（Load）指能源、资源和环境负荷的付出；E（Economy）指综合经济全寿命造价。照此说法，生态建筑就是追求消耗最小的 L、E，而获得最大的 Q 的建筑新技术。生态建筑对于建筑理念、发展模式和消费方式，是一次深刻的革命。它从建筑生命周期全过程出发，全面考虑资源、能源、环境和健康舒适要求，是最能体现可持续发展理念的建筑模式。

有关"生态"型的住宅和办公楼，很多国家都有成功的例子，如英国约克郡的"生态"办公楼、日本的"生态"住宅群、荷兰的"绿色"住房、美国芝加哥的"生态"大楼等等，都显示出生态建筑的无限生机。美国前不久又标新立异，建造了一座雄伟壮观的植物建筑大楼，声称"植物建筑是生态建筑的发展方向"。这座"植物建筑"外观用料，不外乎采用自然的土、石、木材、纤维草茎，但在原来应设置墙壁的地方，纵横的隔墙体间都是移栽的鲜活的植物。就是说，用活枝分划出每个房间，称之为"绿色墙体"。这种生态植物建筑物，建筑的完成是建筑师与园艺师共同的杰作。其施工简便，就地取材，以树木为主材，替代墙体支柱，运用园艺中的弯折法，连接顶梁建造出新型奇特的楼宇大厦。

总之，"生态建筑"绝不是简单的返璞归真，有人谓之是建筑业的一场革命，是产业革命以来对传统建筑提出新的要求，是时代发展的产物。作为 21 世纪世界建筑发展的方向，生态建筑不仅可实现人、建筑与自然的协调统一，还可带动新型节能墙体、节能门窗、新能源利用等 30 多个产业的发展，成为拉动城市经济持续高速发展的重要杠杆之一。可以预言，随着世人环保意识的提高，生态建筑业必将茁壮成长。

（王忠华　黄民生）

绿色社区

也称为环保社区。它具备了一定的符合环保要求的硬件设施，做到了垃圾分类回收处理、节水、节能、绿化、生活污水资源化，建立了较完善的环境管理体系和公众参与机制，居民有较高的环保意识，环境清洁、安静、优美。

环境公害

科技的进步带动了工农业的飞速发展，但也由此给人类带来了它的副产品：环境公害，并对人类健康乃至存亡构成极大的威胁。发生于 20 世纪的八大公害事件就是典型的例证。

八大公害事件中，其中属于大气污染公害事件的有 5 个，除前面介绍的伦敦烟雾事件、洛杉矶光化学烟雾事件外，还有马斯河谷事件、多诺拉事件、四日事件；通过食物链引起的公害事件有 3 个，即：骨痛病事件、水俣病事件和米糠油事件。

马斯河谷事件：1930 年 12 月 1～5 日比利时的马斯河谷工业区气温逆转，大气中二氧化硫浓度高达 25～100 毫克 / 立方米。3 天后，有人开始发病，症状为胸痛、咳嗽、呼吸困难等。在接下来的一周内，有 60 多人相继死亡，其中心脏病和肺病患者的死亡率最高。这次事件的发生主要是由于几种有害气体和煤烟粉尘污染的综合作用，再加上马斯河谷处于狭窄的盆地，工厂排出的有害气体得不到及时散发而导致的。

多诺拉事件：1948 年 10 月 26～31 日，美国宾夕法尼亚州多诺拉镇又发生了一起由于二氧化硫含量过高造成的大气污染公害事件。发生的地点同样是在河谷地区，并且也是以恶劣的天气情况作为灾难的导火索，近地层空气中的二氧化硫与金属元素大量累积并相互作用，造成整个多诺拉镇 43% 的人口共计 5 911 人发病，出现眼痛、肢体疲乏、呕吐、腹泻等症状，其中 17 人死亡。

四日市哮喘事件：20 世纪 60 年代在我们的邻国日本，也发生了与美国"多诺拉事件"类似的"四日市哮喘事件"。当时，位于日本东部沿海的四日市拥有多家石油化工厂，这些工厂排出大量含二氧化硫、金属粉尘的废气，重金属微粒与二氧化硫在大气中形成硫酸烟雾，使许多附近居民患上哮喘等呼吸系统疾病。从 1961 年开始，哮喘病越来越多，一些患者不堪忍受痛苦而自杀。到 1972 年，全市共确认哮喘病患者达 817 人，其中有 10 多人死亡。

在八大公害事件中，骨痛病事件、水俣病事件、米糠油事件都是通过食物链途径造成的，其危害同样举世震惊。

骨痛病事件：早在 19 世纪 80 年代，位于日本富山县境内的神冈矿山已有从事铅、锌矿的开采、精炼及硫酸生产的大型矿山企业。采矿过程及堆积的矿渣中产生的含有镉等重金属的废水直接流入周围的环境中，在当地的水田土壤、河流底泥中产生了镉等重金属的沉淀堆积。镉通过稻米进入人体，首先引起肾脏功能障碍，逐渐导致软骨症，在妇女妊娠、哺乳、内分泌不协调、营养性钙不足等诱发原因存在的情况下，使许多人得上一种浑身剧烈疼痛的病，重者全身多处骨折，在痛苦中死亡。从1931年到1968年，神通川平原地区被确诊患此病的人数为258人，其中死亡128人，至1977年12月又死亡79人。

水俣病事件：同样发生在日本，同样是重金属污染引起的。从1954年开始，日本熊本县境内的水俣湾地区出现一种原因不明的怪病，患病的是猫和人，症状是步态不稳、抽搐、手足变形、精神失常、身体弯弓高叫，直至死亡。其中，病猫甚至因此跳海死去，被称为"自杀猫"或"跳海猫"。经过近十年的研究，科学家才确认：汞是造成"水俣病"的真正原因。从1949年开始，位于该地区的日本氮肥公司在生产氯乙烯和醋酸乙烯过程中大量使用含汞（Hg）的催化剂，由于排放的工业废水未经处理导致金属汞进入到水俣湾，而汞被水生生物吸收后在体内被转化成甲基汞，这种物质通过鱼虾进入人体和动物体内后，会侵害脑部和身体的其他部位，引起脑萎缩、小脑平衡系统被破坏等多种危害，毒性极大。据悉，当时食用了水俣湾中被甲基汞污染的鱼虾人数达数十万。日本的氮肥产业始创于1906年，其后获得了飞速发展，"氮的历史就是日本化学工业的历史"、"日本的经济成长是在以氮为首的化学工业的支撑下完成的"的说法曾经成为日本人的骄傲。然而，正是这个"先驱产业"肆意的发展给当地居民及其生存环境带来了无尽的灾难。据悉，为寻求受害赔偿而展开斗争的人数从1959年的80人已发展到90年代末期的1万多人。

米糠油事件：1968年3月，日本的九州、四国等地区的几十万只鸡突然死亡。然而，事情并没有就此完结，当年6～10月期间，曾有4人因患原因不明的皮肤病到九州大学附属医院就诊，患者初期症状为痤疮样皮疹，指甲发黑，皮肤色素沉着，眼结膜充血等。此后3个月内，又确诊了112个家庭的325名患者。至1977年，确诊患者更是达到了1 684人，其中有几十人死亡。这一事件引起了日本卫生部门的重视，通过尸体解剖，在死者五脏和皮下脂肪中发现了多氯联苯，这是一种化学性质极为稳定的脂溶性化合物，可以通过食物链而富集于动物体内。多氯联苯被人畜食用后，多积蓄在肝脏等多脂肪的器官中，损害皮肤和肝脏，引起中毒。初期症状为眼皮肿胀、手掌出汗、全身起红疹，其后症状转为肝功能下降、全身肌肉疼痛、咳嗽不止，重者发生急性肝坏死、肝昏迷等，以至死亡。经过艰苦而细致的调查、分析，最终找到了"罪魁祸首"——九州一个食用油厂：该厂因管理不善、操作失误，在生产过程中将脱臭工艺中使用的热载体多氯联苯混入到米糠油中，并随后被作为家禽饲料添加剂和居民的食用油出售，由此造成悲剧的发生。

而人类似乎还没有因此彻底醒悟，类似于八大公害事件的悲剧仍然在继续上演着。

博帕尔农药泄漏公害事件：1984年12月3日坐落在印度中部中央邦首府博帕尔市北郊的美国联合碳化物公司的专门生产农药和杀虫剂的一个分厂发生了严重毒气泄漏事故。贮存有45吨剧毒原料异氰酸甲脂的不锈钢储罐内部压力突然升高，沸点39℃的毒液汽化，冲开安全阀，腾空而起，在工厂上空形成一个巨大的蘑菇状烟柱。由于毒气浓度大，加之晚间有雾，毒气弥漫，顺着5千米/小时的风速向东南方的城市扩散。深夜里人们正在酣睡，许多人在睡梦中被毒死。被熏醒的人们，惊慌失措，扶老携幼，四处逃散，大街上挤满逃难人群，哭声喊声一片。很多人奄奄一息相继毙命。从夜间1点到4点，毒气笼罩40平方千米的地区，造成3 000多人死亡，1 000多人双眼失明，20多万人受到严重伤害，有人终身残疾，67万人健康受损。

切尔诺贝利核电站爆炸公害事件：1986年4月26日前苏联切尔诺贝利核电站四号发电机组工作人员违章操作使冷却系统停止工作，反应堆芯熔化，引起爆炸。由于四号机组的石墨反应堆没有安全壳保护，引燃1 700吨石墨，火焰高达30多米，厂房成为一片火海。大量放射性物质外泄，随蒸汽喷射到天空。消防人员和军队用沙子、黏土、硼、铅、白云石等，从空中投下，经过五天的努力，终于将反应堆严实覆盖起来，控制了大火。而后又在外部做了一个钢筋水泥壳，将反应堆封闭。泄漏的放射性物质，为人体允许剂量的 2 万倍，当即有大量人畜死亡。事故发生的第一个昼夜，就死亡 31 人，有上千人发生放射病反应。电站周边 10 千米范围内 13 万多户居民被撤离，基辅市各中、小学全部停课，学生被转移到千里之外。

　　以上介绍的只不过是几个在较大范围内发生的、且已经公开报道的典型环境公害事件。实际上，已经发生的各类环境公害数量比这要多得多，造成的死亡和受伤的人数触目惊心，受害区域遍布世界。让我们行动起来防止悲剧重演。

（董　亮　黄民生）

"世纪之毒"：二噁英

1999 年比利时一家报纸的头条标题赫然是："鸡不能吃，猪不能吃，蛋不能吃，牛更不能吃！"，因动物饲料被二噁英污染使得来自动物的食品（牛、猪、鸡、蛋、奶等）全都从超市撤走，比利时举国上下一片恐慌。因该事件发生在世纪之交，同时由于毒性极强，因此二噁英拥有了"世纪之毒"的"美誉"。

二噁英是一类有毒化合物的统称（因此又可将其称为"二噁英类"），由两组共 210 种氯代三环芳烃类化合物组成，包括 75 种多氯代二苯并二噁英和 135 种多氯代二苯并呋喃，可经皮肤、黏膜、呼吸道、消化道进入体内，有致癌、致畸形及生殖毒性，可造成免疫力下降、内分泌紊乱，高浓度二噁英可引起人的肝、肾损伤，变化性皮炎及出血。研究表明，暴露于高浓度二噁英的工人，其癌症死亡率较普通人高百分之十六。

二噁英在环境中已存在了数千万年，但通常浓度很低。目前我们环境中的二噁英主要来源于人类生产活动。20世纪以来含氯有机化学工业的发展和含氯燃料的燃烧是产生二噁英的主要来源，包括氯酚和多氯联苯等含氯化工产品（从农药、木材防腐剂到变压器和电容器）的生产、垃圾焚烧及填埋、纸浆加氯脱色、动物尸体乃至香烟燃烧都可产生二噁英。

目前二噁英已是全球性的污染物，从东南亚降雨，到欧洲人的母乳，以至南极企鹅体内都已检出二噁英的痕迹。二噁英污染危害事件累有发生。

美国洛夫运河事件：20世纪60年代后，美国尼亚加拉瀑布城近郊地区出生的婴儿不是畸形就是早产、死产，由此导致当地居民示威游行并爆发了震动全国的政治事件，要求胡克化学公司赔偿几十亿美元。原来，这里有一条废弃的运河——洛夫运河。究其原因是胡克化学公司将几万吨含有二噁英等有毒化学物质的废渣填埋于河道中所致。该填埋场一部分转卖给教育部门建校舍和教师住宅，一部分卖给垦荒者耕作。包括二噁英在内的82种有毒化学物质中11种有致癌危险，它们通过大气、饮水和食品等途径进入人体，导致新生儿多有癫痫、溃疡、直肠出血等先天性病症。

意大利塞维索农药厂事件：1976年6月，意大利塞维索农药厂爆炸造成二噁英大量泄漏，致使约4万人暴露于二噁英的毒害中，其中急性中毒达450人。

另外，1998 年德国也发现从巴西进口的饲料柑橘浆含有高浓度的二噁英，而这种柑橘浆主要用作乳牛的饲料，结果导致德国部分乳制品含有高浓度的二噁英。

二噁英性质稳定，在土壤中降解的半衰期为 12 年，气态二噁英在空气中光化学分解的半衰期为 8.3 天。二噁英通过皮肤、黏膜、呼吸和消化道等途径进入人体，其中 90% 是通过摄入动物性食品而进入人体内的。它与脂肪有较强的亲和性，进入体内后多积累在脂肪层、内脏器官、乳汁当中。因此，鱼、肉、禽蛋、乳及其制品最易受污染。二噁英不易排出体外，通过体内富集并达到一定数量时则导致其沉积部位发生病变，其过程可历经数年乃至下一代，一旦发现病状，便已成为不治之症。另外，二噁英不易检测，当人患上癌症后要确诊是否二噁英作祟往往很难。

二噁英的毒性强弱与氯原子取代的 8 个位置不同有关，其中以 2，3，7，8- 四氯代二苯并三噁英毒性最强，相当于氰化钾毒性的 50～100 倍，有"毒中之毒"之称。国际癌症研究中心已将其列入人类一级致癌物。美国环保局 1995 年公布的评价结果显示它不仅具有致癌性，同时还具有生殖毒性、免疫毒性和内分泌毒性。又如一种叫做三氯苯氧乙酸的强烈落叶剂（橙剂），也是二噁英类化合物一个代表。在整个越南战争期间，美国用飞机向越南广大地区喷洒约 10 万吨落叶剂，使得越南上千公顷森林的叶子都掉光，造成了巨大的人道和生态环境灾难，直到现在还没完全消除。图为在越南胡志明市的图都医院内一群越南儿童正在该医院的"落叶剂受害者服务中心"接受治疗，他们的父母都是当年的受害者。

那么怎样控制二噁英的污染及其危害性呢？专家认为，其一要严格控制污染源，如尽可能减少城市垃圾焚烧、农村秸秆焚烧和除草剂等农业化学品使用过程中的二噁英排放量，我国血防用（灭钉螺）五氯酚钠的二噁英污染控制也需要加强研究。其二是防止畜禽饲料污染，禁止畜类生皮消毒后的废油供作动物饲料的原料。其三是制订卫生标准，加强食品质量检测和监督管理。1977年美国食物药物局暂定食品中二噁英允许含量分别为：牛乳及制品 1.5 毫克/升、家禽 3.0 毫克/升、蛋类 0.3 毫克/升、鱼贝类 2.0 毫克/升。另外还需要正确宣传，加强自我保护，要科学、正确地理解二噁英的危害滞后性和严重性。有研究称多吃纤维素及叶绿素食物，可以利用体内的"肠肝循环"加速二噁英的排出。

对环境中二噁英的潜在危险及其防治对策的研究已成为当前我国环境科学领域的重大课题之一。中国环境科学学会已经成立了二噁英专家委员会。近年来，我国部分城市兴建及运行了一批垃圾焚烧项目，它们产生的二噁英污染已经受到我国政府的极端关注，随着制定相关的政策和法规以及对相关企业实行定期定点监督，相信可以将二噁英的污染及危害降低到最低程度。

▼ 二噁英的受害者

（李华芝　黄民生）

知识链接

二噁英对健康的影响

与农村相比，城市、工业区或离污染源较近区域的大气中含有较高浓度的二噁英。有调查显示，垃圾焚烧从业人员血中的二噁英含量为 806 pgTEQ/L，是正常人群水平的 40 倍左右。排放到大气环境中的二噁英可以吸附在颗粒物上，沉降到水体和土壤，然后通过食物链的富集作用进入人体。食物是人体内二噁英的主要来源。经胎盘和哺乳可以造成胎儿和婴幼儿的二噁英暴露。经常接触的人更容易得癌症。

二噁英是环境内分泌干扰物的代表。它们能干扰机体的内分泌，产生广泛的健康影响。二噁英能引起雌性动物卵巢功能障碍，抑制雌激素的作用，使雌性动物不孕、胎仔减少、流产等。低剂量的二噁英能使胎鼠产生腭裂和肾盂积水。给予二噁英后的雄性动物会出现精细胞减少、成熟精子退化、雄性动物雌性化等。

二噁英有明显的免疫毒性，可引起动物胸腺萎缩、细胞免疫与体液免疫功能降低等。二噁英还能引起皮肤损害，在暴露的实验动物和人群可观察到皮肤过度角化、色素沉着以及氯痤疮等的发生。二噁英染毒动物可出现肝脏肿大、实质细胞增生与肥大、严重时发生变性和坏死。

流行病学研究表明，二噁英暴露可增加人群患癌症的危险度。

是阴盛阳衰吗

~~~~~~~~~~~~~~~~~~~~~~~~~~~~~~~~~~~

你听说过鲸鱼或海豚"集体自杀"么？在波浪滚滚的近岸海面，突然会出现成群的巨鲸或海豚，少则几十头，多则上百头，甚至数百头，它们朝着一个方向，沿着一条路线，集体冲向海滩，自取灭亡。人们对此无能为力，阻挡也阻挡不住，想救也救不了，只好任凭它们一个劲地向岸边冲去。那种宁死不回头的劲头，令人十分费解。通过科学家对自杀死亡的海洋动物尸体解剖、检测发现，它们体内含有大量三丁基锡和三苯基锡等有毒的有机锡化合物。

有机锡的毒性主要表现为损害动物的神经细胞和内脏。动物脑细胞受损害之后，往往丧失了方向感。鲸和海豚具有集体追逐头领行动的习性，当其中有一两头鲸（或海豚）因中毒而失去辨别方向的能力，盲目地冲上海滩时，其他的也盲目跟进。它们一旦在海滩上搁浅，便无法回到大海，从而表现为"集体自杀"。有机锡是一种船底涂料和渔网防腐剂。海船每年均需涂一次这种涂料，一只集装箱船一次要用1.5万升有机锡涂料。鲸和海豚喜欢追逐海船，因而易于中毒。那么有机锡到底是什么东西？

环境学家认为，有机锡是环境激素中的一类化合物。所谓"环境激素"（环境荷尔蒙）是指外源性干扰内分泌的化学物质，即使极微量摄入也会使生物体内的内分泌失调，导致激素异常生成、释放乃至生殖器官畸形、癌变等严重后果。

大家知道，人和许多动物具有相同的内分泌系统，如脑垂体、甲状腺、甲状旁腺、胰腺、肾上腺、卵巢、睾丸等。这些腺体分泌的物质仅在体内起作用，不排出体外，故称之为内分泌腺体。其分泌物称作激素，它能调节生物体的生长、发育和繁殖。虽然人和动物的血液中激素的浓度非常低（＜10 pg/ml），却有着极大的功效。环境激素是从人类的生产、生活途径产生的一类生物体外激素，其在环境中大量存在并日积月累，已经成为危害人类及其他生物生长、繁殖乃至存亡的重要环境问题。1996年T. 科

▼ 有机锡污染导致疣荔枝螺性畸变

尔波恩（T. Colborn）等人在《我们被偷走的未来》一书就环境激素对人类内分泌特别是生殖功能的危害提出了警告。

受"环境激素"影响最直接的是鱼贝类，因为鱼贝类都是在水中产卵，而且产卵后便弃之不顾。而河川、海水中若含有环境激素，仅凭一层薄薄的卵膜遮挡海水的鱼卵显然挡不住环境激素的入侵，极易受其毒害。实验证明专家们将鱼卵置于雌性激素的环境下，结果最后全部发育成了雌性或雌雄同体。在人类自己制造的环境激素的"汪洋大海"中，人类本身也难逃厄运——人类的生育能力在明显下降。现在全球每年有 120 万妇女被确诊为乳腺癌，50 万妇女死于乳腺癌，发病率以每年 5%～20% 的速度上升，这与环境激素污染有着密切关系。国外许多研究学者指出：现在每个男子所产生的精子只有其祖父辈的一半，患睾丸癌的人数也增加了 2 倍。雌雄同体的"阴阳人"现象日益严重，"雄性"退化已成不争的事实，而导致这场"灾难"的罪魁祸首就是人类亲手制造的各种环境激素。

目前，科学家已开出一张有 70 种（类）可能干扰内分泌的化学物质清单，可称为"环境激素黑名单"，包括难降解的二噁英、多氯联苯、五氯苯酚、有机氯农药、邻苯二甲酸酯，金属有机化合物，甚至家用和工业使用的洗涤剂降解物，其中农药占 44 种（杀虫剂 24 种，杀虫剂代谢产物 1 种，除草剂 10 种，杀菌剂 9 种），共占 67 种环境激素的 65.7%。科学家研究表明，由于环境激素难于降解且扩散性强，目前全球已找不到不含环境激素的"净土"。

面对环境激素包围，我们该采取怎样的应对措施呢？专家认为，首先必须从治本方面着手，堵住环境激素产生和排放的源头，如禁止生产、使用滴滴涕等农药，减少使用会产生二噁英的产品，然后就是严格个人行为上采取"一多二少三不用"。一多指多食用菠菜、萝卜、圆白菜等绿叶蔬菜和荞麦、黄米、小米等糙米，因为它们有助于排出体内积蓄的二噁英。二少指少吃近海被污染的鱼、贝。三不用是指不用苯乙烯、聚氯乙烯、聚碳酸酯材料作食品容器。方便面容器的 90% 是发泡苯乙烯制品，这是一种可致癌的环境激素物质。微波炉近年来在市民生活中迅速普及，用它加热食品时使用的聚乙烯材料的容器遇高温会有双酚 A 渗出，因此加热食品时应盛入玻璃或陶瓷器皿再移入微波炉内；塑料日用品中环境激素成分最多的是儿童玩具、婴儿奶瓶。因此，儿童身边的用品最好不要用塑料加工，尤其婴儿奶瓶更应该恢复使用以前的玻璃瓶。另外，多食用绿色食品，有助于使扰乱生物体内分泌的化学物质从体内排出。同时也要减少使用人工合成的激素类药物，防止破坏体内激素的平衡。

（马丽华　黄民生）

形形色色的地方病

~~~~~~

    通过对人体的化学分析，科学家在人体内检测出近 70 种化学元素，其中碳、氢、氧、氮约占人体重量的 95%；其次是钙、磷，约占人体重量的 3%；再次是钾、钠、氯、镁、铁、锌、铜、碘、氟、锰、铬、镍、钴、钼、锂、铅、硅、砷、硒等，其总含量为人体重量的 2%，称为微量元素。在地球地质历史的发展过程中，逐渐形成了地壳表面元素分布的不均性，这种不均一性在一定程度上控制和影响着世界各地的人类、动物和植物的生长、发育和繁殖，导致地球上某一地区水和土壤中某种化学元素过多或缺少，使当地的动物、植物以及人群中发生特有的疾病，这就是通常所谓的地方病，也可成为地球化学病，它主要是自然因素造成的，如因铊过多造成的"鬼剃头病"、因砷过多带来的"蛤蟆皮病"、因缺硒引起的"克山病"、缺碘造成的"大脖子病"等等。

"鬼剃头病"：云贵高原灶矾山脚下的一个小山村曾经发生过这样一件奇怪的事情。一天，村里一位健康活泼的漂亮姑娘突然感到头晕、四肢无力、行走困难，第二天早上一觉醒来，突然发现自己一头乌黑亮丽的头发全部脱落，姑娘伤心地号啕大哭。一时间村民们人心惶惶，纷纷传言"鬼"来剃头了。有的外出躲避，有的还求神驱鬼。真的是"鬼剃头"吗？有关部门实地调查研究发现，发生"鬼剃头"的地区，仅局限于方圆几平方千米范围之内。经化学检测，发现这里居民所食用的蔬菜中化学元素铊的含量远高于正常值。为了证实是否是铊在作怪，医生用小白鼠作了实验，发现小白鼠出现了与村民相似的症状，全身脱毛，最后死亡。铊是一种有害的化学元素，它的化合物也有毒，进入人体后通过皮肤黏膜、胃肠道和呼吸道，分布于人体各器官，贮存于皮肤的毛囊里，抑制角蛋白的合成，导致脱发现象发生。

"克山病"：曾经发生于我国黑龙江省克山县，故名"克山病"。其原因就是由于当地硒缺乏引起的心肌坏死，患者表现为心力衰竭，严重者死亡。环境地质学家经调查发现，发生"克山病"的地区岩层、土壤、水系中普遍少硒，属于贫硒区，人体的硒摄入量微乎其微，不能满足人类健康的需要，由此导致身体病变。

"蛤蟆皮病"：曾发生于我国广东省北部地区，患者浑身上下布满了黄豆粒状隆起的斑点，形如蛤蟆皮。通过对患者的检测和当地地理环境的化学分析，人们发现致病的是化学元素砷。当人体中砷的摄入量过多时，就会有一部分通过血液和内脏器官的传导，并到达皮肤、毛发、指甲等表皮组织，它与表皮组织中的巯基发生化学反应，结合成一种新物质蓄积在表皮组织中，形成类似蛤蟆皮的皮肤，严重的甚至会得皮肤癌。

"大脖子病"：又称甲状腺肿病，患者颈部生肿瘤，不仅压迫气管，影响呼吸、增加心跳频率，导致心脏病，而且还会向甲状腺病转化，患者还会导致其胎儿、新生儿、儿童的发育不良甚至脑功能受影响。据世界卫生组织 1994 年的不完全统计，全世界的地方甲状腺肿患者不少于 5.67 亿人，占世界总人口的 10% 左右。我国除上海外，各地省区都有不同程度的流行，受碘缺乏危害的人口达 3.74 亿，目前累计查出地方性甲状腺肿病人超过 3 500 万，是我国发病人数最多，分布范围最广的地方病。从目前我国大脖子病的重病区分布来看，主要集中分布在山区、河流上游地区、山前阶地冲积平原一带。这些地区降雨量大，地下水位高，加上地表植被的破坏，促使了土壤中碘的溶解分离和流失。有人经过统计还发现海拔高度与患病率成正相关，即山越高、地形越陡、水土流失越严重，缺碘也越严重。

新中国成立以来，碘缺乏病的防治在我国取得了极大的成功。最常见的办法是提倡食用加碘盐和海产品（海带、紫菜等），也可以对患者服用或注射加碘相关药剂。当然，最根本的办法应从维持碘的生态环境良性循环角度出发，如加强植树造林减轻碘的淋滤流失，施碘肥改良土壤，给家畜家禽饲料添加碘等。

另外，氟中毒也是我国西南省份特别是气候潮湿的高寒山区多见的地方病。据报道，这些地区粮食作物以玉米为主，而在每年玉米收割的八九月份，正是阴雨绵绵的季节。为了避免玉米的发芽霉变，农民们把玉米放在敞灶上迅速烘干，玉米在脱水的过程中迅速地吸收大量的氟，一般烘烤过的玉米氟含量高出国家标准的20倍。另外，农民们还习惯把常年吃的辣椒也挂在敞火上烘烤。据卫生部门测定，被烘烤过的辣椒氟含量高出正常含量的100倍。此外，农民们在吃辣椒时不习惯清洗，所以氟中毒的原因除了是燃煤引起的空气污染外，更重要的原因是人们长期食用被氟污染的玉米和辣椒引起的。据统计分析，在我国流行的各类地方病中，氟中毒患者数量最大，全国有氟斑牙患者3 877万人、氟骨症患者284万人。因此，我国地方病防治工作任重道远。

针对地氟病的起因，根本的预防措施就是控制氟的来源，减少氟的摄入量。我国在1981年就下发了关于地方性氟饮用水标准，严格控制地氟病的发生。具体方法包括改换水源和饮水除氟。如在我国部分干旱半干旱和盐渍土地区的深层地下水往往含氟量较低，符合饮用水标准，因此政府想方设法挖掘低氟深水井。其次可以跨地区开渠引用低氟地下水，在山区修建水库、水窖蓄积天然雨水或雪水。对于高氟水源，则利用物理化学方法降低饮水的氟。另外，还要限制多氟煤的民用，限制含氟"三废"的排放等等。

除自然因素外，近年来因人为的开发活动带来的地方病新问题也越来越多。例如，由于地下水资源的过量开采造成砷污染扩大、危害性加重

▲ 敞炉燃烧高氟砷煤对人体健康造成危害

的例子在国内外都曾有报道。究其原因是因为地下水过量开采导致地下水水位下降并形成大面积地下空洞，其结果将大量氧气带到地下，使得原本固定于土壤或岩石中的砷及锰、镉等元素在氧化性环境条件下加速淋溶到地下水中，进而造成饮用水砷含量大大超标。

（林 静 黄民生 方如康）

地方病

所谓地方病主要是指发生在某一特定地区，同一定的自然环境有密切关系的疾病。地方病在一定地区内往往流行时间比较长，而且有一定数量的患者表现出共同的病症。这一类疾病的共同特点是病区内有决定该疾病发生的某种环境因素，居住在受

这种因素威胁范围内的居民都有可能发病，所以危害性很大。而一旦除去这种环境致病的因素，该地方病就会逐渐消失。

我国是地方病流行较为严重的国家，全国31个省、自治区、直辖市都不同程度地存在地方病的流行，主要有碘缺乏病、地方性氟中毒、地方性砷中毒、大骨节病、克山病等。其中，重病区大多集中在西部偏远、贫困地区。地方病的流行不仅严重危害病区广大群众的身体健康，而且严重制约病区经济发展和社会进步。据统计，全国592个国家扶贫工作重点县中，有576个是地方病流行的重病区。

不可忽视的室内污染

~~~~~~~~~~~~~~~~~~~~~~~~~~~~~

随着人们生活品位的提升，住宅装修也不可避免地提上了重要议事日程。但搞过室内装潢、装修的人都有这样的感受，刚装修完的房子有一股刺鼻的气味，所以要打开窗通通风、晾一晾，少则三五天，多则两三周，有些房子甚至过了一年半载后仍有刺鼻的味道和辣眼的感觉。那么，这种气味究竟是什么，从何而来，它对人体是否有危害？

据统计分析，装修后的室内空气中可检测出 500 多种挥发性有机物，其中 20 多种是致癌物。专家认为儿童白血病的发病率与室内装修有密切关系。国内某市血液病研究所近 10 年内收治的 1 800 多名白血病患儿中，有 46.7% 的孩子的家庭在半年内都进行过室内装修。难怪一些环境专家已经把装修污染称为人类正在经历的第三

次污染，其危害性必须引起我们高度重视。

室内装修的污染来自各种各样的装饰材料，如石材、木材、油漆和涂料等。

石材中如花岗岩、大理石、地砖陶瓷等建材不同程度地含有放射性物质氡。氡是一种稀有气体元素，是镭蜕变过程中释放出来的，其半衰期为3 823天。长期接触氡会损害身体健康，能杀死精子，导致不育症。室内从花岗岩释放的氡，其放射危害性是X射线检查的10倍。法国核安全预防研究所先后对全国1万多个乡村、市镇进行了居室内氡含量测试，结果表明有0.5%住房气体氡含量超过1 000克贝克勒尔/立方米，远超警戒值400克贝克勒尔/立方米，因此法国专家告诫国民在家庭装修中要特别注意室内放射性污染的危害。我国也曾报道因居室花岗岩地板释放氡而导致男性不育的事例。

在室内装修中大量使用胶合板、刨花板、地板黏合剂、防水材料，这些材料极易造成挥发性污染，这些材料中皆含有甲醛、二甲醛、氯乙烯、邻苯二甲酸酯、甲苯、二甲苯等有毒有机性化学物质。其中，甲醛最为常见，它是一种刺激性物质，致人头痛、恶心、咳嗽、呕吐及致癌。据抽样检查结果，我国许多家庭室内甲醛浓度大多在0.2毫克/升以上，超过0.1毫克/升的室内警戒线，为室外甲醛浓度的几十倍，成为人们看不见的健康杀手。有研究证实，甲醛可以与空气中的含氯化合物反应生成致癌的二次污染物——二氯甲醛醚，其危害性更大。除甲醛外，油漆、涂料和黏合剂中的甲苯和二甲苯也是有害物质，装修过程中它们以蒸气形式释放到空气中，人一旦吸入，急性中毒会对人的中枢神经系统产生毒害作用，慢性中毒则会对人的造血组织产生损害，并引起肝、肾和脑细胞的坏死及退化。另外，家庭装修中使用的油漆中还可能含有铅化物如铬酸铅、硫化铅、四氧化三铅等，它们同样是对人体造成伤害的化学物质。装饰材料中含有较多的石膏和石棉，石棉虽耐高温、绝缘绝火，但这种矿物纤维是引发人体石棉肺的祸首，家内的石棉粉尘与烟草毒雾的双重污染下导致肺病发生率更高（一些欧美发达国家已明令禁止石棉制品充当室内建材）。另一方面，许多家庭为塑造独立浪漫的天地，人为地大量设置了重重窗帘、隔断等内容，造成居室内严重的空气不流通，长此以往，各种放射性化学物质、有害挥发性的气体、人体呼出的废气及油烟等长期积聚，将严重影响了人体健康。

近年来，国内出现了许多因入住装修的房间而造成的身体伤害的案例，这种身体伤害几乎都是因居室空气污染，有害气体严重侵蚀所致。据统计分析，北京市每年发生的因建筑装饰材料引起的急性中毒事件达 400 多起，中毒人数达 10 000 人以上，其中死亡 300 多人。为此，2001 年 9 月国家环境保护总局制定了《室内环境质量评价标准》。这是一部保护人们身体健康的标准，与老百姓的日常生活密切相关。这部《室内环境质量评价标准》主要适用于住宅居室和办公场所。"标准"分为三级，一级指良好舒适的室内环境；二级指能保护大众（包括老人和儿童）健康的室内环境；三级指能保护员工健康、基本能居住或办公的室内环境。这项标准的出台，不仅促进了人们（开发商）通过各种途径控制或消除室内空气污染，还推动了人们选择绿色建筑材料、绿色家具、绿色日常生活用品等，带动绿色消费。居室空间呼唤洁净，家庭装修呼唤环保、呼唤绿色。因此各种环保建材的开发使用将成为解决室内污染的最重要途径。

环保建材又称为生态建材、绿色建材、健康建材等，它是指采用清洁生产技术、少用天然资源和能源、大量使用工业或城市固态废弃物生产的无毒、无害、无污染、无放射性、有利于环境保护和人体健康的建筑材料。与传统建材相比，环保建材取消了甲醛、芳香族碳氢化合物和卤化物溶剂的使用，在产品中不得用含有铅、镉、铬及其化合物的颜料和添加剂。在环保建材基础上研制的"保健建材"不仅不损害人体健康，而且还具有某些特定的有益人体健康的功能，如净化空气、防毒杀菌等。据报道，在乳胶漆中添加某些稀土化合物可以生产出防氡漆，施工后可在墙体形成致密的保护膜，不但能够有效吸收和阻挡氡及氡子体释放的射线，还能对其他来源的射线有一定吸收作用，其中防氡效果可达 90% 以上。

因而，为了健康地享受生活，室内装饰与环保应该并重。做到以创造绿色洁净空间为装修目的，使住宅装修能符合"住健康、可回收、低污染、省资源"的绿色住宅原则，这就要求社会公众广泛呼吁重视居室环保、家庭装饰绿色化，建材厂家应加大科研开发环保型绿色建材，从而占领未来的绿色消费市场。消费者在家庭装饰中，应以追求简洁、自然、明净的空间效果为主，尽量使用自然材料和高科技人工绿色饰材，如自然的竹、木、藤等无污染材料，环保监测部门要尽快地加强建材厂家和市场的监测、管理制度，下大力气整治建材的放射性污染，挥发性有机气体的危害性。生活中提倡自然、简洁、清新、质朴的室内材料装修与材质环境，要注重室内自然光线与自然风的效应，不要过多地设置隔断和窗帘，加强室内通风效果，因为流动的风能更多地带走有毒物质，使室内氧气更充足。室内的绿化既要有美化功能，又要有环保功能，各种植物的光合作用能有效地降低空气中的化学物质，并将之转化为自己的养分。据分析，在24小时的照明条件下，芦荟可消灭1立方米空气中的90%的醛，常青藤可消灭90%的苯，龙舌兰可消灭70%苯、50%醛、24%的三氯乙烯，垂挂兰能消灭96%的一氧化碳和80%的甲醛。

相信在不远的未来，我们将拥有一种清洁、健康、祥和的居家环境，从根本上改变居室的装修质量，创建人室一体、和谐共处的美好环境。

（林　静　应俊辉　黄民生）

知识链接

养花种草抗污染

　　仙人掌、仙人球能吸收空气中的二氧化碳和有害气体，释放出氧气及负氧离子。吊兰是净化空气的能手，一盆吊兰在 24 小时之内，可将二氧化碳、二氧化硫、过氧化氯等挥发性气体吸净。同时，还能吸收 96% 的一氧化碳和 86% 的甲醛。虎皮兰能吸收氮氧化物和甲烷气体。鸭跖草有较强的吸收二氧化硫的能力。芦荟能吸收 1 立方米空气中所含的 90% 的甲醛。龙舌兰能吸收 50% 的甲醛和 24% 的三氯乙烯。月季、玫瑰能吸收二氧化硫。

水箱也有污染吗

～～～～～～～～～～～～～～～～～～～～～～～～～

如果你看到建筑物房顶上有小房子或圆球，那很可能就是水箱。作为城市自来水供给系统的一个重要组成部分，水箱中的水通到家家户户，其水质应该是干净的，惟此才能保证居民饮水安全。但实际情况又如何呢？请看看下面一则报道。

新华网上海消息：读者袁先生焦急地来电反映："小区内四楼以上居民家的自来水放出后有红虫，而且红虫越来越多，居民们责怪物业，物业却急得没有方向。"据了解，目前本市小区出现这种红虫的情况并不少见，但自来水公司每天都要采样分析，可以肯定出厂的水质没有问题，管道内根本不具备红虫的生存条件。那么这些红虫是从哪里来的呢？

专家认为，这是由于屋顶水箱污染造成的。水箱污染的主要原因是盖口没盖严导致鸟粪、虫卵、灰尘和不洁雨水等进入，更有甚者会出现老鼠、鸟类和昆虫死在其中。因此，如水箱不经常清洗和消毒，那么日积月累的结果就使得水箱中污染物含量越来越高，造成藻类滋生、细菌繁殖、红虫生长等问题，其后果是十分可怕的。另外，屋顶水箱容积过大时，将造成自来水停留时间过长、余氯耗尽，也会导致细菌滋生。据悉，我国在1983～1994年期间，因水箱污染导致肠道传染病（包括肠炎、痢疾、肝炎等）爆发流行达20多起，患者近6 400人。由此可见，水箱中自来水质量也未必可靠。那么，水管、水龙头和饮水机是否也存在安全隐患呢？是的。

我国城市供水系统的输水管道通常有镀锌钢管和塑料管两种类型。如选材或使用不当，都会造成水质污染。以PVC管为例，它的主要成分是聚氯乙烯，但许多PVC管在生产过程中往往添加了铅盐稳定剂。如果这样的PVC管用于输送自来水，则铅就会从管材里析出，直接导致饮用水的重金属污染。据悉，我国PVC管生产过程中每年要消耗这类铅盐稳定剂高达7万吨，一些PVC管浸泡液中铅含量严重超标，可见安全隐患实在不小。还有，PVC管粘接时使用的黏合剂中也含有氯仿、四氯化碳等有害物质，溶入自来水中则有致癌隐患。另外一种是镀锌钢管。专家认为，冷镀锌钢管不宜作为自来水管，其主要原因是导致锌污染饮用水水质，国家已于2000年明令规定在居民供水系统建设中淘汰并停止使用这类产品。对于透明塑料管（如 PE 管、PAP 管等），专家建议最好暗装，否则会因光照而滋生藻类，影响水质。另外，给水管道还可能因其他原因造成污染，如管道破损或接头处密封不严，都会引起各种污染物进入自来水，并带来细菌的大量繁殖。专家提醒，夜间自来水停止使用期间，这些污染物和细菌可能会集中累积于水龙头附近的管道中，因此不要饮用"清晨第一杯水"。同样，在全家长时间外出之后，重新用自来水之前更需要有意多放掉一些，方能保证安全使用。还有，因人为误操作引起的自来水污染也并不鲜见。如北京郊区曾发生过这样一个事情：某村民为了图省事，将自来水管连到了装农药的药箱，想借此直接给果树喷洒农药。不巧的是正好碰上自来水系统暂时停水，其结果导致农药倒吸进了自来水管，并由此污染了全村的饮用水源！

日常生活中，如不正确使用水龙头也会造成污染并危害健康。科学检测发现，水龙头手柄上大都黏附着大量病原体，其中有相当一部分的存活力很强，不论干湿环境均能生存，这时如果用洗净的手指再去关水龙头，则双手重新被污染，并可能会导致病菌的传播。如何解决这个问题呢？对于公用水龙头，解决的难度较大，最好换成感应式或脚踏式水龙头；至于家用水龙头则比较容易解决，只要经常消毒即可，最简单的办法是用洗洁精清洗。另外，水龙头中滤网截留的杂物也要经常清除。

近年来，随着我国人民生活水平的提高，饮水机也大量进入千家万户。本来，使用饮水机的目的主要是提高饮水质量，但如不注意清洁、维护，则它们也会形成二次污染，影响人体健康。专业部门的抽样调查结果显示，许多饮水机的二次污染状况严重，其中微生物指标超过国家规定标准的几倍乃至上十倍，其中桶口和桶颈部霉菌、酵母菌检出率为100%，内胆霉菌检出率高达97.8%，大肠菌群内胆和桶口桶颈检出率分别为57.8%和56.7%。检测结果进一步表明，与热水端相比，饮水机冷水端流出的饮用水及其配套装具的微生物污染更加严重。造成这种问题的主要原因是忽视了对饮水机（特别是桶口、桶颈和内胆等部位）的清洗和消毒。疾控专家指出，饮水机致菌的原因主要有7个：一是长期不对饮水机进行消毒；二是换水造成进水口与空气接触；三是存放空间狭小或不洁，空气不对流，地毯不常消毒；四是气温不适当，饮水机置于阴冷潮湿处易导致细菌繁殖；五是饮用水质不洁；六是饮水机保养不够好，密封性差造成细菌入侵；七是内胆存水过多而长期不饮用。

　　除上面所讲的水箱、水管、水龙头和饮水机的二次污染外，自来水本身有时也是不安全的。

　　自来水在出厂以前，一般都经过了十分严格的净化过程。但由于水源（地表水和地下水）污染引起的自来水水质恶化已经成为威胁饮水安全的一个重要问题。这主要是由自来水在消毒过程中产生的有害副产品造成的。专家认为，水源中含有的微量有机污染物（如腐殖质等）是很难通过混凝、沉淀、过滤等净化过程去除，在加氯消毒过程中，这些污染物与氯反应生成三氯甲烷等二次污染物，它们具有致畸、致癌、致突变等危害性，引发人的结肠癌、肝癌、膀胱癌。据悉，在加拿大安大略省 5 000 名居民调查中，连续饮用 30 年以上含氯自来水的人，患膀胱癌的概率是饮用自来水不

满 10 年人的 2.6 倍。为此，专家建议自来水饮用前最好要煮沸 2～3 分钟。因为，自来水中的三氯甲烷及卤代烃类物质的含量随水温升高会大幅度削减。另外，国外有许多城市在自来水净化中用臭氧代替氯作为消毒剂以及增加活性炭处理，都可以有效防止三氯甲烷的生成或减少其含量。

我国水环境污染在部分地区仍在加剧，由此造成水污染疾病的问题也十分严重。据媒体报道，有"淮河卫士"之称的霍岱珊先生，通过调查发现淮河上游的某村，因地下水水源受到严重污染，导致近 10 年来已有 114 名村民患癌症死去。另外，位于河北省某县磁河因遭受制革厂、化工厂的严重污染，不仅造成"河臭水黑树死鹭亡"，而且导致地下水水源水质极度恶化，其中铬含量超过国家卫生标准 45 倍，附近的村民近年来患上恶性病的人数急剧增加。

（金承翔　黄民生）

今天我们能吃啥

俗话说："民以食为天"，其含义包括食品的供应量和安全性两个方面。改革开放后的 20 多年来，我国已成功解决 13 亿人口的温饱问题，并开始全面建设小康型社会。相应地，人们对食品的安全性也越来越重视。但我们的食品安全现状究竟怎样呢？下面就以农副产品的农药残留问题为例向大家介绍。

1962 年，美国生物学专家莱切尔·卡逊女士的《寂静的春天》畅销一时，该书有一段发人深省的描述："全世界广泛遭受治虫药物的污染，化学药物已浸入万物生存的水中，渗入土壤，并且在植物表面形成一种有害的薄膜……杀虫剂的使用已对人类造成严重的损害，除此之外，还有可怕的后遗祸患，几个世纪都无法察觉"……这实际上说出了"石油农业"（即依赖化学肥料和化学农药的农业）的悲哀。

近几十年来，随着农业化学品的大量使用，在增产粮食解决人类吃饭问题的同时，也带来了十分严重的负面作用：环境污染、生态破坏和人体健康危害。残留农药超标造成的食品安全问题已经引起全世界的广泛关注。

迄今为止，全世界注册登记的农药品种已有 1 500 多种，其中常用的有 500 多种，按来源可分为生物源、矿物源和化学合成三大类。据报道，目前我国已经成为世界上最大的农药生产国，2003 年我国农药市场销售收入为 273.1 亿人民币，农药产量达 75 万吨以上。因此，我国的农药生产和使用过程中造成的环境、生态及健康危害性不容乐观。

施用于作物上的农药，其中一部分附着于作物上，一部分则散落在土壤、大气和水体等环境中，环境残存的农药中的一部分又会重新被植物吸收。残留农药（包括农药母体、有毒代谢物、降解物和杂质等）直接通过植物果实到达人、畜体内或通过环境、食物链最终传递给人、畜并造成危害。

导致和影响农药残留的原因有很多，其中农药性质、环境因素以及农药的施用方法是主要的因素。

其一是农药性质，有机砷、汞等农药由于其代谢产物砷、汞最终无法降解而大量残存于环境和植物体中，现已被禁用。六六六、滴滴涕等有机氯农药及其代谢产物在自然环境中不易降解，而且容易在人和动物体脂肪中积累，因此其残毒问题仍然存在。有机磷、氨基甲酸酯类农药在环境中比较容易降解，但其部分产品毒性较强，如甲胺磷、对硫磷、涕灭威、克百威、水胺硫磷等，如果被施用于生长期较短、连续采收的蔬菜，则很难避免因残留量超标而导致人畜中毒。另外，一部分农药虽然本身毒性较低，但其生产杂质或代谢物残毒较高，如二硫代氨基甲酸酯类杀菌剂生产过程中产生的杂质及其代谢物乙撑硫脲属于致癌物。除此之外，环境条件（如温度、光照、降雨量、土壤酸碱度及有机质含量、植被情况、微生物等）也在不同程度上影响着农药残留量及残留毒性。

其二是施用方法。一般来讲，乳油、悬浮剂等用于直接喷洒的剂型农药的残留量较多，而粉剂由于其容易飘散而对环境和施药者的危害更大。任何一个农药品种都有其适合的防治对象、适用作物，有其合理的施药时间、使用次数、施药量和安全间隔期（最后一次施药距采收的安全间隔时间）。合理施用农药能在有效防治病虫草害的同时，可以减少不必要的浪费，更重要的是可以降低农药在农副产品和环境中的残留量。

农药残留问题的危害性主要表现在健康影响和进出口贸易影响等方面。首先，直接食用含有大量高毒、剧毒农药残留的农副产品将会导致人、畜急性中毒事故，而且长期食用农药残留超标的农副产品则可能引起人和动物的慢性中毒，导致疾病的发生甚至影响到下一代。其次，农药残留影响进出口贸易。许多国家以农药残留限量为贸易壁垒，限制从国外进口农副产品，以保护本国农业生产。据悉，我国入世以来，欧、美、日等在"绿色壁垒"的名义下，对我国一些"菜篮子"产品频频亮出"红牌"。特别是从 2002 年 9 月 7 日起日本实施新《食品卫生法》修正案以来，我国蔬菜等农产品对日出口面临着更加严峻的形势。欧盟国家也以在从我国进口的虾产品中检测出氯霉素为由，对我国水产品、兔肉、家禽肉等动物源性食品实施封杀，我国出口到欧盟的蜂蜜也以"抗生素超标"为由被拒之门外。据有关部门估算，自 2002 年以来，国外的贸易壁垒，特别是"绿色壁垒"，造成我国农产品出口的直接和间接损失已达 100 多亿美元。

因此，远离剧毒农药、降低农副产品的农药残留量和推行无公害绿色食品已成为当务之急。

专家认为，要解决农药残留问题必须采取综合措施、全方位治理，包括农药生产和使用、农药残留监测及法制化管理等。我国已经制定并发布了几批《农药合理使用准则》国家标准，该准则中详细规定了各种农药在不同作物上的使用时期、使用方法、使用次数、安全间隔期等技术指标。其次是开展全面、系统的农药残留监测，以便及时掌握农产品中农药残留的状况和规律，查找农药残留形成原因，为政府部门提供及时有效的数据，为政府职能部门制定相应的规章制度和法律法规提供依据。另外，需要以法治药，加强对违反有关法律法规行为的处罚。据悉，农业部已经开始实施"全面推进无公害食品行动计划"，主要解决蔬菜、茶叶、畜禽、水产品、农

产品产地环境等多个涉及药物残留超标的问题。另外，开发、生产和推广应用生物农药（又称无公害农药）也是解决农药残留的有效措施，这类农药具有专一性强、效率高、保护天敌、易降解、低毒甚至无毒等优点。

为减少农药残留的危害，我们在日常生活中该怎样做呢？专家提出了许多有用的建议。如：叶类菜择净后要放在水中浸泡3个小时左右，瓜果类农产品用清水反复冲洗后才能食用，到大型超市、正规农贸市场的"放心销售点"等处购买农副产品，要仔细观察、辨别农副产品是否有正规的绿色标识等等。

（马丽华　黄民生）

食品添加剂和加工污染

食品添加剂是指为改善食品色、香、味、形、营养价值以及为保存和加工的需要而加入食品中的化学合成或天然物质。我国将食品添加剂（除香料外）划分为21类，包括酸度调节剂、抗结剂、消泡剂、抗氧剂、漂白剂、膨松剂、着色剂、乳化剂、增味剂、甜味剂、增稠剂、防腐剂、水分保持剂、营养强化剂等，目前市售品种达1 600多种。食品添加剂的使用十分广泛。可以说，市场上销售的各种方便食品，无论是罐头还是方便面或果汁饮料等等都或多或少的含有添加剂。那么，作为我们日常生活中"形影不离"的伙伴，食品添加剂到底出现了什么问题呢？

专家认为，目前食品添加剂问题主要表现在两个方面。

一是认识偏差。这个问题具有很强的普遍性。其一是食品添加剂的恐惧症，即认为凡是含有添加剂的食品都是有害的；其二是食品添加剂的盲目乐观症，即认为凡是食品添加剂都是安全的，所谓有害是杞人忧天。这两种极端的认识偏差都是十分有害的。专家认为，一方面食品添加剂已经与人们的生活息息相关，如添加适量的防腐剂可以有效防止食品运输、储存过程中发生变质，否则会因为有害微生物的滋生导致更大的安全问题。因此，拒绝使用含有添加剂的食品是不可能的。另一方面，不是什么添加剂都是有害的，实际上，许多食品添加剂在被批准使用以前都已经经过了多种生物毒性实验和安全性检测、进行了严格的筛选。问题的关键是学会怎样辨别哪些是有害的、哪些是无害的。

　　二是违规操作。主要体现在某些生产企业因受经济利益的驱动违规使用食品添加剂，即：在食品生产过程中投加了过量添加剂或使用了劣质甚至毒害性强的添加剂。近年来，这个问题已经成为国内外关注的焦点。如肉类加工中广泛使用的亚硝酸盐及其硝酸盐类添加剂被认为有致癌性，在很多重大的食物中毒事件中，亚硝酸盐往往是重要的罪魁祸首。此外，作为面包添加剂使用的溴酸钾，也是一种致癌的有毒物质。这类添加剂如澳大利亚、马来西亚等国家已经明文禁止使用，但目前在我国一些食品厂它们仍然被继续使用。再如，目前在我国市售的一些面粉中添加了过氧化苯甲酰等增白剂，而且使用量往往严重超标，也被证明是有害的。另外，超量使用高倍甜味剂（特别是非糖醇类的甜味剂，如糖精、甜蜜素等）和食用色素（如赤藓红、新红、二氧化钛、焦糖色素等）导致的安全问题也比较突出。想必大家还记得因"苏丹红"添加剂引起的全球恐慌吧。

因此，要解决好食品安全性问题需要做到如下几点：一是要加强全民食品营养及卫生知识的普及。让消费者增强有关食品添加剂安全性方面的知识，使其对食品添加剂的使用及其可能带来的问题有比较科学与辩证的认识。二是要完善食品添加剂的使用管理制度。完善食品添加剂的管理制度是提高消费者对食品添加剂信任的前提和保证，也是规范其市场管理、维护市场秩序的保障。三是对质疑的食品添加剂采取严格措施，不再使用。另外，我们还要加快开发新型的、更安全的、更营养的天然性食品添加剂以逐步取代那些有毒的、不安全的、化学合成的食品添加剂，从根本上消除消费者对食品添加剂的恐惧心理。

以上谈了农药污染、添加剂污染的食品安全性问题，现在就让我们进入厨房，谈谈因我们灶台上一些不良的饮食习惯和食品加工方法造成的危害问题。

2002年8月，世界卫生组织公布这样一则消息：西方人的饮食方式及饮食习惯存在不少的潜在危险，经煎、烤、烘、焙加工的食物中含有致癌毒素——丙烯酸氨化物。

丙烯酸氨化物俗称"丙毒"。对"丙毒"的调查始于1997年，当时，瑞典南部霍伦萨逊山区，工人们正在修筑一条长达 5 千米的铁路隧道。但由于地下水渗漏，工程进展缓慢。于是，他们就在隧道内壁贴上一层价格低廉的密封胶。想不到，麻烦也就因此产生。原来，这种密封胶中含有大量"丙毒"。77 名工人中，竟有 22 人出现奇怪的症状：手足麻木、头疼、眩晕、眼疾、胸痛等。不仅如此，"丙毒"随地下水流到周边水体中，导致鲑鱼和牛也中了毒。随后，科学家们发现"丙毒"也存在于食品中，特别当食品在煎、烤、烘、焙等加工时其"丙毒"含量也大幅度上升。如，油炸的土豆条、薄煎饼、烤猪肉及烤面包用的松脆皮中"丙毒"的含量可能会超过规定标准的几百乃至几千倍。长期食用"丙毒"含量高的食物，会诱发癌症。根据欧洲标准，食品中"丙毒"的含量应控制在食品质量的亿分之一以下。因此，煎、烤、烘、焙、炸食品虽然香气诱人，但为了你的身体健康，建议尽量少吃。

（马丽华　黄民生　方如康）

"尾随人类的恶魔"：铅

~~~~~~

铅在自然界中分布很广。铅与我们日常生活有着密
切的关系。许多搪瓷、陶瓷、马口铁等食具容器在生产
过程中都可能要使用铅。普通搪瓷制品的外面涂有一层
珐琅，其中含有对人体有害的珐琅铅化合物，还有其他
一些有害于人体健康的重金属。如果用搪瓷制品煎煮食
物，铅和其他有害重金属离子就可能会溶解到食物中，
从而引起慢性铅中毒。砂锅陶制品大都经釉彩颜料烧结，
其中铅、砷等有害元素会因反复加热而发生分解并进入
食物中。绘以五彩缤纷图案的陶瓷餐具给就餐者一种美
的享受的同时，可能对人体健康带来潜在的危害。因为
绘在这些餐具表面上的高温彩釉或低温彩釉，都是由一
些有害的重金属及其化合物合成的颜料，如大红色釉彩
多数是含镉的化合物，奶油黄色釉彩含有氧化铅，翠绿

色釉彩含有氧化铬。用这种瓷釉器皿盛果汁、醋、酒等弱酸性食品时，其中的重金属就会溶解并污染食物。油漆筷子中也可能含有铅，许多肉黄色油漆中铅含量都往往很高。有些人工合成的食品添加剂中也含有铅和其他杂质。加工皮蛋时如使用氧化铅，则铅会通过蛋壳转移到皮蛋内。如用烷基铅作为汽油防爆剂，则燃烧时有70%～80%被氧化分解为无机铅并随汽车尾气排放到地面而污染农作物或被人体吸收。橡胶、冶金、蓄电池等行业排放的"三废"以及印刷业的铸板、铅字中都可能造成铅污染。由此看来，铅与人类几乎是形影不离的。

铅通常是通过呼吸道及消化道进入人体并迅速进入血液循环。铅主要分布于肝、肾、脾、肺、脑中，其中以肝中的浓度最高。约几周后，铅由软组织转移到骨骼。进入体内的铅主要通过肾脏排出，其他如唾液、汗液也可排铅。铅及铅化合物对人体的毒性表现在引起许多器官系统的紊乱，例如血液和神经系统更为突出，可导致头晕、头痛、无力、关节痛、贫血、记忆力衰退、神经衰弱等症状。对肾脏、胃肠道、心血管、免疫及内分泌系统和胎儿发育等都有影响。当儿童长时期受到低剂量的铅污染则可能会导致大脑损伤、智力下降、行为异常等，更可怕的是儿童（特别是9个月到6岁的儿童）对铅的吸收能力是大人的6倍左右。据

▼ 汽车尾气监测

报道，全世界每年生产铅约430万吨，其中160万吨则排放到环境中。空气中平均铅浓度已经达到天然本底值的100倍左右。

除铅外，许多日用品中都或多或少地含有某些金属元素，如含量超标或不正确使用都会造成健康危害。某些食品店将饮料装入镀锌的白铁桶中，此举很不科学。因为清凉饮料一般都含有柠檬水、橘子水、酸梅汤等酸性物质，会加速锌溶解到饮料中。科学实验表明，锌在柠檬水中的含量最高可以达到1 400毫克/升以上，而一次饮用100毫克锌便可引起急性中毒。

懂得上述科学道理后，我们就应该在日常生活中注意防止铅等金属元素对健康造成的危害。

（金承翔　黄民生　方如康）

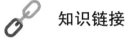 **知识链接**

铅污染

一般饮用水中铅含量的安全界限是100微克/升，而最高可接受水平是50微克/升。后来又进一步规定自来水中可接受的铅最大浓度为50微克/升（0.05毫克/升）。此外，为了研究铅对人体健康的影响，科学家着手检测人体血样的铅浓度，作为是否铅中毒的先期指标。

数据表明：如果饮用水中的铅浓度接近 50 微克/升，那么该病人血样的铅浓度约在 30 微克/升以上。吃奶的婴儿要求应该更为严格，平均血铅浓度要不超过 10~15 微克/升。

水厂处理水过程中可能加入钙和重碳酸盐以保持水呈碱性，继而减少水对输水管道的腐蚀，这个过程会带来新的风险。但是腐蚀问题很复杂，不是如此这般所能解决的，应该总体净化，但又价格昂贵。

许多化学品在环境中滞留一段时间后可能降解为无害的最终化合物，但是铅无法再降解，一旦排入环境很长时间仍然保持其可用性。由于铅在环境中的长期持久性，又对许多生命组织有较强的潜在性毒性，所以铅一直被列为强污染物范围。

急性铅中毒目前研究的较为透彻，其症状为：胃疼、头痛、颤抖，神经性烦躁，在最严重的情况下，可能人事不省，直至死亡。在很低的浓度下，铅的慢性长期健康效应表现为影响大脑和神经系统。

消费领域的一匹"黑马"

～～～～～～～～～～～～～～～～～～～～～～～

　　进入 20 世纪 90 年代以来，随着世界各国以环保为主题的"绿色计划"的纷纷推出，在全球范围内逐步形成一股绿色浪潮。越来越多的人已认识到保护生态环境的重要性。人们追求与自然和谐共处的绿色运动正向各个方面蔓延，由此出现了绿色工业、绿色农业、绿色科技、绿色文化等。这不，近年来都市消费领域又闯出一匹飞驰纵横的"黑马"，那便是呵护生命、维护生态，正在显现勃勃生机的"绿色消费"。

　　绿色消费是一种追求健康，崇尚自然，有益于环境保护的消费方式。它不仅是指购买绿色产品或享用绿色服务的行为，更重要的是在于它具有一种绿色消费意识，即不仅购买和消费绿色产品，而且在消费过程中不污染环境，并自觉抵制消费那些不利于环境保护的物品。关注环境的新一代消费者——绿色消费者想知道罐头中的金枪鱼是否在大西洋被拖网捕获的，谷类食物的包装盒是否用经过氯漂白的纸浆制造的，甚至他们想知道要买的商品耗费了多少能源、能用多久、能否回收再利用等等。据1990年的一次调查，有70%的北美人因为环境问题的理由拒绝使用某一产品，或转向使用另一注重环保的产品。对西欧的调查表明，选择善待环境产品的民众比例已达42%，且以每年20%的速度递增。

绿色，代表生命，代表健康和活力，是充满希望的颜色。国际上对"绿色"的理解通常包括生命、节能、环保三个方面。一些环保专家把绿色消费概括成5个"R"，即：节约能源，减少污染；绿色生活，环保选购；重复利用，多次利用；分类回收，循环再生；保护自然，万物共存等方面。那么绿色消费都在哪些领域有所体现呢？下面我们将从衣、食、住、行4个方面向你介绍绿色消费。

绿色服装，挡不住诱惑：服装是最富于变幻的消费产品，无论是款式还是选料上，总是独具匠心，新潮迭出。当毛料、涤纶、腈纶、羊绒、氨纶等各种面料纷纷走俏之时，价格不很昂贵、对人体以特殊"体贴"的纯棉服装异军突起，一时间选购穿着纯棉服装成为人们的偏好。

绿色食品，叫人想"食"：不知打何时起，都市商厦店铺柜台橱窗里陈列的琳琅满目的商品包装盒上，悄悄地印了一幅圆形图案，上方的太阳、下方的叶片，烘托着中心的蓓蕾，并注明"绿色食品"。它"与生俱来"纯天然本质赢得了广大消费者的青睐。据悉，自 1990 年实施绿色食品工程以来，我国绿色食品事业的发展取得了巨大的成绩。到目前为止，我国已经形成了绿色食品管理和技术监督网络，制定并颁布推行了一整套"从土地到餐桌"的绿色食品全程质量控制体系，绿色食品的生产销售已经形成相当规模。黑龙江大米、河北葡萄酒以及安徽的贡菜、甘肃的苹果梨、新疆的葡萄干等一批名优绿色食品异彩纷呈，消费者争相抢购，享用绿色食品已成为愈来愈多的都市人所追求的时尚。

绿色住房，让你住得放心：新装修的房子要放置半年或者更长时间才能入住，体质稍差一点的还可能因此患病一场，这样的事屡见不鲜，原因只有一个：人们无可回避地受到各种化学物质的侵害。近年来为彻底摆脱这种"毒"害，近年来，广东、上海、四川等地开发出一种新型绿色住房，房屋主要框架为木料，地板则一律用木料或天然大理石铺就，整个住房不需用油漆，一建成即可搬进居住，这种住房对人体无任何影响。

绿色交通，与大自然"和平共处"：在绿色交通中首推自行车，因为自行车污染零排放，不耗费能源的优点是其他任何一种交通工具都无法比拟的。最近一些大城市纷纷颁布规定，对燃油助动车在市内限制使用或停发牌照，遏制汽油机助动车的发展势头，电动助力车则众望所归成为开发商和生产厂家相中的天之骄子。以液化石油气为燃料的汽车也是一种良好的绿色交通工具，这类汽车比普通汽车多了一个液化气钢瓶和一个 20 厘米见方的油气转换器,每充一瓶气可跑 300 多千米。而且这类汽车尾气中一氧化碳、二氧化碳及碳氢化合物等污染物的排放量比汽油汽车少 90% 左右。

　　绿色服务,花钱舒心:听说过餐厅的绿色服务么?它要求餐厅除了提供绿色食品以外,还要倡导客人的适量消费。当服务员觉得客人点的菜食过量时,可以适当地提醒客人,使客人点的菜食的数量适当。这种服务完全站在客人的立场上,为客人着想,同时又避免了资源的浪费,更减少了废物处理的负担,客人满意,社会也满意。如果你要住宿,那一定要选择绿色客房,因为它增加了空调的风量,选用了低噪声的电器设备,合理设计室内照明,提供纯净饮用水等等。这可是对人体健康大有裨益的。

　　绿色消费当然不止是上边所提到的,事实上只要是你能想到的消费,就会有绿色存在。随着各国环保意识的不断增强,人们的思维方式、生活理念、价格观念乃至消费心理、消费行为都发生了质的变化。随着绿色消费热潮风起云涌,全球出现了一个由绿色设计、绿色产品、绿色价格和绿色渠道、绿色促销等所构成的庞大的"绿色市场",使得绿色消费蔚然成风。目前,绿色消费浪潮也在我国悄然萌动,没有农药的粮食、蔬菜等,没有污染和尽可能少破坏食物营养成分的烹饪方式,不含挥发性有害成分和放射性物质的居室装修材料,无氟冰箱,不含磷的洗涤用品都已成为人们的绿色追求。为了与国际市场接轨，抓住绿色消费带来的新的市场机遇，我国的绿色产品也开始出现，并且受到大众的广泛欢迎。总之，随着消费者绿色消费心理的成熟，绿色设计、绿色产品的不断问世，绿色价格的启动，绿色渠道和绿色促销的形成，21世纪必将是绿色布满全球的世纪。

（马丽华　黄民生）

 知识链接

绿色消费 10 条建议

1. 购买（大量）散装的物品——可以减少在包装上面的浪费。

2. 购买可循环使用的产品——如果没有购买可循环产品的市场，那就没有可循环利用的动机。购买那些由可循环的材料做成的商品就达到了这个目的。买那些可循环材料做成的物品吧！

3. 少购买一次性产品——可任意使用的剃须刀、照相机、塑料杯和塑料碟子——都是我们贪图方便而破坏环境的例子。这些东西出厂后，在你手上稍作停留，然后就直接变成垃圾。买那些可以长久使用的物品（不要害怕洗餐具）。用布做的毛巾和餐巾代替各种各样的纸巾。无论什么时候可能或者不得不用纸巾，也必须确定这些纸是由百分百可循环的材料制造的。

4. 用可充电的电池——常规的电池含有镉和汞，必须以危险的垃圾标准来处理掉它。可充电电池寿命更加长久，花费更少且不会给河流带来毒物的污染。购买可充电的电池吧！

5. 买二手的或者翻新的物品——用二手的书可以解救树木，翻新的电器节省你的金钱。当你购买在线拍卖品或者在 Windows 在线展览中购买二手商品，你就通过使物品最大化地利用为减少污染出了一份力。购买翻新的物品。

6. 购买水流小的淋浴喷头——在龙头中安装通风发散装置和安装低流量的淋浴喷头可以减少 50% 家庭水费的支出，同时也促进了水资源的保存。

7. 用能量利用率高的用品——当你在换洗衣机、干衣机、冰箱或者其他家具的时候，始终要寻找那些贴有"能源之星"标签的。这样做不仅减少了二氧化碳的释放，而且你将享受节约在能源上的花费而得到快乐。

8. 购买简洁的日光灯——简洁的日光灯寿命是白炽灯的 10 倍以上。用简洁的日光灯每替换三个白炽灯，一年内可以节省 60 美元和 300 磅的二氧化碳排放。

9. 用天然的、无公害的物品代替化学制品家具和杀虫剂。

10. 买轮胎要选寿命长的或者翻新的。当你买轮胎的时候，要尽你所能买那些最耐磨的，并且保证胎的气要足，这样可以减少磨损和节省汽油。

清洁生产：控制污染从源头做起

〰〰〰〰〰〰〰〰〰〰〰〰〰〰〰〰

　　当你在切身感受着科技进步带来的美好享受时，当你看到社会生产力的迅速发展为我们带来的巨大物质财富时，你发现了身边自然环境的变化吗？是不是少了些鸟语花香？河流也不再那么清澈了？……

　　工业的高速发展，导致了资源的过度消耗和浪费，使环境受到了严重污染。环境被破坏后，又会反过来使工业发展受到阻碍。如果没有好的解决办法，这种恶性循环就会一直持续，人类的生存也会受到威胁！

　　工业生产是现代社会财富产生的主要来源，但同时，工业污染也是环境污染的罪魁祸首。因此，工业污染防治是影响经济继续发展、自然资源持续利用的主要因素。而防止工业污染的一个有效方法就是——清洁生产！

　　清洁生产要求，在生产过程中，原料与能源利用率要最高，而废物产生量和排放量要最小，对环境危害也应该最小。它的概念最早是在 20 世纪 70 年代初提出的。1974 年，美国 3M 公司提出了 3P 原则——Pollution Prevention Principle（污染预防原则）。其主要观点是：要用创造性的技术把没有利用到的原料再利用起来。我国在 1973 年制定了环境保护方针："全面规划，合理布局，综合利用，化害为利，依靠群众，大家动手，保护环境，造福人民。"这三十二字方针中的"综合利用"和"化害为利"，强调了"变废为宝"的思想，是与"清洁生产"的概念一致的。

许多年来，对"清洁生产"，虽然国际上没有统一的定义，但世界各国使用着五花八门的同义词，如污染预防、少废无废技术、清洁技术、废物最小化、源削减、源控制等等。它们的基本要求是相同的，就是对生产过程和产品运用整体预防性的环境策略，来减少其对人类和环境可能造成的危害。1989 年，联合国环境规划署（United Nations Environment Programme，即 UNEP）巴黎工业与环境中心总结各国经验，提出了清洁生产的定义：清洁生产是指将综合预防的环境策略，持续应用于生产过程和产品中，以便减少对人类和环境的风险。它包含了四方面的含义：对生产过程与产品采取整体预防性环境策略，以减少对人类和环境可能造成的危害；生产过程应节约原料和能源，尽可能不用有毒原料，减少有毒物质的排放，降低其毒性；通过对生命周期分析，使其从原料直至产品最终处置过程中对环境的影响尽可能降到最低；清洁生产必须借先进实用的技术和改变企业的文化素质来达到。

总的来说，清洁生产的目标有三个：用最少的原材料和能源得到最大数量的有用产品，减少资源的消耗；应用对环境影响最小的生产工艺，使废物不至于影响环境自身的净化能力；防止废物在源头产生。

我们还把清洁生产概括为以下四个主要方面：

清洁能源：它包括常规能源（如：煤）的合理利用、可再生能源（如：水）的利用、新能源（如：太阳能）的开发和节能技术的开发等等。

清洁生产过程：不用或少用有毒、有害原料和中间产品（用无污染、少污染的原材料代替毒性大、污染严重的原材料）；回收利用原料和中间产品；不产生有毒有害的副产品和中间产品；采用高效率设备（能耗少、效率高、无污染或少污染），改进操作步骤，使生产过程排放的废弃物和污染物最少，物料利用率最高；加强工厂管理，等等。

清洁产品：产品本身没有毒害；产品在制造过程、使用过程以及使用后，不危害人体健康和生态环境；产品本身寿命较长，使用后易回收、再生和重复利用等。

低费高效处理：对于少量必然会产生的污染物，我们应采用低费用、高效率的处理技术和设备进行最终的处理。时下，人们常常提到"可持续发展"这个名词，它包含了两个基本观点：一个是人类要发展；另一个是发展要有限度，不能危及后代的利益。

既然清洁生产对我们来说有这么多好处，那么，我们怎么做到清洁生产呢？

　　清洁生产是现代工业发展的一种新模式。它不仅与产品生产有关，更是被人们的消费方式所影响，是十分复杂的综合过程。因产品种类和生产过程特性不同，它可以有很多生产方法，但实现它的主要途径是大同小异的：

　　首先，要规划产品方案，改进产品设计，调整产品结构。使生产过程消耗的原料少、能量少，产生的污染物少。使产品在使用时没毒害、使用寿命长、可以重复利用或再生。

　　其次，要合理使用原材料。开发和选用无害或少害的原材料；采用精料替代粗制材料；对原料充分进行综合利用；对流失的原料进行循环利用和重复利用。

　　再者，应该改革工艺与设备。通过改革工艺与设备，可提高生产能力，更有效地利用原材料，减少产品不合格率，降低原材料费用和废物处理、处置费用，给企业带来明显的经济效益和环境效益。

　　最后，应该加强生产管理。许多经验告诉我们，通过强化生产过程的管理，可使污染物产生量削减 40% 左右，而花费却很小。加强管理是一项投资少而成效大的有效措施。

　　由此可见，清洁生产对于从源头减少污染的产生，从而抑制环境问题的产生和发展起到了极为重要的作用。但是现在我国对于清洁生产的应用还不是很广泛，当然其中有一部分是因为清洁生产的技术还不是很发达，但更重要的是要在我们每个人心中建立起一个清洁生产的理念，这样才能在不久的将来使我们的环境得到更好的保护。让我们想象一下，享受工业发展所带来利益的同时，也让鸟儿重回我们身边，让潺潺的清水陪伴我们每一天！

（于学珍 刘世洁 黄民生）

联合国环境规划署

联合国的一个常设业务机构，简称UNEP。1973年1月由58个理事国组成，总部设在肯尼亚首都内罗毕。其宗旨是促进各国在发展经济的同时考虑环境保护。主要活动内容有进行环境评价，支持环境教育，环境新闻报道、核技术援助等，我国于1976年在该署设立常驻代表处。

环境标志与绿色贸易

~~~~~~

　　随着社会主义市场经济体制的建立和不断完善，更好地利用市场经济条件下的竞争机制强化环境管理，将成为人们关注的焦点。在这个大市场中，我们每个人都在用自己对商品的选择影响着企业的发展；另一方面，每个企业的决策者，也都根据人们对环境的要求，研究如何迎合人们的这种环境消费心理。不仅如此，随着我国进入 WTO，如何战胜新的非贸易关税壁垒，就成为一个新课题。国外环保的成功经验以及由此而引起的非贸易关税壁垒，促进了我国环境标志的产生，也为我国环境保护工作的进一步开展带来了机遇。20 多年来，我国环境保护虽然出台了一系列渗入和参与商品经济活动的环境管理政策、法规，如超标排污费、限期治理、排污许可证制度等，但多数是停留在商品生产领域，重点考虑的是末端治理。

为了促进我们的企业由强制性治理向自主进行治理的形式转化以及国际贸易交流的需要，1992 年环发大会后，我国开始了环境标志工作。中国环境标志工作旨在帮助人们在日常生活中建立起环境责任，提高环境意识；鼓励企业合理使用资源和能源，并开发和生产环境友好产品；此外，通过开展该项工作，可以提高中国企业在国际市场上的竞争力。

那么何谓环境标志呢？其实，环境标志是一种标在产品或其包装上的标签，是产品的"证明性商标"，它表明该产品不仅质量合格，而且在生产、使用和处理处置过程中符合特定的环境保护要求，与同类产品相比，具有低毒少害、节约资源等环境优势。目前，国际上已有30 多个国家和地区开展了环境（生态）标志活动，较著名的有：德国的"蓝色天使"、北欧的"白天鹅"、美国的"绿色印章"、加拿大的"环境选择"、日本的"生态标签"等。绝大多数环境标志工作由各国环境保护行政主管部门负责管理。

实施环境标志认证，实质上是对产品从设计、生产、使用到废弃处理处置，乃至回收再利用的全过程（也称"从摇篮到坟墓"）的环境行为进行控制。它由国家指定的机构或民间组织依据环境产品标准（也称技术要求）及有关规定，对产品的环境性能及生产过程进行确认，并以标志图案的形式告知消费者哪些产品符合环境保护要求，对生态环境更为有利。

开展环境标志认证的最终目的是保护环境，它通过两个步骤得以实现：一是通过环境标志向消费者传递一个信息，告诉消费者哪些产品有益于环境，并引导消费者购买、使用这类产品；二是通过消费者的选择和市场竞争，引导企业自觉调整产品结构，采用清洁生产工艺，使企业环保行为遵守法律、法规，生产对环境有益的产品。

1993 年 8 月，我国正式确定了环境标志图形，它由青山、绿水、太阳和十个环组成。它的中心结构表示人类赖以生存的环境；外围的十个环紧密结合，环环相扣，表示公众参与，共同保护环境；同时十个环的"环"字与环境的"环"同字，其寓意为"全民联合起来，共同保护人类赖以生存的环境"。我国的环境标志产品主要分为四类：一是保护臭氧层，包括家用制冷器具、无氟气雾剂制品、发泡泡沫塑料、替代哈龙灭火剂、无氟工商用制冷设备等产品；二是有助于解决区域环境问题的产品，包括无铅汽油、无汞电池、无磷洗涤剂、降解塑料、一次性餐饮具、低排放燃油汽车、低污染摩托车等产品；三是有利于改善居室环境、保护人体健康的产品，包括水性涂料、生态纺织品、防虫蛀毛纺织品、软饮料、黏合剂、儿童玩具、低噪声洗衣机、卫生杀虫剂、低铅陶瓷、家用微波炉、无石棉建筑制品、防虫蛀剂、低辐射彩电等产品；四是节能、资源再生利用类产品，包括节能荧光灯、节能空调、节能低排放灶具、节能电脑、再生纸制品等产品。

为借鉴发达国家向对环境有益的产品发放标志，促进消费者更多地使用这些产品，从而提高公众的环境意识的实践，由原国家环保局牵头组织，在对国际上已开展环境标志活动的国家进行调研的基础上，结合国际惯例，开展了中国的环境标志工作。

1994 年 5 月，在国务院和国家有关部门的支持下，由国务院 11 个部委和相关单位组成的中国环境标志产品认证委员会成立，委员会挂靠于国家环保总局，标志着环境标志产品认证工作在我国正式开展。到如今，中国环境标志已经深入民心了。

十年风雨，接轨国际。在中国社会进一步开放、经济迅速发展、人民生活水平日益提高的 10 年中，中国环境标志度过了蹒跚学步的时代，不断地成熟与完善起来。

通过近 10 年的努力，我国基本建立了与国际接轨的环境标志产品认证体系。目前，我国环境标志认证的方式、程序等均与国际通行做法相一致，并与其他国家的认证组织广泛交流，建立了联系。我国开展认证的环境标志产品种类、发布的环境标志产品认证技术要求充分结合国际的发展趋势和先进标准，部分环境认证要求等同欧共体标准或其他国家标准，为国际互认创造了条件。

十年磨一剑，产值六百亿。十多年来，中国环境标志从无到有，不断发展壮大，环境标志产品的种类和数量逐年扩大。目前，共有近千家企业近万种产品获

▼ 部分国家的环境标志

得了中国环境标志产品认证，环境标志产品的年产值近千亿元人民币。

环境标志工作在我国的成功开展，有效推进和引导了中国绿色（环境）产品的形成和发展，改善了企业的环境行为，对保证产品质量、引导绿色消费、发展绿色经济、促进我国环境与经济的协调发展，起到了很好的推动作用。同时，中国环境标志在国内外产生了重要影响，对我国的轻工纺织行业的国际贸易产生了积极的推动作用，逐步成为消费和贸易的绿色通行证。

随着可持续发展理念日益深入人心，我们有理由对中国的环境标志工作期待更多！

（于学珍　刘世洁　黄民生）

绿色和平组织

民间自发性、国际性环境保护主义组织。1970年由加拿大和美国的一些环境保护主义者发起，成立于加拿大。其宗旨是同世界上一切破坏生态环境的行为作斗争。活动范围遍及世界各地，曾组织发动了大量反核、反污染、反捕鲸等国际行动，该组织总部在伦敦，有成员50多万人。

绿色圣诞正当时

~~~~~~

　　几乎每年圣诞夜的第二天，我们都能在报纸上看到这样一条消息：在经过百万人平安夜的狂欢后，多达几千乃至上万吨的"圣诞垃圾"残留在大街小巷。为此，环卫部门调动了几乎所有的人力、物力进行圣诞垃圾紧急清运，一直工作到第二天早晨……

　　圣诞垃圾可谓花样百出，有酸奶杯、空易拉罐、羊肉串的竹签子、各种花花绿绿的广告传单、圣诞帽子、踩碎的荧光灯、汉堡包的包装纸等等。用塑料制作成的圣诞树等垃圾又成为新的污染源。街头上的垃圾箱也被塞了个"饱"，里面是些鸡骨头、鱼刺、口香糖等等，而一些小餐馆图省事干脆将泔脚倒进垃圾箱中。一些花台被个别狂欢者喷漆涂得五颜六色，给清洁带来很大难度……

读完以上文字之后，你会有什么感触呢？你在圣诞夜有没有出去狂欢呢？上面所描述的情景你有没有参与过呢？我想无论你是否参与了，都会为我们的城市出现这种情况而感到痛心。面对这种情况，有关专家提醒，当我们在举行一些节日庆祝活动时，应充分考虑到城市环保，如过"圣诞节"可多采用一些环保圣诞树，自觉减少使用塑料圣诞树和各种塑料饰品，防止"节日垃圾"泛滥。

　　据英国政府环境部门公布的资料统计，圣诞节过后英国人丢弃的圣诞贺卡将多达10亿张，废弃的礼品包装纸量也很大，仅这两样垃圾便足可堆满40万辆伦敦双层红色大公共汽车。英国环境部门有关负责人说，在圣诞节期间，英国人将会吃掉2 400万罐玻璃罐装的肉馅、百果馅、腌渍品和酸果曼沙司。不仅如此，传统的圣诞火鸡大餐所产生的附带垃圾也是十分惊人的：预计将有12.5万吨塑料包装纸和4 200吨金属箔纸被丢进垃圾桶。另外，600多万株圣诞树也将变成重逾9 000吨的垃圾。

　　针对这种问题，时下美国正在倡导"绿色圣诞进行时"。"今年过节不收礼，收礼只收……"在眼下的美国唱这首歌，后面应该跟上：节能灯、天然麻制衬衫、电子贺卡等等。这是目前流行的绿色圣诞礼物，与大多数人想象中那些花花绿绿的圣诞树大异其趣。过一个绿色、环保、简单的圣诞节开始被越来越多的人接受。下面就举几个例子供大家参考。

　　一个名叫绿色家园的电子商务网推出了一些美观新奇的礼物，如：圣诞节能灯，这种用于户外装饰的小灯耗电量只有普通灯的 1/50，并且能用 20 到 30 年，当然价钱是普通灯的五倍左右；还有用回收的旧轮胎做成的手袋，用天然纤维如麻布和有机棉制成的衣服。这些绿色圣诞礼品一经推出就使该公司的销售量比往年上升了 25%。

一位名叫梅丽莎的华盛顿市民列出了自己的绿色圣诞计划：全家人去一次动物园，手工做贺卡和装饰品，用棕色的牛皮纸作礼品包装，装饰的蝴蝶结用去年留下来的……这样算下来，每人的圣诞消费大约是 50 美元，而两年前则至少要 100 美元。

国外有一个城市环保组织号召人们认领鲸鱼，只要 40 美元，就可以认领新英格兰州鲸鱼研究中心的一头鲸鱼。认领者会收到鲸鱼的照片、认领证书、鲸鱼声音录制的 CD 以及鲸鱼的生活"简历"。而一个自然管理委员会推出的是"一英亩捐赠"计划，人们通过捐赠来认领一英亩热带雨林，这些捐款将被用来保护热带雨林的生态环境。这些都是行之有效的绿色圣诞计划。

美国是能源消耗大国，过度消费是威胁环境的重要因素之一。圣诞节一度在无形中将这种消费合理化。不过从现在的趋势看，美国人的环保意识日渐高涨，这个问题当会有所缓解。据调查，不少美国人已经对过节时的大肆铺张感到厌烦，简单化健康化渐渐受到推崇。吃喝玩乐固然无可厚非，认养鲸鱼、认领土地也不失为有趣和有益的过节方式。

近年来"假日经济"在我国一直受到重视，而"假日环保"却还存在不少问题。"五一"、"十一"和春节期间，不少城市的广场往往一片狼藉，各地景区的环卫保洁人员都如临大敌。尽管如何过节属于私人问题，但考虑到目前脆弱的生态环境，也许我们真的应该有所反省并采取实际行动了。

（王忠华　黄民生）

 ## 知识链接

环保假日，"低碳"饮食

采取蒸、煮、炖方法烹饪的食品，在营养成分保留上要远远好过使用煎、炒、炸等方式加工的食物，对大米、面粉、玉米面等食物来说，其营养成分可保存95%以上。食物的烹饪温度越高，烹饪过程中产生的致癌物质越多，食物中的营养成分亦越难被人体消化吸收和代谢。与油炸等高温烹饪方式相比，蒸、煮、炖等则属于低温烹饪方法，加工温度始终保持在100 ℃上下，避免了油炸等高温过程中造成的成分变化带来的毒素侵袭。并且，在蒸、煮、炖的过程中，食物原料中的油脂还会随着蒸汽的温润逐渐把过剩的油脂释放出来，降低食物的油腻度，更有利于人体对营养成分的消化吸收，从而也更加有益于人体健康，完全符合"低碳"饮食的要求。

环境管理体系

随着全球环境保护意识不断增强和可持续发展战略思想的提出，要求推行清洁生产，合理利用自然资源，减少污染排放，加强环境管理。各国政府纷纷制订环境标准，出口商品因不符合标准而蒙受巨大经济损失。环境问题已成为绿色贸易壁垒，影响国际贸易的发展。

ISO 国际标准化组织在汲取世界发达国家多年环境管理经验的基础上（继 ISO9000 系列标准后）制定并颁布 ISO14000 环境管理系列标准，成为一套目前世界上最全面和最系统的环境管理国际化标准，并引起世界各国政府、企业界的普遍重视和积极响应。

ISO14001 环境管理体系标准作为 ISO14000 系列标准的核心，是企业建立环境管理体系并开展审核认证的根本准则。目前，国内外所进行的 ISO14000 认证即指

14001 环境管理体系认证。ISO14001 标准由环境方针、策划、实施与运行、检查和纠正、管理评审等 5 个部分的 17 个要素构成，各要素之间有机结合，紧密联系。形成 PDCA 循环的管理体系，并确保企业的环境行为持续改善。

由于越来越多的企业将实施全球化经济战略。企业的环境表现已成为政府、企业及其他组织采购产品选择服务时优先考虑的因素之一，目前一些著名的跨国企业已制订、实施 ISO14000 的内部计划，并将 ISO14000 作为对其供应商环境管理的考核标准。ISO14000 是中国企业突破贸易壁垒，增强市场竞争力的有效手段。实施 ISO14000 认证将带给企业明显的绩效：使企业获取国际贸易的"绿色通行证"；增强企业的竞争力；扩大市场份额；树立优秀企业形象；改进产品性能，制造"绿色产品"；实行污染预防，环境保护；避免因环境问题所造成的经济损失；提高员工环保素质和企业内部管理水平。

自 1996 年国际标准化组织 ISO 颁布了 ISO14000 系列的 5 个标准后，其全新的环境管理理念迅速在全球传播、推广开来，它使人们清晰地看到了保护环境首先要规范我们每个人的行为，并把环保的理念注入我们生产、生活的每一个环节中去。同以往强调末端治理的环保标准不同，ISO14000 帮助工业企业摆脱高投入、高消耗的粗放型增长模式，提高能源、资源的利用率，提高企业及其产品在国际市场的竞争力，尤其重要的是，改变了人们多年的"习惯"，"厉行节约"在 ISO14000 中有了全新的内涵。正是因为 ISO14000 符合了全世界的绿色潮流，所以其标准一经颁布，当年全世界即有 1 491 家组织通过了 ISO14001 认证，而到 2001 年 6 月，更是达到了 30 181 家。其中发达国家的意识依然"发达"，据统计，在全球 30 181 张 ISO14001 认证证书中，位居前 5 名的国家和地区依次为日本、英国、德国、瑞典和美国，而我国则位居第 13 位。

我国对 ISO14000 标准做出了迅速的反应。1997 年以来，我国环境管理体系国家认可制度已全面建立，截至 2001 年 9 月 30 日，已有 21 家环境管理体系认证机构获得国家认可；1999 年，获 ISO14001 认证的企业突破百家，2000 年突破 500 家，2001 年 9 月底达 836 家，目前已有成千上万家，可见发展速度之快。

面对 ISO14000 的绿色挑战，我国各政府部门争做绿色之路的先行者——外经贸部、出入境商品检验检疫局分别出台了优惠政策，鼓励中小型出口企业实施 ISO14000 标准；铁道部、煤炭工业局拟在运输、制造和基建三个领域推行 ISO14000 标准；国家医药局、国家建材局、石化工业局、食品工业协会和兵器工业公司也在探讨如何在本行业推动 ISO14000 标准的实施。

国家环保总局对 ISO14000 的推广实施更是身体力行。自 1996 年 9 月 ISO14000 系列标准诞生以来，国家环保总局积极组织了认证试点工作，探索认证方法及技术规范。试点企业涉及机械、轻工、石化、冶金、建材、煤炭、电子等多种行业，包括各种经济类型。同时，国

家环保总局还在全国 13 个城市开展了 ISO14000 标准的试点工作，探索在城市和区域建立环境管理体系并研究推动实施 ISO14000 系列标准的政策和管理制度。苏州新区和大连经济技术开发区已率先通过了 ISO14001 区域认证。

ISO14000 所体现出的超前环境意识，使其标准的实施首先被高科技企业、三资企业、经济发达地区所接受，如电子及通信设备制造企业占认证总数的 52%；机械及化学工业企业各占 10%；而三资企业更是占获证企业的绝对多数；广东、上海、江苏、北京、山东、浙江等地获证企业的数量也明显高于其他地区……

可持续发展是对未来生产生活方式的设计和选择，它标志着人类文明即将步入下一个新的历史阶段，做到可持续发展，从根本上讲就是要从管理入手，要将其落实到经济组织实际经营的每一项活动中去。在北京举行的第 21 届世界大运会的场馆建设选择了绿色与环保，设在国际奥林匹克体育中心的主要场馆，增加了太阳能生态免冲洗卫生间、太阳能照明和扬水系统、纳米材料空气净化器等绿色环保设施；而北京在筹备 2008 年奥运会时，更是选择了 ISO14000 这种国际通行的、最为先进的环境管理模式，使绿色奥运中的"绿色"得以清晰地展示在全世界面前……

（金承翔　刘世洁　黄民生）

环境管理体系

环境管理体系是"整个管理体系的一个组成部分，包括制定、实施和评审保持环境方针所需的组织机构、规划活动和管理过程"。其目的在于帮助企业在环境形势恶化之前制定有效的对策，确保企业顺利实现所谋求的环境目标和指标。该标准适用于有下列愿望的任何组织：实施、保持并改进环境管理体系；确保组织自身符合所声明的环境方针；向外界展示这种符合性；谋求外部组织对其环境管理体系的认证、注册；对符合该标准的情况作出自我鉴定和自我声明。环境管理体系对环境方针及规划的制定、实施与运行、检查与纠正进行管理与评审。

环境经济学

～～～～～～～～～～～～～～～～～～～～～～～～～～～～

　　我们经常在新闻中听到，某项环保项目实施以后可以为我们创造巨大的环境效益，或者是某项突发性的污染事故将会对经济造成巨大的损失，接着后面就是一连串具体的数字。那么这些数字是怎么得来的呢？对于一项环保项目要投入多少钱我们可以计算出，但是这些环境的损失和效益并不是一种具体产品，它的价格是怎么来衡量的呢？这里就牵涉到一门新兴的学科——环境经济学。

　　环境经济学是以经济学为理论基础的一门经济学科，是研究经济发展和环境保护之间的相互关系，探索合理调节人类经济活动和环境之间的物质交换的基本规律，其目的是使经济活动能取得最佳的经济效益和环境效益。环境经济学的基本理论是：环境是资源，是劳动对象，是生产力的要素之一。首先，作为人类的生存环境来说，空气、水等自然环境为人类提供了赖以生存的物质资源。其次，作为社会再生产条件来说，环境为人类提供了获得生活资料的物质资源。它是社会的自然资源，生产的劳动对象。别小看这句话，其实环境经济学涉及很多方面。下面就让我们看看环境经济学到底研究些什么东西。

环境经济学的出现，丰富和发展了经济科学的内容，主要表现在以下三个方面：（1）经济科学不再只是研究生产活动的近期效益，而且要研究长远的效益，并使两者正确地结合起来；（2）经济科学不只从局部的本企业、本部门计算其经济效益，而且必须计算社会的效益，从社会整体出发，达到最佳的经济效益和环境效益；（3）经济科学研究必须符合自然规律，经济发展应符合自然生态平衡的要求。

首先是研究环境经济学的基本理论。探讨环境与经济的内在联系和相互作用的关系，揭示发展经济与保护环境必须协调发展的客观规律，从理论与实践阐明社会主义经济规律、价值规律等在环境保护领域中如何发挥作用，为制定我国的环境保护方针、技术经济政策、环境规划提供理论根据。其次是研究生产力的合理组织与环境保护的关系。环境污染和生态失调，从根本上讲是对自然资源的不合理开发和利用，生产力组织不合理，生产计划不周所造成的。因此，合理地利用自然资源，改革不合理经济体制与结构，调整生产力的布局，是保护环境最根本、最有效的措施。再次是研究防治污染、保护环境措施的经济效果，为制定最佳的防治污染方案提供依据。最后是研究运用经济手段和方法进行环境管理。经济方法在环境管理中是与行政的、法律的、教育的方法相互配合使用的一种方法。它通过税收、财政、信贷等经济杠杆，调节经济活动与环境保护之间关系，污染者与受污染者之间关系。通常采用征收资源税、排污收费、事故性排污罚款以及实行奖励废弃物综合利用与提供贷款等优惠政策。

由此可见，环境经济学真是包含了相当多的内容，那么我们是怎么运用这些知识来解决实际问题的呢？让我们来看两个例子吧。

环境经济学与我们生活关系最为紧密的可能就是污染防治这部分了。这部分不仅包括了排污费的设置，也包括了治理环境污染的经济效果等一些人们比较关心的问题。这些价格和价值的制定是一个非常复杂的过程。

为维护环境质量而支付的污染控制费用和污染造成的社会损害费用的总和称之为环境费用。污染控制费用包括防治和消除污染所支付的各种费用和在环境监测、环境管理等所支付各种事务费用；社会损害费用又称污染损害与防护费用，包括环境受到污染和生态平衡受到破坏对社会造成的各种经济损失，以及为避免污染危害而采取防护措施的费用。一般情况下，用于污染控制费用越少，社会损害费用就越多；反之，污染控制费用越多，社会损害费用就越少。合理的环境费用水平位于环境费用曲线的低点，或位于污染控制费用曲线和社会损害费用曲线的交点所对应的环境费用曲线上的一点。实际工作中，环境费用的计算是很复杂和困难的，通常采用估算方法计算环境费用。

　　了解了这些以后我们先来看看排污费是怎么计算得来的。其实，对于排污费的征收和使用，世界各国做法并不相同。首先，收费的依据不同。现行的依据大致可分为两种：一种是以环境质量作依据，凡是向环境排放污染物者，都要缴纳排污费；另一种是以环境标准做依据，排放污染物不超过国家规定的排放标准，不收费；超过国家排放标准便收费，超过量越大，收费越高。我国采用后一种方法收费。二是收费标准。从排污收费的目的来讲，收费标准应该高于或者至少等于为治理所排污染物所需支付的费用，以促进污染者治理污染。我国目前规定的排放污染物收费标准，除了考虑污染治理费用外，还考虑企业管理水平、各地区经济发展水平、能源政策以及对产品成本的影响等多种因素。还规定对缴纳排污费后仍未达到排放标准的单位，从开征第三年起，

每年增加缴纳 5% 的排污费。三是排污费的使用，主要有两种方法：一种用于治理已污染了的环境和补偿受污染危害的居民；另一种是用于补助污染者治理污染。我国根据实际情况，规定排污费的收入列入预算，作为环境保护补助资金，由环境保护部门和财政部门统一安排，主要用于补助企业治理污染源和综合治理工程。

接下来，我们再来看看，我国在环保方面花了大量的人力物力，取得的经济效果是怎么计算得出的呢？一般来说，防治环境污染经济效益的研究内容主要有三个方面。首先是环境污染经济损失的估计。环境污染造成的损失有直接的和间接的、近期的和长远的、企业的和社会的，这是一个复杂的问题。估计经济损失首先要估计由于环境污染所造成的实际损失。然后再进行经济评价。其次是防治环境污染途径的选择及其经济效果的比较。包括各种污染物最优治理与利用途径的经济选择，区域环境污染综合防治优化方案的经济选择；把改善环境质量作为指导编制国家和地区国民经济计划的原则，并因地制宜地搞好生产布局和区域规划，采取具有全局性和综合性措施。最后是研究环境标准中的经济问题。制定污染物排放标准，虽然要依据环境质量标准，但也要做经济分析，做到技术上的先进性和经济上的合理性的统一。标准过低，达不到防治污染的目的，满足不了环境质量标准的要求。标准过严，现有物力、财力难以满足。因此，必须分析环境投资与环境质量的经济效益，合理地确定排放标准。

环境经济学作为环境科学的重要分支，是一门新兴的经济学科，它在我国的环境事业发展以及经济建设中正在发挥着更加重要的作用。它可以用一个数字清晰地告诉我们环境保护的重要性，同时也为制定相关的政策提供了依据。随着环境保护在经济建设中的重要性日益显现，作为一位普通公民，有必要了解一些环境经济学的知识，这样一来，或许你脑海里"究竟为什么要搞环境保护"的疑问便会得到一个解答了吧。

（金承翔　黄民生）

可持续发展：给子孙后代多留一点生存空间

～～～～～～～～～～～～～～～～～～～～～～～～～～～～

　　打开中国可持续发展信息网及其他很多与中国环境相关的网站，大家会发现这些网站都会弹出这样一个流动的广告栏，纪念《中国21世纪议程》发布十周年和庆祝"中国21世纪议程管理中心"成立十周年。那么，你们知道什么是《中国21世纪议程》吗，它与我们所说的环境保护有着什么样的关系呢？

　　我们都知道全世界现在对于经济、社会的发展、生态建设、环境保护和资源合理开发利用等方面持可持续发展的态度。1992年6月在联合国环境与发展大会上通过的《21世纪议程》，提出了具体实施可持续发展战略的行动依据、目标、活动和实施手段，成为现在世界各国实施可持续发展战略的行动指南。为响应环境保护和发展的这一世界性的活动，1994年3月，我国国务院第16

次常务委员会讨论并通过了《中国 21 世纪议程》。

《中国 21 世纪议程》，即《21 世纪人口、环境与发展》白皮书，是从中国的具体国情和环境与发展的总体要求出发，提出的促进经济、社会、资源、环境以及人口、教育相互协调、可持续发展的总体战略和政策措施方案。它是制定中国国民经济和社会发展中长期计划的一个指导性文件。任何一项工作的实施者都是人，光有热情而没有实际行动，那一切都是空话，要使可持续发展的战略深入人心，必须提高人们的素质和对这项政策的深化认识。

那什么是可持续发展呢？"可持续发展"是指"既能满足当代人的需要，又不对后代人满足其自身需要的能力构成危害的发展"。这个概念是在 1987 年由世界环境与发展委员会向联合国提交的一份题为《我们共同的未来》的报告中提出的，这也是人类第一次正式地将这个问题以书面的形式向全世界提出。它有两个基本点，一是必须满足当代人特别是穷人的需要；二是今天的发展不能损害后代人满足需求的能力。说得更明确一点，"可持续发展"就是指经济、社会、资源和环境保护协调发展，是一个密不可分的系统，既要达到发展经济的目的，又

要保护好人类赖以生存的大气、淡水、海洋、土地和森林等自然资源和环境，使子孙后代能够永续发展和安居乐业。也就是江泽民同志指出的："决不能吃祖宗饭，断子孙路"。可持续发展与环境保护既有联系，又不等同。环境保护是可持续发展的切实保证。可持续发展的核心是科学发展，要求在严格控制人口、提高人口素质和保护环境、资源永续利用的前提下实现经济和社会的发展。

可持续发展要求通过转换发展模式，从人类发展的源头，从根本上解决环境问题。从保护和改善地球生态环境出发，合理地利用自然资源，在地球承载能力之内，发展生产，改善人类的生活质量，提高人类的健康水平，创造一个有序发展的、安定的社会环境，而不是要人类放弃今天的文明，回到茹毛饮血的原始社会。

可持续发展从人的角度出发，要求人类在发展中讲究经济效益、关注生态和谐、追求社会公平，最终达到人的全面发展。近些年，被提到较多的清洁生产和文明健康的消费，就是可持续发展中的两个重要体现。在过去，人类的发展历程是伴随着"高投入、高消费、高污染"的生产模式和消费模式的。现在，我们到了应该抛弃这个错误的陈旧观念的时候了。我们应当认识到，发展不代表污染，而反过来说，污染也不代表发展。实施清洁生产和文明的消费方式，建立资源节约型社会经济发展模式，才是真正的代表人类文明的进步。

全球可持续发展大会召开已有十多年了，为了全面推动可持续发展战略的实施，同时也是对 2002 年在南非约翰内斯堡召开的可持续发展世界首脑会议的积极响应，国务院印发了原国家计委会同有关部门制定的《中国21世纪初可持续发展行动纲要》，这是进一步推进我国可持续发展的重要政策文件。《纲要》总结了十年来我国在可持续发展工作上取得的成就及工作开展中的不足，并提出我国将在六个领域继续推进可持续发展。这表明我们作为第三世界国家中的领头羊，对环境保护、经济、社会发展高度重视。

总之，可持续发展已越来越受到人们的重视，可持续发展的推行已上升到法律的层面上，将由法律的手段来保证它的顺利实施。中国的一句俗语说得好"强扭的瓜不甜"，可持续发展要成功的实施下去，更重要的还是从人的根本认识上下工夫。这仍然是我们现在所要面对的最大问题。另外，可持续发展在理论上还需要补充和完善，这也需要人类共同的努力。让我们为建立美好的家园而努力奋斗吧！

（董　亮　刘世洁　黄民生）

环境教育，从娃娃抓起

～～～～～～～～～～～～～～～～～～～～～～～～～～～

  环境教育的目标就是帮助社会群体或个人强化环境意识和素质、获得环境保护的各种知识、提高解决环境问题的经验和技能，是一种面向各个层次、所有年龄的人开展的全民化正规和非正规的普及教育。

  环境教育开始于 20 世纪 70 年代。1975 年，联合国教科文组织和联合国环境规划署确立了国际环境教育计划。该计划的目的在于帮助国家的、地区的和国际的机构将环境教育纳入正规和非正规的教育系统中。1980 年，美国亨格福德等提出了一套环境教育课程教学大纲，分为如下不同的层次：（1）生态学基础水平，即为学习者提供生态学基本概念和基础知识，以便运用它们分析环境问题及其所包含的重要生态学原理，并为决策提供依据；（2）概念意识水平，即帮助学习者分析个人和集体的行为对生命系统和环境质量会产生什么样的影响，激发他们的环境意识并主动寻求解决问题的途径；（3）调查和评价水平，为学习者提供调查环境问题和评价解决方法所需的专业知识以及为维持生命和环境质量而采取积极行动所需的技能。1989年，联合国组织出版的环境教育系列文件中介绍了亨格福德等人编写的中学环境教育大纲。它既可以作为单独授课的教材，也可以将其内容渗透到中学各相关科目的教学中。

开展环境教育的方式和途径有多种多样。例如，在高校设立环境学科，开展环境专业人才的培养，设立环境保护与可持续发展方面的全校公共课程等。又如，在中小学评选和建立"绿色学校"、"环保学校"或"生态学校"，开设专门的环境教育课程或将环境教育内容渗透到其他学科的课程教学中，开展环境教育课外活动等。再如，开展各种形式的社区环境教育，包括成立社区环境夜校，通过植树、展览、义卖等形式让公众参与环境保护活动等。另外，利用各种媒体（广播、电视、互联网、报纸等）开展环境教育也是十分有效的方法。下面以上海市和北京市为例，简单介绍我

▼ 中小学环境教育活动

国环境教育的开展情况。

20世纪90年代初，上海中小学环境教育协调委员会开始评选环境教育特色学校，强调在学校课堂教学和课外活动中开展环境教育。近年来，上海市充分依靠"上海市环境教育协调委员会"和"上海市环境学科专业指导委员会"及各种多家企事业单位的支持、帮助，开展多种形式的环境教育活动，取得了可喜的成绩。如，进一步指导高校开设"环境与可持续发展"等课程，提高大学生的环保意识；组织高校参与上海市"6·5"世界环境日环保咨询活动和大学生绿色志愿者的宣传活动；举办环保摄影图片展；参观绿色生态园区、自来水厂、污水处理厂和高校环保实验室等；建立和扩大环境教育基地，开展环保夏令营活动；开展环保知识竞赛和环保论文及科研成果的评选等。企业单位对环境教育的兴趣越来越浓并提供各方面支持是近年来上海市环境教育事业的一个新发展。如，上海市环境教育协调委员会高校协调办公室、上海市环保局宣传教育中心与多个合资和独资公司联合主办"我心目中的21世纪绿色化工企业"首届巴斯夫高校环保演示大赛及拜耳青年环境特使评选等活动。另外，作为上海市科普教育基地之一的天山污水处理厂十几年来一直重视在青少年环境教育中发挥重要作用，如在厂内专门开辟环保科普展示室、组织拍摄污水处理录像资料片、制作污水处理工艺流程图宣传橱窗等。据近两年的统计，已接待60多批、近万名参观者。

随着 2008 年申奥的成功，环境教育得到了北京奥申委和北京市环保局的加倍关注，并成为进一步提升首都人民综合素质、提升北京市的国际形象的有效途径。据悉，目前北京地球纵观教育研究中心已成为中国最大的、对外开放程度最高的环境教育录像资料库，两三年来来访者达 2 000 余人次。该中心现有 500 余部来自国际国内的电视片、录像带和光盘，内容包括环保科普知识、污染治理技术、国际环境状况、野生动植物保护、资源合理利用等等，并向中小学校、大专院校、科研单位、环保机构和民间环保组织、政府部门以及个人免费借出这些环保影视资料，旨在促进环境教育资源的共享，提高公众的环保意识。

据统计分析，目前我国公众对环境问题的重视程度较低、环境道德意识较薄弱、参与环保行动的总体水平不高等等。因此，要改变这种状态就首先要大力提倡并实施全民的环境教育，它是关系我国环保事业成败的大事。

（于学珍　黄民生　邓文剑）

全球环境行动，让我们携手保护家园

全球环境行动是指世界各国在环境问题上所采取的共同行动。

由于认识到环境污染和生态破坏给人类生存和发展带来的潜在危险，联合国于 1972 年召开了第一次人类环境会议，通过了《人类环境宣言》，提出"只有一个地球"的口号，提醒全世界关注环境问题，并呼吁各国政府和人民为维护和改善人类生存的环境，造福子孙后代而共同努力。这是国际社会专门就环境问题召开的第一次世界性会议，是全球环境行动的标志和里程碑。

20 世纪 80 年代以来，环境污染从局部地区发展到区域性环境污染和全球性的生态破坏，很多国家开始认识到环境问题与人类生存休戚相关。人们开始通过国际合作控制温室效应、酸雨、臭氧层破坏等全球性环境问题。

1987 年，由 21 个国际组织组成的"世界环境与发展委员会"，受联合国第 38 届大会委托，编写了《我们共同的未来》一书，系统地研究了人类共同面临的重大经济和环境问题，提出了可持续发展的基本纲领。

进入 20 世纪 90 年代，人们认识到，全球环境问题的解决只靠一国的努力难以奏效，必须研究全球性对策，采取共同行动。1992 年巴西里约热内卢的"环境与发展"大会，就是在这样的背景下召开的。这次会议有 183 个国家的代表团和 70 多个国际组织的代表出席，102 个国家元首或政府首脑到会。会议通过了《里约环境与发展宣言》(21 世纪议程) 和《关于森林问题的原则声明》等三项文件，《气候变化框架公约》和《生物多样性公约》也在会议期间开放签字，共有 153 个国家及欧盟正式签署。这些文件充分体现了当今人类社会可持续发展的新思想，反映了关于环境与发展领域合作的全球共识和最高级别的政治承诺。这次会议成为人类保护地球环境第二座里程碑。据联合国统计，目前已有 100 多个国家设立了专门的可持续发展委员会，近 2 000 个地方政府也制定了当地的《21 世纪议程》。如，2003 年在南非约翰内斯堡举行的"世界可持续发展峰会"上通过了"环境倡议行动计划"，该计划旨在帮助非洲国家解决环境领域的挑战，有助于世界最贫穷的地区实现可持续发展。

我国积极参与全球环境行动。如，1991 年 6 月，由中国发起并在北京主办了"发展中国家环境与发展部长级会议"，来自亚洲、非洲和拉丁美洲的 41 个国家派出

代表团与会，9 个发达国家和 7 个国际组织列席。会议发表了反应广大发展中国家利益和立场的《北京宣言》，强调了："我们确保环境保护和持续发展是人类共同关心的问题"，要求国际社会采取有效行动，并为全球合作创造机会。随后，1992 年 9 月国务院批准了"环境与发展十大对策"，1994 年 3 月国务院又通过了《中国 21 世纪议程》，确定了中国的可持续发展战略。这项重大决策及其后续行动将是中华民族对人类文明史的又一个伟大贡献。

另外，我国一批自觉致力于民间环保活动的有识之士聚集在一起，开始了充满活力的群众自发性环境行动并成立民间环保组织。于 1994 年在北京成立的"自然之友"环保组织，现有成员 400 多人，其中还包括部分国外环保专家。自成立以来，该组织致力于中国环境公益事业的发展。如该组织对我国报纸的环境意识和环境宣传的调查活动中，采用定量检索的实证方法进行全国范围各类报纸的大型调查已经有多年的实践，调查中将报纸对环境的关注度、环境报道的条数和篇幅等进行了统计打分和比较，并把获得环境意识总分前 4 名的报纸和记者进行公布。同时，"自然之友"组织还一直关注和呼吁对野生动物的保护，并在 1996~1997 年期间先后组织了近 100 人的植树队到内蒙古义务植树，而且出版了我国第一本专为儿童编写的环境启蒙读物——《地球家园》。再如，北京地球村环境文化中心也是一家民间环境公益活动组织，它通过大众传媒和多种形式的社会性环境活动，来培植和增强中国公民的环境意识。自 1997 年 3 月成立以来，该中心在中央电视台开展了独立筹办和制作的环境教育电视专栏《环境时刻》等等。

"环境问题的解决，实际是人类愚蠢欲望和聪明智慧之间的斗争，是只顾自身利益和考虑共同利益间的较量。人类之所以区别于动物，是因为人类关心弱小，关心那些痛苦的人们，关心身处遥远国度的人们，关心人类以外的生命，关心整个地球乃至宇宙中的生命，——地球不是我们的私人财产，也不是我们人类的财产，它属于生活在地球乃至宇宙上全部的动物、植物、昆虫、微生物和人类——"专家的一席肺腑之言道出了我们每个人的共同心声。环境问题的解决不应仅仅依赖于政府及企业，每个人的日常行为都在无时无刻地影响着全球环境。保护生态环境就是保护我们的家园，是每一位地球公民的历史职责。

（于学珍　应俊辉　黄民生）

目
录

会吃人的湾鳄

当今世界上的鳄类大约有 23 种，论个头首推湾鳄。一条大的成年湾鳄，体重常常可达到 1 000 千克，最大者可相当于 3 只老虎的重量。至于它的体长，能长到 4.5～6.3 米，最长的纪录是 10 米。湾鳄不仅是世界上最大、最重的鳄，其个头在整个爬行动物中也是首屈一指的。湾鳄为什么长得如此巨大呢？据生物学家推测，除了祖传因子外，还可能与它凶猛、贪食的大胃口有关。

湾鳄生性凶残，其凶残程度会随着年龄增大而逐渐升级。即使是年幼的湾鳄，也会开杀戒，不过它们只会捕食一些小型动物，如昆虫、蟹虾、螺蚌、鱼类、龟鳖等，偶尔也会尝尝大型动物和人的尸体。稍大一些的湾鳄，性情就变得凶猛异常，它们不但捕食水兽、其他鳄、大袋鼠、狗、羊、猪等，就连体大力壮的牛、马也不放过，甚至还会吃人呢。不仅如此，它们还会吞食同种幼鳄。

湾鳄足智多谋，而且能随机应变。平时，湾鳄呆在沼泽地里一动也不动，只露出鼻孔和眼睛，在水中养精蓄锐，减少体力消耗，仿佛是一丛水草或一块浮木，但平静中却隐伏着杀机。一些警惕性不高的猎物往往被它的假象迷惑，很快"上钩"，成为它的腹中之物。湾鳄对小猎物和大猎物会采取不同的捕杀策略。如果是小猎物，它会突然跃起，猛扑上去，一口吞下。如果遇到牛、马那样的大家伙，湾鳄常常会乘它们饮水之际，出其不意，突然下手。

澳大利亚北部的沼泽地区，是今天湾鳄的大本营，那里的游客、渔民、游泳者等经常惨遭其害。有的人仅留下一条臂膀或大腿，有的连喊一声"救命"都来不及，有的渔船被掀翻，全家遭灾……湾鳄吃人的新闻，总是令人毛骨悚然！

▼ 湾鳄

当湾鳄把其他动物甚至人类连皮带骨生吞下去后，凶残的脸上会挂着几滴"伤心的眼泪"，所以就有了众所周知的谚语——"鳄鱼的眼泪"，人们常用这句话来讽喻假慈悲的伪君子。的确，湾鳄

会"流泪"。湾鳄是鳄类中唯一能生活在海水里的种类，多栖息在沿海港湾及直通外海的江河湖沼中，所以又叫咸水鳄。湾鳄肾脏的排泄功能不完善，体内多余的盐分要靠一种特殊的盐腺来排泄。恰巧，湾鳄的盐腺开口位于眼睛的附近，每当它们吞食那些猎物的时候，眼角附近会同时淌下盐液来。这是一种自然现象，并不是它在发慈悲，也不是什么怜悯。此外，海龟、海蛇、海鸟等，也有类似于鳄鱼的盐腺。

鳄是高等的爬行动物。过去，科学家一直认为鳄类祖先是生活在陆地上的，经过漫长的岁月才逐渐向淡水水域挺进。可是澳大利亚悉尼大学的劳里·塔普林博士研究发现，湾鳄口中长有一种能分泌盐分的腺体，使它在咸水中也能保持正常的新陈代谢。因而他认为，鳄类的祖先并非生活在陆地上，而是生活在海洋中，湾鳄是现存鳄类中最原始的一种。这一鳄类进化新说，今天已得到了多数同行的支持和认可。

湾鳄曾经广泛分布于东南亚、新几内亚、菲律宾及澳大利亚北部热带、亚热带地区，可是今天，许多地区湾鳄已寥寥无几，甚至灭绝了。唐、宋时期，我国南方的广西、广东、福建、海南、香港、台湾等沿海港湾和内陆河流中也生活着许多湾鳄。后来由于自然条件的变迁，数量逐渐减少，至20世纪湾鳄已不复存在了。湾鳄被认为是鳄类中数量最稀少的种类之一，在《国际贸易保护濒危物种》附录Ⅰ名单中，它已被列为最濒危动物，野生湾鳄及其产品的交易已被禁止。

湾鳄数量稀少的原因，除了历史上自然条件的变迁等地理因素外，还有以下三个主要原因：

　　其一，湾鳄的孵化率和幼鳄的成活率都很低。据统计，在湾鳄产下的蛋中，有75%是不能孵出幼鳄的废蛋，即使幼鳄孵化出壳，也只有不到3%的幼体能够生存下来。

　　其二，湾鳄的经济价值日益增高，这使不少人甘愿冒生命危险，大肆捕杀和活捉湾鳄。由于湾鳄的皮容易鞣硝，上面的鳞片大小又很匀称，可以制成珍贵的皮革。因此，湾鳄成了偷猎者竞相捕杀的对象。按当前行情，一张1.8米长的湾鳄皮就能卖上250美元的高价，其肉也可售到大约70美元，这样加起来共320美元。活湾鳄还可供游人观赏，价格更为昂贵。

　　其三，湾鳄栖息的沼泽地带，水草繁茂，野生和家养的水牛常在那里食草，破坏了湾鳄赖以生存的生态环境。

（华惠伦）

扬子鳄

扬子鳄是我国特有的爬行动物，世世代代生活在长江流域，它有着比人类更为久远的古老历史，其祖先最早出现于中生代三叠纪，距今已有两亿多年。在爬行动物兴盛的中生代，它们曾是地球上的"主人"之一。到7 000万年前的新生代，恐龙等爬行动物大多数在地球上灭绝，而鳄鱼却奇迹般地延续到今天，成为地球上的幸存者。扬子鳄和其他二十多种鳄类一起经历了爬行动物的衰败和哺乳动物的兴起。

鳄鱼在形态上与令人恐怖的恐龙很相近，经与恐龙化石比较，发现两者有着亲缘关系，所以鳄鱼素有"活化石"之称。同时鳄鱼也是现存爬行动物中身体构造最高等的一群，其在生态、个体发生和进化途径上的许多特点与鸟类和哺乳类相似。当今世界上共有二十多种鳄类，而只生存在我国长江下游流域一带的扬子鳄是其中最濒危的一种。

长江是世界上最长的河流之一，其流经的区域，低洼地带众多，湖沼季节性水涨水落，全境气候湿暖，雨量充沛。

据著名动物保护学家 John Thorb Jarnarson 推断，扬子鳄生存环境的破坏开始于 7 000 年前。当时人们将长江流域开发成世界上最早的几个粮食产区之一，其后人口不断增长，扬子鳄赖以生存的湿地环境也随之变成了耕地和鱼塘。扬子鳄筑穴的浅滩多被开垦为农田，丘陵植被大量破坏，丘陵地带的蓄水能力大大降低，干旱和水涝频繁发生，使它们不得不离开其洞穴，四处寻找适宜的栖息地。扬子鳄最喜欢生活在地势低洼的湿地里，但后来它们却不得不生活在非常不适合打洞的高地池塘中，然而只有一些成年鳄鱼能在河床打洞度过冬季，年幼的鳄鱼则难逃在严冬被冻死的厄运。

人们第一眼看见扬子鳄，往往觉得它外表丑陋，生性凶猛。这主要是因为扬子鳄具有狰狞丑陋的锥形巨头，满布青铜色的背脊，粗壮如钢鞭的长尾，令人感到毛骨悚然。

成年扬子鳄全长可达 2 米左右，尾长与身长相近。头扁，吻长。外鼻孔位于吻端，具活瓣。身体外被革质甲片，腹甲较软，甲片近长方形，排列整齐，有两列甲片突起形成两条嵴纵贯全身。四肢短粗，趾间具蹼，趾端有爪。身体背面为灰褐色，腹部前面为灰色，肛门向后，灰黄相间，尾侧扁。初生小鳄为黑色，带黄色横纹。

扬子鳄在江湖和水塘边掘穴而栖，以各种兽类、鸟类、爬行类、两栖类和甲壳类为食。6月份交配，7～8月份产卵，每窝可产卵20枚以上。卵产于草丛中，上覆杂草，雌鳄则守护在一旁，靠自然温度孵化，孵化期约为60天。它还具有冬眠的习性，每年10月就钻进洞穴中冬眠，到第二年4、5月才出来活动。

野生扬子鳄数量减少的速度是惊人的。如果说野外大熊猫减少主要是受其自身繁殖能力的退

▲ 扬子鳄

化、竹子开花等非人为因素的影响，那么生命力旺盛的野生扬子鳄锐减则大多是由于人类犯下的错误。20世纪50年代以来，随着人口的不断增长，大片湿地被开垦成农田，大部分湖泊溪流被改造成水利工程或填土建房造田。开发过程中，大批扬子鳄流离失所，或因洞穴被损、无处冬眠而活活冻死在野外，或直接被捕杀。

据扬子鳄野外考察组的调查显示：在20世纪60年代，安徽省尚有3 000多条野生扬子鳄，到80年代已下降到不足600条，如今更是数量极少。专家分析说，野生扬子鳄的繁殖能力比以前大为降低。从调查情况看，

目前野生扬子鳄都是以小群且相互隔离的群出现，最大的群由 10 ～ 11 条组成，绝大多数仅有 2 ～ 5 条，并且每个群往往仅有一条雌鳄鱼。这种情况使得处于相互孤立状态的野生扬子鳄种群难以得到新的个体补充，也就无法产生新的繁殖群体，进而导致种群繁殖力的下降。另外，由于许多扬子鳄保护点的池塘被稻田包围或与沟渠相通，大量农药、化肥的使用也对野生扬子鳄的生存环境及生理活动产生了不利影响，它们的主要食物——水生动物的数量也同时减少了。

（卞 易 孙 强）

变成家禽的鸵鸟

~~~~~~~~~~~~~~~~~~~~~~~~~~~~~~~~~~~~

历史上，鸵鸟曾生活在我国。华北、华南地区多次发现鸵鸟卵的化石，我国著名的"北京人"发现地周口店，不仅发现过鸵鸟蛋化石，还发现过鸵鸟的腿骨化石。但是现在它们只分布在非洲撒哈拉以南的沙漠草原上，是现今世界上唯一只有两只脚趾的动物。鸵鸟体健力壮，可以驮起重达150千克的物品；粗壮的脚能对付各种劲敌，甚至可置狮、豹于死地。在广阔的沙漠中，它们能以70千米的时速奔驰。可是性格却出奇的温顺，当地非洲人驯养它们用来耕田、驮物、送信，甚至能让鸵鸟放牧并供人作坐骑。

鸵鸟在初春季节发情，雄鸟发出洪亮如狮吼的鸣声，摇着两柄华丽的翅羽，翩翩起舞，向异性求爱。鸵鸟实行一夫一妻制或一夫多妻制。交配后，雌鸟每2～3天

▲ 非洲鸵鸟

产一枚重1.5千克的又大又白的蛋，约产6～16枚。人工饲养时，常在产后或产满一窝后取出蛋，以促使其多产。鸵鸟蛋壳非常坚硬，在上面可站一个人，而蛋壳不会破裂。这种受精后的蛋，在生物学上被称为受精卵，而一个未受精的蛋实为一个细胞（卵子），是生物界中最大的细胞。孵卵期间，雌鸟负责白天孵卵，因为它的毛为浅褐色，与周围环境融为一体，浑然一色。雄鸟则在黑夜孵卵，因为它的羽毛呈黑色。卵经43天孵化，雏鸟出壳，属早成鸟，雏鸟出生时体被绒毛，还有刺猬般的硬羽，幼年鸵鸟的羽毛呈灰褐色，直到一年后，雄鸟才长出黑白羽毛，不久便独立生活。野生鸵鸟的寿命约35年，而人工饲养的鸵鸟寿命可达50年。

在南非，人们把鸵鸟当家禽一般饲养已有100多年历史。南非的奥兹顺是著名的养鸵城。这里年宰鸵鸟4万只，出产肉干、罐头、香肠800吨；鞣制鸵皮4万张；出口鸵羽几千吨。鸵鸟皮可制高级皮帽、皮鞋、手套，每张售价可达200美元。鸵羽可以装饰帽子和衣裙，深受西方女士喜爱。另外，鸵鸟的油可制肥皂，可食用，还是治疗心绞痛的民间良药。因为鸵鸟适应性强，不怕热也不畏寒，饲料粗放，所以鸵鸟饲养发展很快，已遍布世界各地。在我国从广东一直到新疆，都有养鸵场。

被驯化成家禽的鸵鸟还有美洲鸵鸟和澳洲鸵鸟，澳洲鸵鸟又名鸸鹋。鸸鹋身高 1.7 米左右，重约 60 千克，它身上披着褐色蓬松的秀羽，头侧和颈部裸露，有一双温和的大眼睛。它的足粗壮，具有三趾。两翼极为短小，趾端还留下一枚长爪，说明它是一种古老而原始的鸟类。它的胸骨没有龙骨突起，所以被称为平胸类鸟。

野生鸸鹋常 4 ～ 6 只结成小群在草原上活动，觅食野果、嫩草，也吃昆虫、蜥蜴等小动物。每年 12 月开始交配，一只雄鸟常与几只雌鸟结成配偶，但大多是一雌一雄成双配对的。雄鸟能发出"而苗、而苗"的响亮叫声，有时还发出鼓声般的"咚咚咚"声，雌鸟只能发出低低的"辘辘"声。交尾时，它们会跳起特殊的交尾舞，两只鸟并排而立，脖子低垂，左右摇头不止，非常有趣。鸸鹋巢筑在靠近树根的地上或高草丛间，巢用树枝、杂草筑成。

交配后不久，雌鸟在草丛中产卵，初产下的卵呈绿色，后转为墨绿色，一般长 13 厘米，重 600 克左右。一窝产 10 枚，最多达 18 枚。卵的孵化工作全部由雄鸟担任，孵化期长达 54 天。在这一段时间里，雄鸸鹋近两个月不吃不喝。如果雌鸸鹋想去孵化，雄鸸鹋还会把它赶走。小鸸鹋一出壳就会行走，浑身绒毛蓬松，直条花纹非常可爱。此时，雄鸸鹋一反往常的温和性情，变得凶悍起来，不准人们靠近它的儿女。鸸鹋奔跑速度也很快，每小时能达 64 千米，还是游泳的好手。

（沈　钧）

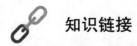 **知识链接**

鸵鸟分布范围

鸵鸟广泛地分布在非洲低降雨量的干燥地区。在新生代第三纪时，鸵鸟曾广泛分布于欧亚大陆。在我国著名的"北京人"产地——周口店不仅发现过鸵鸟蛋化石，还发现有腿骨化石。近代曾分布于非洲、叙利亚与阿拉伯半岛，但现今叙利亚与阿拉伯半岛上的鸵鸟均已绝迹；它们的分布是撒哈拉沙漠往南一直到整个非洲，而澳洲则于 1862～1869 年引进，在东南部形成新的栖息地。

世界奇鸟——几维

~~~~~~~~~~~~~~~~~~~~~~~~~~~

在全世界已知的 9 000 多种鸟类中，几维可称得上是货真价实的奇鸟了。

首先是名称奇。几维仅产于新西兰岛屿上，因为它在鸣叫时发出近似于"kiwi"（几——维——）的尖叫声，当地土著毛利族人就叫它"几维"或"几维鸟"。它们外貌像鸵鸟，而大小却似家鸡，雄鸟体长不过 45 厘米，体重 2.3 千克，嘴巴细长、稍弯曲，形状似鹬嘴，也称作"鹬鸵"。它不仅没有尾巴，连翅膀也退化了，只剩下翅骨的痕迹，因而又叫"无翼鸟"。

其次是鼻孔位置奇。乍一望去，几维好像一个多毛的皮球。如果讲得确切一点，应该是长嘴球身。它全身长着轻软美丽、细柔如绸、非常蓬松的长毛状羽毛，这些羽毛有良好的保暖作用。它的脖子不太长，头显得较小，眼睛也较小，脸上长有颊髭，嘴巴细长得几乎超过体长的二分之一。不过最奇特的是，它的鼻孔长在嘴巴尖端，这在鸟类中是独一无二的。几维脚趾短而粗壮，有4趾，3趾向前，1趾朝后。趾上的爪子很锐利，适于挖掘。

第三是鸟蛋奇。几维不会飞翔，只好将巢筑在树干下部，或者干脆在地面上营巢。这种鸟虽然个子不大，但产下的蛋却特别大。有人测量了一下，一只几维蛋有12厘米长，重可达450克，约占体重的四分之一。从绝对重量来说，鸵鸟蛋是当今世界上最大的鸟蛋，但就蛋重与体重之比而言，可能要数几维蛋最大了，真是小鸟生大蛋呢！几维的繁殖十分缓慢，雌鸟一年只生1个蛋。产下的蛋由雄鸟孵化，经过70～74天孵化，雏鸟破壳而出。雏鸟出壳后头6天，仍靠蛋内剩余的蛋黄提供营养，以后由雄鸟带领着觅食。雏鸟生长很慢，大约要4年后才长为成鸟，方能繁殖产卵。

第四是行为奇。几

▼ 几维

维栖息在茂密的森林和灌木丛中，白天潜伏在树根或岩洞里，夜间出来觅食。它善于奔走，用脚爪挖掘，或者用长嘴东啄西啄，从泥土里、地面腐叶败枝中啄食蚯蚓、昆虫和软体动物，还爱吃蜥蜴和老鼠等，也吃一些植物，如浆果、叶子等。它食量很大，一次要吃上几十条蚯蚓，一天能吞食 500 ～ 600 条蠕虫。据说，几维还有独特的本领：从树洞中拖出兔子，从海水里捕鱼。

几维的嗅觉灵敏，听觉较好，视觉欠佳，所以在夜间活动时主要靠嗅觉和听觉。由于视力差，全靠嘴尖上的鼻孔寻找食物，因此它的嗅觉特别灵，即使钻在泥土下 10 厘米深处的虫子，也休想逃过它的鼻子。有人做了个试验：几只泥沙桶中，只在一只桶的沙底放上食物，几维鸟能一下子正确无误地嗅出哪只桶内藏有食物，并迅速挖掘起来，而完全不理睬没有虫子的沙桶。它的脚趾结实，趾甲坚硬，善于挖土。在休息时，它把长嘴撑在地上，作第三条"腿"稳稳地平衡身体，这在鸟类中也是独一无二的。这种奇鸟不太怕人，如果夜间你家没有关门，它们往往会冒失地闯进屋子里来，成为"不速之客"。不过，几维对人没有恶意，人们赶它，它往往还不肯跑，似乎想和人一起多待一会儿。几维好奇贪玩，一不注意，它就会拖走屋里的叉、匙等小物件。

第五是身世奇。几维是最古老的动物区系残存种类的代表。早在 7 000 万年前的白垩纪时代，几维就同岛上的巨型恐鸟一起生活着。几个世纪以前，恐鸟已经灭绝，而几维却一直栖息于新西兰。为什么只有新西兰才有几维呢？据考证，在距今 6 500 万年前的白垩纪晚期，新西兰曾经和澳大利亚、南极洲连接，后来澳大利亚陆块与南极大陆分裂，向北漂移到它现在的位置，新西兰也漂离了澳大利亚大陆。当时，地球上还没有出现哺乳动物，或者出现了还没有广泛分布。后来，其他大陆出现了高等动物，而新西兰由于海洋的阻隔，没有野生的凶猛食肉动物，再说那里气候温暖，食物丰富，所以几维至今还能生存下来。

新西兰人珍爱这种世界上独一无二的鸟类，把它定为新西兰的国鸟。民间还有一个美好的传说：很久很久以前，几维鸟是森林中最美的鸟，当一次森林火灾时，几维鸟奋力灭火，把美丽的羽毛都烧焦了，所以才成了现在这般模样。为此，它很怕羞，白天再也不出来，只在夜间才出来活动。也许是这个美好的传说，使新西兰人更加珍爱几维鸟。

（华惠伦）

 知识链接

几维鸟现状与危机

几维在新西兰人的生活中无处不在，有银行的名字叫几维的，新西兰的两角与一元的钱币上一面印的是英国女王伊丽莎白的头像，另一面便是几维。新西兰人更是坦然地以几维自称。

史密森尼国家动物园则是在新西兰以外，世界上仅有的4家繁殖几维鸟的动物园之一。1975年，史密森尼国家动物园曾成功孵化了一只几维鸟，现在这只30多岁的几维鸟仍在该动物园的鸟舍中和游人见面。

新西兰政府鉴于猫类（肉食动物）对几维鸟的威胁最大，已颁布法律，对有几维鸟出没地区的家猫实施宵禁，以减低几维鸟在夜间出动时被猫杀掉的几率。

几维鸟现属于《华盛顿公约》附录中的一级保护动物。

落户上海的鹈鹕鸟

~~~~~~

　　世界上共有 7 种鹈鹕鸟。我国常见的有斑嘴鹈鹕、卷羽鹈鹕和白鹈鹕 3 种，属国家二级保护动物。鹈鹕是一种主食鱼类的鸟。据统计，每只鹈鹕一年约吃 300 多千克鱼，另外也捕食一些甲壳动物、小型的两栖动物和水禽。它的嘴直长而尖锐，嘴峰长 37 厘米，上嘴尖端朝下弯曲呈钩状，特别适宜捕鱼。它的下嘴分枝间还长有巨大的、能伸缩的皮喉囊，这喉囊像网一样，一次能兜上 2 千克大的鱼，进入喉囊的鱼就休想逃脱。食鱼时，鹈鹕喉囊一缩，把水挤掉，脖子一仰一伸中就把鱼吞入肚里。

　　鹈鹕捕鱼本领高强。它翱翔在高空时，敏锐的眼光就能发现水中的鱼，有的鹈鹕能迅速准确地直坠水中逮住鱼。它们还常常结群排着半圆形的队列，把头伸入水中围捕鱼类。更叫人惊叹的是，人们发现鹈鹕还能和鸥及鸬鹚合作捕鱼。鹈鹕的后趾和前三趾都向前，为世界上最大的有蹼鸟类之一。它能以蹼为桨，巧于游泳，但不会潜水，故排在水面上捕鱼；鸬鹚善于潜水；海鸥则在空中观察鱼群，为鹈鹕和鸬鹚作导航，它们互相合作，一起把鱼群赶到浅水区，然后合力围剿，饱餐一顿。

▲ 斑嘴鹈鹕

　　鹈鹕体形肥大，重达 11 千克，看上去很笨重，但飞翔能力特别强。因为它的翼幅宽大，翼展特别长。鹈鹕飞翔时常鼓动翅膀 6～7 次后滑翔一段，当升到千米高空时，会利用上升气流随风飘举。它们飞翔迅速、悠扬、矫健，可以不费劲地以每小时 50 千米的速度连续飞行几个小时。

　　鹈鹕是一种候鸟。夏天在我国内蒙古、新疆等地繁殖，在长江下游及福建、广东、台湾等地的海边越冬。每年的 2～4 月和 10～12 月为迁徙期。迁徙时，鹈鹕结群排成"一"字形或"V"字形队列作长距离飞翔，采用这样的队列是为了让其他鹈鹕可以借助领头鹈鹕扇翅所产生的气流飞行而省力。

　　这个理论已在现代航空领域得到了证实，一组排成一定队形的飞机要比单独飞行的飞机节省燃料也就是这

翱翔的鹈鹕 ▶

个道理。

　　鹈鹕3岁左右成熟，它们喜欢结群营巢在近水的大树上。求偶时，雄鹈鹕把头优美地伸上伸下，或在空中作"8"字形飞行，以引起雌鹈鹕的青睐。雌雄鹈鹕一旦结成配偶，一般终生不变。它们双双外出采集树枝、芦苇、枯草，在树杈间筑一个宽大、厚实的巢，并在以后的产卵、孵化、育雏中，不断采集营巢材料，充实巢基，以保护雏鸟不致落巢。同时，配成对的鹈鹕在晨昏时，互相发出"科—科—科"的低哑呼声，亲切地交嘴磨颈，拍打双翅达成交配。交配后的雌鹈鹕每巢产卵2～3枚，最多到5枚。卵呈青白色，卵径约89×59毫米，重约159克。卵由双亲轮换孵化，32天后雏鸟出壳。

　　雏鸟刚出壳时，眼已睁开，但全身裸露无羽。育雏由亲鸟共同担任，轮换着外出捕捉新鲜小鱼、虾、水生昆虫，并经过半消化后，呕吐在巢内，由雏鸟啄食。雏鸟生长很快，一星期后开始长绒羽，两星期后食量倍增，会自己伸嘴到亲鸟的喉部索食，亲鸟使劲呕吐让雏鸟吃饱。在两个月中，每只雏鸟要从亲鸟口中吃掉 6～8 千克鱼类，鸬鹚父母"辛勤数十日，母瘦雏渐肥"。一个月后，小鸬鹚体重达 3 千克，开始长翅羽。两个月后，小鸬鹚体重达 8 千克，开始跟随父母下水活动，自己捕食。三个月后，父母带领小鸬鹚展翅扑水，学习飞翔。

（沈　钧）

"黑衣海盗"军舰鸟

～～～～～～～～～～～～～～～～～～～～～～～

　　军舰鸟是个小家族，全世界仅有 5 种，即白腹军舰鸟、大军舰鸟、白斑军舰鸟、丽色军舰鸟和小军舰鸟，它们同属于一类——军舰鸟科。这类鸟集中分布在热带、亚热带海洋沿岸及岛屿。我国有白腹军舰鸟和小军舰鸟两种。前者仅生活在西沙群岛一带，且数量十分稀少，已被列入世界濒危鸟类红皮书中，也是中国一级保护动物。后者数量较多，分布在广州与福建沿海及西沙群岛一带，北达江苏。

　　军舰鸟虽然是一类大型海洋性鸟类，但是却不能下水，连在陆地上行走也很困难。法国学者儒勒·米什莱在《军舰鸟》一文中写道："陆地、大海对它（指军舰鸟）几乎都是禁地。"这是为什么？原来，军舰鸟没有其他海洋性鸟类那样使羽毛不吸水的尾脂腺，一旦落水，

▲ 军舰鸟

羽毛被水湿透后会负重下坠，很难再飞起来。这一下子可是大难临头，它成了大鱼口中的美味，成了它原来想吞食的猎物的食物。

军舰鸟个儿大，一般体重3～4千克，可是脚短趾小，在地面上行走起来像小脚女人走路，摇摇晃晃，十分艰难。倘若栖伏在它经常歇息的平坦的沙滩、洲渚或底凹的礁石上面，突然被敌害发现，这时的军舰鸟是毫无防卫能力的，尽管它发出威胁、企图反击，但也是徒然的，只有束手待毙。

军舰鸟不畏狂风暴雨，不愧为海鸟中最优秀的飞行能手之一。据科学家运用无线技术跟踪测定，军舰鸟能飞达1 200米的高处。有人还目击：雷雨来了，军舰鸟会飞入云层之上，在那里它感到无限安宁。

据鸟类学家的观察和研究，军舰鸟这种高明的飞行本领与其身体结构、飞行方式有密切关系。一只体重3～4千克的军舰鸟的翅膀展开时，足有2.5米宽，这是它强有力的飞行工具，它全身骨骼的重量只有113克左右，比全身的羽毛还轻，不过骨骼虽轻但结构却很坚固，加上强壮发达的胸肌，适宜作远距离飞行。军舰鸟可以利用自己狭长的翅膀，靠海上强劲的风力，顺风向下滑翔，随风力而增加飞行速度。当接近海面时，它又能乘势迎风而起，向上冲击。这样上下回旋飞翔，可以连续几个小时、甚至数天都不需拍动翅膀，真算得上是地球上出色的"天然滑翔机"。

军舰鸟擅长拦路抢劫，所以有"强盗鸟"的恶名。又因为它羽毛大都黑色，专在海岛附近上空干掠劫的勾当，不少人还叫它"黑衣海盗"。通常，军舰鸟自己不去猎食，而凭着飞行技能和矫健凶猛去拦路抢劫鲣鸟的劳动果实。当鲣鸟在海里捕鱼饱餐而归时，军舰鸟就趁机打劫，进行空袭，有时一只鸟单干，有时雌雄鸟双双共谋。鲣鸟逃到哪里，它们就追到哪里，直追得鲣鸟气得反胃，"哇"的一下把嘴里衔的或吃进肚内的鱼吐出来。这时军舰鸟就像杂技演员进行空中表演一样，巧妙地接而食之。

在繁殖季节里，雄性军舰鸟有特殊的求偶标志——红色"气球"。通常雄鸟的羽色比雌鸟漂亮，军舰鸟也不例外。平时，雄性军舰鸟全身羽毛为黑色，闪着绿紫色的金属光泽，气派十足，而雌鸟羽色就显得很平淡了。一到繁殖求偶时，雄鸟平时不显眼的皱缩喉囊会一下子膨胀得很大，而且颜色变得鲜红醒目，活像一个巨大的红色气球。这样一来，更是锦上添花，格外受到雌鸟的青睐，于是双双成亲交配。军舰鸟在岛屿或岸边的树林、岩石间营巢，产蛋 1～2 枚，经过雌雄鸟轮流孵化 42 天左右后，幼鸟破壳出世。幼鸟由亲鸟哺育到会飞时，就随同双亲在空中进行强盗的劫掠式取食。刚成长不久的雄鸟，可以驯养作为海岛与海岛之间传递书信和消息的通讯鸟。

（华惠伦）

火烈鸟——红鹳

红鹳又叫焰鹳、火鹳。因为成鸟在繁殖季节时，全身羽毛朱红色或火红色，所以又称作火烈鸟。全世界共有 6 种火烈鸟，这是一类大型涉禽，分布于热带、亚热带温暖地区，如非洲、印度西北部、法国及西班牙南部、南美洲等。

红鹳体长在 1～2 米之间，身高 0.9～1.9 米，大部分羽色从粉红至深红，仅飞羽呈黑色，它们的几个名称也由此而起。这类鸟外貌高雅而端庄，性格稳重而古怪。它那细长的脖子上长着一个小头颅，嘴短而厚，稍向下弯曲，为鲜明的红色或黄色，端部漆黑。黄色小眼睛，炯炯有神。双腿特别细长，也呈鲜明的红色或黄色，趾间有蹼。红鹳能涉水、游泳，常在浅水地区啄食水中的藻类，也吃小型软体动物和甲壳动物。火烈鸟的嘴形十分特殊，基部急剧向下弯曲，上嘴较小，下嘴较高，嘴缘有"隧道"，捕食时把嘴伸入水中，侧转头部使嘴翻转，上嘴在下而下嘴在上，头部有节奏地运动，使泥水从嘴缘流出，滤食小动物或植物。

火烈鸟喜欢结成大群活动，通常栖息在咸水湖或泻湖等处。一般生活于温暖地带，有时也生活在海拔较高的地方。由于红鹳分布广，所以在非洲、欧洲、美洲都有不少红鹳群栖之乡。

成千上万只的红鹳在巴哈马的安得罗斯岛栖息时，简直像神话中的小天使，闪动着火红的光芒。它们虽然挨在一起，但是姿态却不一：有的单腿卓立，长长的脖子弯曲成"S"形；有的将头卷藏在翼下，正在小憩；有的彼此嬉戏，玩得十分痛快；有的蹲在沙滩上，显得很安逸。可是，它们的警惕性很高，一有响动，只要红鹳拍动翅膀，顷刻间就会有许许多多的"小天使"飘入蓝天。这时候，它们活像一架架喷气式小飞机，颀长的脖子伸向前方，伶仃的细腿往后平伸，红、黑、白三色翅膀像机翼那样展开着。如果响动从空中而来，它们便就地仓皇而逃。例如第二次世界大战期间，一批飞机突然从这个岛低空飞掠而过，把红鹳吓得发了狂。它们张皇失措，东奔西逃，

▲ 火烈鸟

彼此践踏，伤亡很大。过了好长的日子，红鹳才恢复平静。

红鹳是涉禽，世世代代都和水打交道。它们在温暖地区的湖畔、沼泽地带营巢。有人在非洲东部盐湖附近见到集群营巢的红鹳达 300 万只之多。当它们集群飞行的时候，遮满了天空。它们常把自己的巢窝排列得整整齐齐，7～8 只鸟巢并排矗立，组成了一个"小村庄"。巢与巢之间相隔 60 厘米左右，中间挖了许多小沟，以便与水面沟通起来，平时不费什么力气，就可以跑到水里去，或站立在浅水中自由观望，或潜入水中游泳一番。

每年 10～11 月，是红鹳下蛋、孵蛋的旺季，数不清的红鹳像一片红云飘落在湖滩上。每只雌鸟产下 1～2 枚蛋，由雌雄鸟轮流孵化。大约 30 天后，一身灰色茸毛的小红鹳破壳而出。它在巢中待上 4～5 天，等腿有了劲儿，体色转为浅黑时，才一摇一摆地走出自己的"摇篮"，在双亲的脚下散步。10 天以后，它逐渐变成亲鸟的模样。不过幼鸟是留巢晚成鸟，由亲鸟哺育 65～70 天后才能加入独立觅食的群体。

红鹳身上的红色羽毛究竟是祖辈遗传的还是生后获得的？这一问题曾经困惑了鸟类学家很长时间。现在有科学家研究表明，它们的红色羽毛不是生下来就有的，而是因为它们以一种绿色的水藻为食，这种小水藻经过鸟消化系统的作用，会产生一种使羽毛变红的物质。

红鹳具有很强的集体观念，一旦迁徙开始，无论是正在孵蛋的爸爸，还是抱着雏鸟的妈妈，都得服从集体，一起行动。至于那些东倒西歪还不太会走路的雏鸟，还有尚未孵化的蛋，就只好忍痛割爱，遗弃在那里了。这种现象，在鸟类中似乎是罕见的。

（华惠伦）

南美珍禽——红鹮

▼ 红鹮

在全世界已知的 33 种鹮科鸟类
中，不少属于珍贵、稀有种类，如我
国的朱鹮已列为一级保护动物。南
美洲北部的物产红鹮应该也是珍稀鸟
类，可惜至今尚未进行保护，数量正
在逐年减少。几个世纪以来，红鹮的
美丽容貌一直是吸引鸟类观察家们
的眼球的"吸铁石"。他们经过实地
反复观察，对这种珍禽作了"三美"
概括：

首先是羽色美。红鹮的全身羽毛
基本彤红，这在鸟类世界是十分罕见
的。鸟类观察家为了准确地形容它

的羽色，曾经作过一番仔细琢磨，最后的结论是"与救火车的颜色一模一样"，非常鲜艳夺目。当它们成群飞翔时，仿佛救火车在空中成队行驶。

其次是体态美。红鹮不仅羽色出众，体态的优美在鸟类中也是数一数二的。它的长长嘴巴稍稍下弯，身材不胖不瘦，双腿细长而有力，整个体态既苗条又丰满，富有健康美。

第三是行为美。红鹮在浅水中觅食蟹、虾、小鱼等小动物时，步态轻捷高雅，时而高高地竖起身体，伸直长颈回眸观望，神态机警。它们飞翔时，头前脚后，展开双翼，飘飘然，悠悠然，显现出一副轻逸而潇洒的姿态。它们停落在树顶时，为绿色林海锦上添花，美极了。

红鹮的红色羽毛，究竟是祖先遗传还是后天形成的？这一问题，曾经在部分鸟类学家中争论不休，各有其理。根据鸟类学家的最新研究结果认为，红鹮的红色羽毛并不是祖先的遗传，而与它们所吃的食物种类有直接关系。

鸟类学家在调查中，还发现南美洲的红鹮大约有 75% 是生活在内地——委内瑞拉平原上，由于它们的食谱

▼ 红鹮

▲ 朱鹮

中缺乏类胡萝卜素（存在于蟹和其他无脊椎动物中），所以羽色呈橙色或浅红色。

鸟类观察家和鸟类学家在考察红鹮之前，心中都有这样的忧虑：红鹮的鲜明红色羽毛太引人注目了，这是否会招来杀身之祸，而使它有朝一日灭绝于世？可是经过考察以后，发现红鹮至少有 3 个御敌绝招，这可能就是它们生存至今的原因。

第一招是具有保护色。红鹮常常筑巢在红树丛中，巢地是一片灰褐的树枝，孵化出来的幼鸟不像它们的父母具有绚丽的红色羽毛，而是灰褐或黑色的羽毛，与周围环境的色调十分一致，不易被发觉，起到了保护色的作用。

第二招是母鸟的警惕性很高。据鸟类观察家所见，母鸟在巢中孵蛋期内，几乎是一动不动，它们似乎懂得自己的稍微有所动作就可能会引起蛇、蜥蜴、鹰等敌害的觉察。不仅如此，母鸟一面伏窝孵蛋，一面放眼四望，以防狡猾的敌害前来偷袭。幼鸟出壳以后，母鸟除了快速飞行给自己儿女送喂食物以外，很少待在巢穴附近，这对自己和幼鸟都比较安全，可以避免"引狼入室"。

第三招是同伴之间有联系标记。红鹮是一种集群鸟类，它们常常成群觅食和戏耍。有时候，为了一个觅食点，它们要成群飞行好长距离。在飞行、觅食、戏耍时，它们全身鲜明的红色羽毛，可以成为同伴之间的联系标记。这种联系对它们御敌十分有利，只要有一只鸟发出遇敌信号——惊叫，整群鸟就会立即高飞出逃。

（华惠伦）

知识链接

分布及繁殖

分布于南美洲北部的美洲红鹳除了长喙是黑色的，浑身上下都是红色，包括腿和脚趾。到了繁殖期红鹳羽毛颜色加深，红得尤其热烈。

鹳类鸟雌雄羽毛同色，它们的幼雏是晚成鸟，也就是说，不是像小鸡那样出壳就能活动觅食，而要靠亲鸟哺育一段时间。鹳类雏鸟从雌雄亲鸟的喉咙里取食半消化的食物。

夜鹭和白鹭

~~~~~~

从 20 世纪 70 年代起，每年都有许多越冬的夜鹭来到上海动物园天鹅湖畔，在湖中的几座小岛上，它们犹如大饼上的芝麻，密密麻麻地蹲在树枝上，数也数不清。

我国产有鹭科鸟类 9 个种类，它们是：苍鹭、草鹭、大白鹭、中白鹭、白鹭、池鹭、黄头鹭、夜鹭和绿鹭。鹭是一种群居性的鸟类，常百千成群。有时各种鹭聚在一起，就是在繁殖期，也喜结群繁殖。但绿鹭是例外的，它除了繁殖期成对活动外，其余时候却喜单独活动，是鹭中的孤独者。

鹭食鱼、蛙、昆虫，食物大致相似。但猎食方法各有不同，各有一套觅食妙计。夜鹭在夜间飞临海边、江边，捕食夜间活动的小鱼、蟛蜞。而绿鹭则喜在清晨和黄昏时觅食。池鹭一般不采取主动捕食的方法，而是静静地站在河边的树根旁，伸长脖子，嘴朝下，小心翼翼、纹丝不动地等待猎物靠近，出其不意地袭击猎物。草鹭比较主动，靠细长的腿涉水到浅滩中去觅食。大白鹭则更主动，用脚掠划水面，搅动水以故意惊吓鱼虾，把它们赶出来啄食。苍鹭体大，但性格沉静而有耐力，可以几小时一动不动，人们称它为"老等"。更有趣的是，它会用一片树叶、一只小虫作饵，诱鱼上钩。黄头鹭性情温和而大胆，常停在牛或其他家畜背上啄取它们身上的寄生虫，或待牛吃草时啄食被惊起的蝗虫及土中的蠕虫。

鹭的婚配也很奇特，春天，雄夜鹭头上会长出两条白色的辫子，还会伸长像蛇一样的脖子，踏着脚步以叫声赢得雌鸟的青睐。白鹭身上会长出美丽的蓑羽，互相采集树枝献给情侣，以表爱慕之意。人们称鹭为"慈父良母"，在哺育小鸟时，它们把捕到的鱼贮藏在能伸缩扩张的食道里。

古代鹭诗中咏白鹭的诗最多，早在《诗经》中就有："振鹭于飞，于彼西雍。"杜甫的"两个黄鹂鸣翠柳，一行白鹭上青天"和宋人徐元杰的"花开树红乱莺啼，草长平湖白鹭飞"是广为流传的白鹭之句了。白鹭的飞姿也富有诗意，它的身轻翼宽，飞行时曲颈伸腿，姿态优雅飘逸。有人测得大白鹭飞翔振翅频率极慢，每分钟只需扇动18次。刘禹锡对白鹭的评价最高，他有一首《白鹭儿》："白鹭儿，最高格，毛衣新成雪不敌。众禽喧呼独凝寂。孤眠芊芊草，久立潺潺石。前山正无云，飞去

▲ 夜鹭

▲ 大白鹭

入遥碧。"有人赞白鹭"一点白如雪",刘禹锡誉之为"雪不敌",更认为它不喜喧闹是一种"最高格",末一句"飞去入遥碧",留下无穷遐想,令人神往。

最有趣的是白居易的《白鹭》诗:"人生四十未全衰,我为愁多白发垂,何故水边双白鹭,无愁头上亦垂丝。"这是一首抒情的诗,感叹自己未老先衰,白发是多愁所致,但无愁的白鹭为何也头生银丝呢?他不知道白鹭的满头银丝其实是发情的标志。每到春天,白鹭的头上和身背会长出美丽的似发蓑羽(又称婚羽),那蓑羽像花蕊一般,还能分化成银色的细粉状,并能不断生长、破碎,像花粉一般脱落。那洁白的发丝随风飘扬时,实在美丽之极。当它以秀美的外貌赢得异性的青睐时,它们便互相采集树枝,奉献给自己的情侣,以表爱慕之意。当它们一旦结为一夫一妻的伴侣后,就用这表示爱情的树枝筑起它们生活的窝巢,厮守终生。

白鹭喜集群营巢于松杉等高大的树上，有时也筑巢在竹林和芦苇上。有时，一棵大树上有上百对鸟结巢，每巢产卵 4 枚左右，孵化期约 21 天，雏鸟系晚成鸟，全身密生白色绒毛，寿命约 10 余年。

（沈　钧）

德国的"白鹳村"

~~~~~~

　　白鹳和红鹳一样，是一种更大型的涉禽，体长约 1.7
米，站立时身高约 0.9 米，全身白色，而两翼尖端黑色，
具金属色泽。长嘴巴尖直粗壮，黑色，颈细长；朱红色
的双腿很长，像高跷的形状。这样，白、黑、红三色交
相辉映，使它显得十分文雅和清秀。它的外貌与鹤类相
似，过去有人把它当成丹顶鹤，其实只要我们观察一下
就会发现，白鹳翅尖黑色，伫立时颈脖往往缩成"S"
形，以此就能与丹顶鹤相区别了。

　　白鹳性情宁静而机警，常在周围有树的池塘和沼泽
的浅水里觅食，或呆立在水边等待食物"自投罗网"，善
于飞翔，飞行时颈和腿成一条直线，显得强健而舒展，
且不时作轻松的翱翔飞行；主要以鱼儿为食，也吃昆虫、
蛙和老鼠等；它的啄食速度与食物大小有关，吃小鱼速

度很快，在 5 分钟内可以啄食 2～3 条，甚至更多。如果吃大鱼，速度就比较慢了。有人目击，一只白鹳花了大约 5 分钟时间吞食一条 500 克重的黑鱼。

白鹳曾经广泛分布于欧亚大陆北部，虽然不是德国的特产，但是德国人民十分喜欢这种鸟，因为它体态优雅，羽色清丽，性情温和，又容易驯养，所以德国政府根据民众的要求，把白鹳尊为国鸟。今天，由于白鹳栖息地条件的变化，自然种群量已十分稀少。在欧洲许多国家，此鸟已经灭绝或处于濒危状态。在《国际濒危物种公约》中，白鹳已被列为一级保护对象，我国也把它列为一级保护动物。

▲ 欧洲白鹳

在德国，人们对国鸟——白鹳十分宠爱和友好，听任它们飞到村民屋顶上筑巢，认为这是一种吉祥的象征，人鸟关系十分和谐。为了吸引白鹳，许多人家把旧马车或汽车的轮箍、破箩筐等安置在屋顶上，以招引白鹳。这样，慢慢地就形成了闻名遐迩的德国"白鹳村"。

白鹳是一种候鸟。分布在我国的白鹳有两种，白鹳产在新疆；东方白鹳产在东北等地并繁殖，冬天到南方各省越冬。平常，白鹳在山地、草原及溪边活动，在树

▲ 东方白鹳表演叩嘴打击音乐

上或峭壁顶上营巢，多利用旧巢产蛋，每窝产蛋3～5枚，雌雄鸟轮流孵蛋，孵化期约30天。幼鸟是留巢晚成鸟，由亲鸟哺育约30天才能自力更生，自己觅食。在哺幼期间，当一只亲鸟捕食回巢时，留守在巢内的亲鸟会用力启闭嘴巴发出声响，把脖子向背后弯成弓状，表示欢迎。而归巢的亲鸟也同样发出声响，并且共同竖起尾巴，双双起舞，以示"夫妻"恩爱。

美中不足的是，鹳不会像鹤和其他鸟类那样鸣叫，它们都是哑鸟。幼年白鹳在索食时会发出"叽、叽"的叫声，到成年时就不会叫了。但它却有一种特技，会用上下嘴壳互相敲击，发出"哒、哒"之声。每当回巢的白鹳出现在天空时，巢中的那只白鹳就会打嘴发声表示欢迎，而回来的白鹳也必加入"仪式"，打嘴转舞答谢一番。饲养中的白鹳，能认人而且久而不忘，一见熟人，它就打嘴表示相识和友好。打嘴有一套"程式"：头后仰至背，向上并叩嘴，嘴向前至体平，再向左向右，再回中间至体平，不停叩打嘴发声约1分钟左右。

白鹤击嘴的时间有长有短，程式有全套和非全套，节奏有快有慢，声响有轻快、凝重之别，它们之间这种特殊的"语言"有待于进一步破译。

　　白鹳是一种益鸟，它不仅是动物园和自然博物馆的著名观赏动物，而且还大量捕食农林业的害虫和野鼠，是传统的保护鸟类之一。

（华惠伦　沈　钧）

鸿鹄——天鹅

~~~~~~~~~~~~~~~~~~~~~~~~~~~~~~

　　古今中外，人们都爱天鹅。我国古代称天鹅为"鹄"
或"鸿鹄"。

　　在国外的民间传说中，也常有天鹅的形象出现。芭
蕾舞《天鹅湖》表现的就是一个美丽善良而又多情坚贞
的公主，被恶魔掳去变为天鹅，后在爱情力量的感召下
战胜恶魔的神话故事。天鹅善飞，是飞得最高的鸟类之
一，它的洁白和远举高飞成了人们心目中纯洁、善良、
高尚、勇敢的象征。

　　在自然界，目前还存有 8 种天鹅。其中大天鹅的
体长 1.5 米，全身羽毛除头部略显浅黄色，其余均为纯
白色，颈修长，嘴基两侧的黄斑沿着嘴的边缘伸向鼻
孔下方。疣鼻天鹅是天鹅中体形最大最美的一种，体
长 1.6 米，羽毛洁白，其特点是前额有明显的黑色疣

突。小天鹅体长 1 米以上，嘴基黄斑不到鼻孔，是我国最常见的一种天鹅。黑天鹅产于澳大利亚，全身羽毛呈黑褐色，且稍有卷曲，额具红色肉瘤。黑颈天鹅产于南美洲，冬季在中美洲越冬，体羽洁白，头和颈部羽毛黑亮，嘴基长有红色肉瘤，眼角有白眉。喇叭天鹅是北美洲的一种大型天鹅，因其叫声像喇叭声而得名，体羽洁白，嘴巴长，且全黑。别维克天鹅产于北欧和东欧，体形小于大天鹅，嘴近全黑，体羽洁白光亮。考思考力巴天鹅生活在南美洲，头颈和嘴巴均较短，是 8 种天鹅中体形最小、数量最少的一种。

上述的前 3 种天鹅也产于我国，分布于新疆、青海、内蒙古和黑龙江等省区。每当东风吹绿草原时，大批天鹅便从遥远的南方回到故乡的大大小小解冻的湖泊中。那时的天鹅分散在碧波似镜的湖面上，双双对对悠然游弋。它们在越冬地已结成配偶，现在在湖边的草原或水中小洲上共同营巢，巢以芦苇、杂草、绒羽铺成。每巢产卵 4 ～ 8 枚，卵白色，重 340 克左右。孵卵主要由雌鸟承担，雄鸟担任警卫。如遇险情，雄鸟发出警告，雌鸟将卵用杂草遮盖好后逃避。当卵遭到破坏时，它们还会重新产第二窝卵。卵的孵化期为 36 天左右，雏鸟系早成鸟，出壳第二天就随亲鸟下水活动。主食植物的根、茎、叶、芽和种子，也吃一些鱼、虾和贝壳、昆虫等小动物。小天鹅生长很快，两个月体重可达 3 千克，3 个月具飞翔能力。为了飞越高山大洋，老鸟带领小鸟天天清晨飞上

▲ 小天鹅

▲ 疣鼻天鹅

空中盘旋，锻炼飞翔能力和意志。到深秋，天鹅家族开始集群，准备南迁。

我国3种天鹅的越冬地在长江以南地区，最远的飞到南非的多利亚湖，足有7 800千米，中途在飞越珠穆朗玛峰时，高飞万米。那里空气稀薄、严重缺氧、气温低寒，可想而知，天鹅的飞行技巧有多么高超！

天鹅实行一夫一妻终身制，有人称它是动物中"道德情操"的楷模！古人以"雌雄一旦分，哀声流海曲"的诗句来形容天鹅的重情。上海动物园曾有一对疣鼻天鹅，配对多年，当其中一只病死后，另一只悲哀徘徊，始终没有重新择偶，可见它对伴侣的忠贞。

天鹅还是一种经济动物，可以说它的浑身都是宝，《本草纲目》载，天鹅肉"腌炙食之益人气力，利脏腑"，天鹅油"除痈肿、治小儿疳"。一只天鹅有25 000多根羽毛，洁白如雪，硬羽可制扇，做衣饰和工艺品，绒羽松软柔和，保暖性强，远优于鸭绒。由于长期的大量捕猎，我国现在的天鹅资源约比 20 世纪 50 年代少了 90%。

（沈　钧）

 ## 知识链接

天鹅文化

中国古代称天鹅为鹄、鸿、鹤、鸿鹄、白鸿鹤、黄鹄、黄鹤等，许多地名中仍包含了这些词汇，比如雁门关、鹄岭、鹄泽、黄鹤楼等。《诗经》中有"白鸟洁白肥泽"的记载，至今日语中的"白鸟"就是指天鹅。"天鹅"一词最早出现于唐朝李商隐的诗句"拔弦警火凤，交扇拂天鹅"。

大自然的"清道夫"——座山雕

～～～～～～～～～～～～～～～～～～～～～

　　座山雕又名秃鹰、狗头鹰，体长在 100～127 厘米之间，体重有 6.9～9.2 千克，是世界上最大的飞鸟和猛禽之一。从它的整体来看：巨大的暗色身躯，小小的圆头上有一对阴森森的大眼睛，硕大的嘴巴像铁钩，脖子光秃秃的，加上性情孤独，常停留在山冈岩顶上，确实使人望而生畏。

　　座山雕虽属于大型猛禽，但它的飞翔和猎食能力却不如一般猛禽。美国鸟类学家约翰·D·斯图尔特在西班牙安达露西亚山区考察，发现每天早上鹰、隼、鸢等猛禽都展翅在半空盘旋低飞，以敏锐的目光、锐利的爪子，猎取蛇、鼠、兔等食物，唯独座山雕却站立在危岩上屹立不动，静待阳光把山石和地面晒得灼热，它们才开始从岩石跃起，展开 2 米多宽、约 0.6 米长的翅膀，借热流翱翔，盘旋于空中俯视觅食。因为座山雕的飞翔能力很差，要是没有热流之助，这种巨鸟的笨重身体在空中飞行是很困难的。

座山雕的嘴巴和爪子都没有其他猛禽那样锐利，它一般不用爪去猎杀动物，也很少用爪去抓东西。它主要以动物尸体为食，在食物严重缺乏时，偶尔也捕捉蜥蜴、老鼠、白蚁、蚱蜢等充饥。在几种鹫一起觅食时，座山雕因嘴巴不够尖锐而啄不破死动物的坚韧的皮肤，所以只好静等其他鹫类吃完后，才来专门收拾地面上遗散的动物尸体碎片，而且吃的时间很长。

据我国鸟类工作者调查，座山雕主要栖息在海拔 2 000 米的阿尔泰山和 4 500 米的西藏山地，而且多单独生活，有时以 4～5 只的小群取食动物尸体。之后，一位考察者斯图尔特在安达露西亚地区却发现 100 只座山雕围绕一头死鹿，真乃奇观！一只座山雕在空中游目四顾，当它发现地面上的鹿尸后，先在目标物上空盘旋一阵，其他座山雕闻讯也在附近翱翔，每只座山雕大约相距 1.6 千米，各守自己的疆域。

▲ 座山雕

第一只座山雕降落地面后，长啸一声，扑在被阳光晒得滚烫的鹿尸上啄食起来。紧接着有 8 只座山雕随后降落，它们把长颈直伸入鹿尸的腹腔之内，啄食内脏。这时候，斯图尔特才明白座山雕的长颈为什么裸露而不生羽毛，因为颈是座山雕身上唯一没法弄干净的部分。"秃鹫"之名由此而来。大约过了几分钟，又有 16 只座山雕从空中停落争食，总共 25 只座山雕把鹿尸全部掩盖。它们阔大的褐色翅膀又推又挤，彼此结伴，却又互相争食。顿时，另有数十只座山雕飞来，眼见地面已无法插足，它们只好停息在附近的树上等候，把粗大的树枝压得垂下来。斯图尔特数一下树上的座山雕，远远多于地上取食的座山雕，两处加起来足有 100 只之多呢！

根据鸟类学家研究，座山雕的家乡有 3 个特点：高山、烈日和动物尸体。高山是它们栖息之地；烈日为它们提供飞行时所需的热流，同时把食物晒软变腐，便于它们啄取；动物尸体是它们的基本食料。座山雕的视力敏锐，虽然可以在空中发现地面上的动物，但是它们怎么辨别动物是死的还是活的呢？这个问题长期以来是个谜。新近，根据非洲和欧洲的生物学家、生态学家们的共同观察和研究，已有了较为令人满意的解答。

座山雕主要以哺乳动物的尸体为食，而哺乳动物在平原或草地上休息时一般都是聚集在一起的，这就为座山雕提供了目标。一旦发现单只动物离群躺下，它们即密切注意，然后细察躺下的动物有无轻微移动，如果没有动静，它们就小心地在空中继续盘旋窥伺。据科学家观察，座山雕的"察动"时间很久，至少要两天左右。在这段时间里，座山雕如见动物无一点移动，它们就会低飞，近距离察看动物的腹部是否起伏，眼睛是否转动。如果动物没有任何动静，座山雕就开始降落到兽尸附近，并且蹑手蹑脚地走到它的身旁，但还不敢轻易下手。这时候，座山雕还是凝视细察、疑惑不决，又饥又怕，张开嘴巴，伸长脖子，两只翅膀展开准备随时起飞。它们走近一些，发出"ku-wa，ku-wa"叫声，看看没有反应，就用嘴啄一下兽尸，又赶快跳开，再看看兽尸，仍无动静，这才放下心，扑在兽尸上啄食起来。

座山雕在争食时会变色。当一只座山雕处于威胁外界的状态，在啄食动物腐尸时，它的面部和颈部会变成耀眼的红色，显示出占优势的姿态。此时，如果另一只强大的座山雕逼近，向它激烈地争食，并且胜过它，它的面部和颈部的色彩就立刻由红色转变成苍白色，并且远离原来的位置。当这只占优势的"新客"夺取食物并啄食时，它的面部和颈部同样会呈现出耀眼的红色。那时，处于屈服地位的第一只座山雕便逐渐恢复它原来的色彩。

座山雕主要吃动物尸体，因而有人讨厌它，认为它很不干净，是"肮脏"的鸟。实际上，这种鸟整天都在为人类打扫卫生，清除动物尸体，成为大自然的"清道夫"。它除了具有清除污物、保持环境卫生、加速自然界的物质循环的特殊功能外，还是一种著名的观赏动物，因数量稀少被我国列为二级保护动物。

（华惠伦）

神鹰——兀鹫

~~~~~~~~~~~~~~~~~~~~~~~~~~~~~~~~~~~~~

美洲有 2 种兀鹫被称为神鹰，一种产在南美，是世界上最大的飞鸟，名康多兀鹫；一种是产在北美的加州兀鹫。

康多兀鹫堪称安第斯山上空的天骄，它威武雄壮，气宇轩昂，在南美洲的智利被誉为国鸟，是国徽、军徽上的主要标志。它不仅是世界上最大的鸟，而且与它的近亲——喜马拉雅兀鹫一样，也是世界上飞得最高的鸟类。人们发现它们在海拔 7 500 米的高山上空自由翱翔，平均飞行高度 5 000 ～ 6 000 米，最高时可达 8 500 米以上。

康多兀鹫营巢在南美洲高山区的岩石突出部，除栖息在安第斯山脉的一些 2 000 ～ 4 000 米的高峰外，还经常出没于秘鲁的海岸。它们在海洋上空盘旋巡视，一旦发现海里有死去的鱼、鲸和海象等，就下降啄食，也吃近海岛屿上的鸟蛋。一只翱翔于高空的康多兀鹫，双眼可以监视周围 15 千米内同类的动向。如果发觉同类盘旋的范围缩小，就表明它已经发现了食物——动物的尸体，于是马上向那里飞去。这一"信息"传得很快，一下子会有数十只兀鹫聚拢起来，共同享受难得的"盛宴"。这种鸟颇讲"文明"，几乎都是"有食共享"，不会因争食发生格斗。一顿饱餐以后，它们可以连续两个星期不吃东西。

▲ 康多兀鹫

加州兀鹫又名"加利福尼亚兀鹫"、"加州神鹰"、"北美神鹰"等。它的个儿虽然没有南美洲的康多兀鹫那样巨大，却是北美洲最大的鸟类。鸟类学家作过测量，成年雄鸟体长可达 1.3 米，两翅展开时宽度可超过 3 米，体重 9 千克多，在世界飞禽中也算得上是个"巨人"了。这种巨鸟在地面上是笨拙的动物，走起路来摇摇晃晃。但它们一旦展开双翅，在原野上空或云崖山巅翱翔的时候，就显出身姿矫健、优美潇洒的风采。它们飞行时轻快自如，每小时飞行速度可达 160 千米。北美洲人民非常喜欢这种鸟，认为它们是正义和力量的象征。

原来加州兀鹫的数量很多，分布也十分广泛。它们沿着太平洋海岸，在美国、哥伦比亚、加拿大、墨西哥等地漫游。可是今天，这种巨鸟已濒临灭绝。据美国科

▲ 加州兀鹫

学家出版社新近出版的《动物的生存斗争》一书报道，今天加州兀鹫仅在加利福尼亚中部山区还幸存30～40只，难怪许多生物学家和自然资源保护学家们齐声悲叹。虽然美国政府已对这种极为珍稀的鸟类实行了保护，但恐怕为时已晚，寥寥无几的加州兀鹫正在作临终飞行，它们或许会像恐龙一样向人类告别，消失于世。

据鸟类学家们考察分析，加州兀鹫之所以濒临灭绝，成了地球上最少的鸟类之一，是多年来人们直接和间接、偶尔和故意杀害的结果。印第安人最早为了宗教仪式上的需要，杀死了大量加州兀鹫。到了18世纪开始的淘金热时期，矿工们杀死了许多加州兀鹫，为了用它们身上大羽毛的羽毛管去携带金粉。在18世纪末期至19世纪初期，美国和欧洲大量收购加州兀鹫蛋，作为奖品之用。后来，当地牧场主和牧人们毒杀和射杀威胁它们羊群的食肉猛兽，并把它们埋起来作为农业肥料，因而使加州兀鹫缺乏食物而饿死。到了20世纪60年代，人们大量使用化学农药灭虫，农药会使加州兀鹫的蛋壳变薄，母鸟在巢中孵蛋时容易把蛋弄碎，为此而无法孵化出雏鸟来。此外，加州兀鹫本身的繁殖能力很低，一只雌鸟每两年才生1枚蛋，还不能保证一定能孵化出雏鸟，即使小兀鹫问世了，也无法保证一定会长大成年。

面对加州兀鹫的濒临灭绝，美国还是采取了两条拯救措施。一条是加利福尼亚州的州政府在本州中部地区，开辟了一个规模庞大的加州兀鹫自然保护区。另一条是在动物园或研究中心，在人工饲养的条件下，通过繁殖，将加州兀鹫送回野生环境，使其种群数量兴旺发达起来。在这方面，加利福尼亚州的圣迭戈野生动物园率先出了成绩，其他动物园也紧跟其后，人工繁殖出加州兀鹫。鸟类学家们告诫人们：拯救临终飞行的加州兀鹫当然是件好事，但我们应当吸取教训，必须及早保护地球上的物种。

（华惠伦）

秘书鸟传奇

~~~~~~

　　非洲南部的大草原上生活着一种从名字到形象都十分奇特的鸟，它体高接近一米，羽毛大部分为白色。因为它的头后长着长长的、羽笔状的灰黑色冠羽，很像中世纪时帽子上插着羽笔的秘书，因而得名"秘书鸟"。又因为它的一根根冠羽使人联想起古时候外国那些耳朵后面夹着鹅毛管笔的书记官，所以又叫它"书记鸟"。

　　除了上述所说的冠羽之外，秘书鸟的头上还长着一对炯炯有神的大眼睛，一个锐利的钩状嘴巴。它身躯短，两条光秃秃的长腿，身后还拖着两根长达 60 多厘米的尾羽，如同两条白色的飘带，长相确实非常奇特。

　　由于秘书鸟的特殊形象，所以学术界对它在分类上的归属，长期以来一直存在着分歧。有人根据它锐利的很像鹰和隼的钩状嘴和利爪，把它归入鹰隼一类；有人因为它的一双灵巧而有力的长腿很像鹤和鹭，把它同鹤、鹭归在一起；也有人认为在某些结构上，秘书鸟倒更像一种红色涉禽——火烈鸟，因此，也有学者认为秘书鸟和火烈鸟可能是远亲。经过反复争论，动物学界按照它那稀奇古怪的相貌、凶猛的特性，把它列入隼形目，单独设一个秘书鸟科。在这个科里，全世界只有这一种鸟。由于秘书鸟既像鹤或鹭，又有鹰的特征，所以有人也叫它鹤鹰、鹭鹰、蛇鹫。秘书

▲ 秘书鸟

鸟虽然不喜欢飞行，但有时却能凌空大翻跟头，一面翻滚，一面把一小撮泥土抛向上空，然后双足落地。鸟类学家认为，秘书鸟的这种奇怪动作可能是一种游戏，或者是在发展和练习它们未来的应变能力，也许是在闪避它所扑击而没有抓到的毒蛇。

秘书鸟捕食一切能够找到的小动物，如蛇、蜥蜴、老鼠和昆虫，尤以捕食蛇闻名，因而又叫它蛇鹫。它在发现蛇后，先是慢慢靠近或静待猎物近身，然后，头后的羽冠因紧张专注而开屏似地展开，它在蛇的周围转动和跳跃，虎视眈眈地寻找进攻机会，同时频频扇动双翅，

意在躲避蛇的攻击。蛇一见来者不善，也不甘示弱，常伸高头颈，射出凶神恶煞般的目光，伸出长舌，企图来个"先发制人"。可是聪明的秘书鸟总是灵活地闪开蛇的正面反扑，及时绕到它的背后，使蛇找不到攻击目标，无心恋战。秘书鸟善于掌握进攻时机，此刻，它先用长腿挑逗蛇，等到对方在多次反扑无效之后懈怠下来，准备溜走时，秘书鸟就立刻踩住蛇的要害并用嘴将其啄毙，然后慢慢吞食。有时碰上大蛇，不能一举令蛇毙命，秘书鸟便叼起受伤的蛇飞到高处再将蛇摔在地面上，这样反复几次，蛇就被摔死了。然后，秘书鸟将大蛇扯成一段一段吞食。

秘书鸟与蛇相斗，为什么胜利者总是前者呢？鸟类学家认为秘书鸟有 3 个取胜的条件：一是它的脚表面覆盖着厚厚的角质鳞片，这是防御蛇牙的盾；二是它的腿特别长，使身躯远离地面，不易被蛇缠住；三是它眼明腿快，机动灵活，使蛇无可奈何。所以秘书鸟成了蛇的克星。

在鸟类世界里，能够保持"终身伴侣制"的种类极少，秘书鸟可算一种。雌雄鸟从配对到死亡很少分开，可谓是"白头到老"的终身爱侣。每年繁殖季节，亲鸟共同在低矮灌木或乔木顶部筑巢。它们尤其偏爱阿拉伯橡胶树，因为这种树的枝叶茂密，顶部平坦，是理想的建巢之地。秘书鸟的巢大而扁平，直径可达 2 米，深约 0.3 米，用杂草编制而成，架在树顶上仿佛一只大托盘。由于巢有稠密的枝叶掩盖，所以不易被敌害和人类发现，比较安全。

　　雌秘书鸟每窝产蛋2～3枚，蛋白色，椭圆形。孵化期约45天，幼鸟出世后要在巢内呆80～98天。在这段日子里，亲鸟非常忙碌，外出带回昆虫、老鼠等食物喂雏。幼鸟的成活率与该年的食物丰富程度及巢址是否安全有关。大约3个月后，幼鸟长大，开始独立生活。

（华惠伦）

鸡的行为和变异

~~~~~~

　　一般所说的鸡，指家鸡。鸡的祖先是红原鸡，经过长期驯化，今天已培育出大约 340 个品种。在我国，红原鸡分布在云南、广西南部和海南，为国家二级保护动物。原鸡体形瘦小，毛色橘红，羽毛细长，尾羽高耸，然后弯弯下垂，啼叫声尖细而急迫，最后一个音节短促且戛然中止，不像现代多数公鸡"喔喔喔"地叫时余音嘹亮。在西安半坡遗址出土的原鸡遗骨说明了 6 000 多年前，在黄河流域还有原鸡分布，但有文字记载的鸡已是甲骨文以后的事了。

　　鸡虽然是家养的，论聪明智慧远不如猿猴，但它们也有争地位、善"说话"、好争斗等许多奇妙的行为。从外观看，年长的公鸡地位最高，其次是母鸡，最低的是小鸡，井然有序。但是，如果你多送几只母鸡给那只公鸡的话，母鸡之间就会互相啄打起来。仔细观察，鸡群在啄食时，也是尊卑有序而分先后啄食的。鸡站在栖木上时，一边倾斜而位于较高处的，必定是最高位者。纵然是栖木成水平，必定有一端是上位，显然，鸡也喜欢顺位制。假使不是事先安排好这种顺位，则鸡群会整天吵闹不休。这种依啄打定出来的顺位，人们把它叫作"啄打顺位"，即以实力来决定鸡的地位。

据科学家较长时间的观察和研究，发现鸡的语言相当复杂、完善，包括惊慌、吃食、接触等几十种语言。母鸡发出的惊叫又有几种：如敌人出现在空中，它发出一种信号；如危险来自陆地上的凶物，则换成另一种叫声。小鸡按母鸡的信号采取相应的行动，它们要么急忙躲藏在母鸡的翅膀之下，要么四处奔散，设法躲藏起来。连通常吃食的信号也有几种：一种表示已找到了吃的，另一种表示有好吃的。再如孵蛋母鸡不时地发出接触信号，这信号表示"我在这里，在旁边。"小鸡听到以后，会变得十分安静，连怪声或大声都不怕。

科研人员研究发现，母鸡的这些信号基本上属于200～600赫兹的频段，而且这个频段的声音最容易被鸡的听觉器官所接受。根据这些研究结果，试制成孵蛋母鸡的人工信号，经试验，小鸡的反应同对母鸡的召唤完全一样。有一次，科研人员把一架灵敏度极高的话筒放在蛋库里，发现了十分奇怪的现象。原来，在出壳前3天，胚胎鸡就开始同邻居谈话。它吱吱叫，同时发出其他信号，开始时间短，后来耳朵凑到蛋上就能听到。这

长尾鸡 ▶

种信号意味着"我太热了",或者"我凉坏了"。母鸡根据蛋的要求,翻动它们,离开孵蛋窝,或者相反,停止寻食,孵伏在蛋上面。

科研人员还注意到一个非常有趣的事实:母鸡孵化的蛋不是同一天下的,而小鸡却差不多是同时孵化出来的,于是便产生了一个问题:母鸡是如何解决这个问题的呢?原来,它孵蛋时发出的声音是胚胎发育的刺激因素之一,母鸡用这种办法调整了雏鸡出壳的同步性。

今天,我们已经弄清了这种现象的物理性质,破译出了孵蛋的"密码"。工程师在此基础上制造出人工声音"孵蛋鸡",把它用到了工业孵蛋器中。这不仅加速了蛋的发育,而且能令小鸡几乎同时破壳而出,此外,它还能使它们随着声音乖

▲ 原鸡

乖地集合起来。在同时孵几百个蛋的大型养鸡场,这种技术设备可以带来不少好处。

　　鸡群里两只公鸡殴斗是屡见不鲜的事儿。在鸡的驯养过程中,人们又选择出一种长颈长脚、昂首好斗的特异鸡种,就是斗鸡。据说斗鸡起源于2800年前,《列子·黄帝篇》记载,有人为周宣王养了一只斗鸡,望之有如木鸡,竟没有其他鸡敢和它斗。曹桓有首《斗鸡颂》:"长筵坐戏客,斗鸡闻观房;群雄正翕赫,双翅自飞扬。挥羽激清风,悍目发朱光;嘴落轻羽散,严距往往伤;长鸣入青云,扇翼独翱翔。"栩栩如生地描述了斗鸡的现场情景。唐代斗鸡最盛,杜甫有一首五律诗:"斗鸡初赐锦,舞马既登床。帘外宫人出,楼前御曲长。仙游终一闷,女乐久无香。寂寞骊山道,清秋草木黄。"讽刺了皇帝玩物丧志,弄得国家衰亡。斗鸡之俗,到了宋代以后逐渐淡化,但流传至今。

　　家鸡是长期选育而成的,在《庄子·逸篇》中,有

"半沟之鸡,三岁为株,相者视之,非良鸡也。"那时已有了"相鸡术"。随着养鸡业的发展,人们培养出了能年产368枚卵的卵用鸡,每天产一卵,有时还有双卵;快长型的肉用鸡;药用的乌骨鸡。颇有趣的还有非洲含天然辣味的"辣味鸡";能产带糖的卵,香甜如蜜的意大利"甜鸡";重达10千克的"无翅鸡";长牙齿吃粗料的"牙鸡";能潜水的"两栖鸡";浑身无毛的"无毛鸡"等等。鸡类中具观赏价值的有日本的"长尾鸡",尾羽长达10余米,它是在公元前600年从中国引进的家鸡中选育出来的,被视为日本的国宝。近年长尾鸡已由北京、广州等地动物园引进。

(华惠伦　沈　钧)

帝雉的传奇式身世

~~~~~~~~~~~~~~~~~~~~~~~~~~~~~~~~

  90 多年前，一位英国采集鸟类标本的高手来到台湾山区，巧遇一群山胞，发现他们头饰上有两根大约长 50 厘米的黑色羽毛，泛着不规则斑点。这位英国人虽然走遍千山万水，但却从来没有看到过这样特殊的羽毛。后来，他花了点钱，才从山胞头饰上"摘"下羽毛，并很快送回英国。经有关科研人员竞相研究，研究报告表明这羽毛的"主人"是一种新鸟种，于是引发了许多鸟类学家对这种神秘鸟种的莫大兴趣。

  过不多久，这位英国人又到台湾继续寻找，谁知却被日本人拔得头筹。第一只活的帝雉终于在台湾阿里山区塔山附近被捕获，日本人立即将这一珍稀品献给天皇，并取名"帝雉"。而它的学名应该是黑长尾雉，帝雉之所以能称为"帝"，也不是浪得虚名的。

▲ 天皇雉鸡鹑鸡目
台湾

　　鸟类中的雉在外表上与家鸡十分相似。可是，家鸡有冠，而雉没有冠，且雉的尾巴较硬较长。帝雉有一张红红的脸，浑身是漂亮华贵的深蓝黑色羽毛，在阳光下闪闪发光，极富层次变化，加上一条黑白相间的长尾巴，看来气派十足。黑白色的长尾是这种鸟最大的特点。

　　既然是"帝"，当然不能随随便便抛头露面，必须花九牛二虎之力登高寻找它，上了山以后，还得看它肯不肯赏脸。通常，帝雉在台湾省投县望乡通往八通关的大林道发现较多。这里是落叶松和高山箭竹混杂的斜坡，陡坡险峻，竹林屏障，人们是很难踏进它的王国里的。

　　为什么帝雉喜欢"躲"起来呢？据台湾师范大学生物学家吕光洋教授的解释，大自然中同类的生物为了避免觅食竞争，大多会自行占据地盘。台湾共有3种雉：环颈雉属于低海拔鸟类，蓝腹鹇则属于中海拔的鸟类，而帝雉就被"逼"到了高山上去。帝雉所以被逼，可能与它的个性有关。它天性安静，很少出声；它也颇为稳健，轻微的风吹草动不会惊飞，所以不容易被人发现。它不像身材圆胖的竹鸡那样，喜欢吵吵闹闹，虽然它们是同属雉类的亲属。

　　帝雉虽然不爱鸣叫，但也不是哑巴。在交配繁殖的季节里，雄帝雉就会"咯咯、咯咯"地唱起情歌倾诉衷曲，以求吸引异性的青睐。3～7月是帝雉的繁殖时期，通常一只雌帝雉每年产蛋3次，一次可以孵出15～20只小帝雉。初生的帝雉到了5个月大便可以自己去寻找食物，两岁以后就算"长大成人"，可以找对象交配了。

　　帝雉习惯在黎明或薄暮时分到森林或草原上觅食，食物包括草莓、蕨类、竹笋等植物和昆虫。可怜它们不知道"美丽也是一种错误"。自从人们看上它的外表以后，便利用它们离开灌木丛觅食的时机，在它们经常出没之地设下陷阱。在日本人占据台湾的岁月里，日本人喜欢养帝雉供观赏之用，所以大量捕捉，使之成为阶下囚。又因为帝雉是佐餐的高级野味，蛋白质的补充品，当地人也大肆捕杀。近年来捕捉活的帝雉偷运日本，已成为一种获取暴利的手段。为此，野生帝雉数量锐减，已经十分稀少。

　　非洲肯尼亚的一个博物馆里，陈列着全世界濒危、绝种的野生动物图片，我国的帝雉也在其中。在这张图片下面有这样一段解说："这是一种产在台湾的特有珍禽，英国人曾在英国繁殖成功，并将其送回原产地，可惜由于当地政府的漠视和人们的无知，它们在台湾的命运岌岌可危。"日本NHK电视台曾经派人专程来台湾拍摄帝雉在野外的镜头，他们煞费苦心，绞尽脑汁，到头来也是无功而退。一般人要观赏帝雉的尊容，只能跑到动物园和私人鸟园里。

目前，野生帝雉的数量虽然没有确切的统计数字，但是在 1966 年世界鸟类保护协会印行的《红皮书》中，就将台湾特有的帝雉列入濒危物种，我国也已将此鸟列为一级保护动物，希望当地民众认真加以保护。日本帝雉繁殖专家曾送给台湾 45 只帝雉，其实，它们就是好多年前由台湾"移民"日本的 6 只帝雉经过 6 代人工繁殖培育出来的"超级宝宝"。这些帝雉被饲养在台湾圆山动物园。目前，人工饲养数约有 2 000 只。我们希望这些中国特有的珍禽能通过放养重返家园，在原来的野生环境中繁衍生息。

（华惠伦）

我国的鹤

关于鹤的诗歌最早见于《诗经》："鹤鸣九皋，声闻于天。"诗句描述了鹤在原野的水泽地里，高昂的鸣叫声传得很远很远。

我国有 9 种鹤，世界上共有 15 种。

鹤不能栖息于树上，是因为鹤的三趾向前，后趾退化向上，与前三趾不在一个平面，不能抓握树枝，所以只能在平地行走。它们的巢都筑在沼泽地的水洲中，极为简陋。每次产卵两枚，由两性互相轮孵 30 多天，幼鹤出壳。宋代诗人林和靖种梅养鹤，最负盛名，被称为"梅妻鹤子"。他养的一只鹤名叫"鸣皋"，每当家中有客来访而主人不在时，家人即开笼放鹤，林和靖在外听见鹤鸣叫即归。

在鹤类中既有羽毛洁白如雪的白鹤、丹顶鹤，也有

▲ 丹顶鹤

羽色灰黑的灰鹤、蓑羽鹤、白枕鹤、赤颈鹤、加拿大鹤，还有被称为"锅鹤"的白头鹤，因为它的羽色如锅底。而黑颈鹤的体羽灰黑，颈羽乌黑，更是鹤类中的珍稀品种。它是世界上唯一栖息在海拔 3 000 米以上的高山鹤，最使人惊叹的是它们在青藏高原繁殖，高原气候多变，风雪骤然，气温常降到 −10 ℃，而黑颈鹤却能在如此恶劣的自然环境中孵卵育雏。

现在，各国动物学家积极开展科学养鹤，还设立了国际鹤类基金会，以保护鹤类。我国近年来也建立了向海、草海、扎龙、盐城、鄱阳湖等自然保护区保护鹤类。在一些保护区及北京、上海、安徽等动物园还成功地繁殖了丹顶鹤、蓑羽鹤、白枕鹤等，1989 年西宁动物园又成功繁殖了黑颈鹤，使世界上 15 种鹤全都能在人工饲养下繁殖。此举表明人类饲养鹤类已达到了新的水平。

我国拥有的 9 种鹤中，丹顶鹤最为人们熟知。它全身大部分为白色，头顶皮肤全部裸露，呈朱红色，似肉冠状，故得名。丹顶鹤在我国东北繁殖，在江苏、江西等地越冬，因数量稀少被列为国家一级保护动物。

赤颈鹤是鹤类中体形最大的一种，它因喉和颈上部裸露，并呈赤红色而得名。它产在我国云南南部，数量稀少而珍贵，属国家一级保护动物。

黑颈鹤是唯一的一种在青藏高原海拔3 000米以上地区生活的高原鹤。人们在18世纪才发现它，目前世界上仅有800多只，因颈部羽毛黑而得名，为国家一级保护动物。

▲ 黑颈鹤

白鹤是鹤类中鸣声最动听、舞姿最优美的一种，在鄱阳湖畔越冬，现在发现有1 300多只。它浑身洁白似雪，在飞翔时露出飞羽下面的黑色，故又名"黑袖鹤"，为国家一级保护动物。

白枕鹤产在我国东北、内蒙古，总数约有2 000只，因枕部有两条白纹而得名。它的脸部红色，又名"红面鹤"，为国家一级保护动物。

▲ 蓑羽鹤

白头鹤体形较小，胆小羞涩。总数有5 000只左右，在西伯利亚繁殖，在长江流域越冬，因头部羽毛白色而得名，为国家一级保护动物。

灰鹤是鹤类中现存数量最多、分布最广的一种。产在我国东北、新疆、内蒙古等地，在长江流域越冬，因浑身羽毛灰褐色而得名，为国家二级保护动物。

加拿大鹤全身棕灰色，头顶鲜红，喜爱跳高。它的老家在加拿大，越冬时偶尔见于我国东海沿海。

蓑羽鹤体形最小，身高不到 1 米。它产在内蒙古、甘肃等地，飞到印度、非洲越冬。因它前颈垂有黑羽、身披蓑羽而得名，为国家二级保护动物。

（沈　钧）

怪鸟麝雉

~~~~~~~~~~~~~~~~~~~~~~~~~~~~~~~~~~~~

生活在南美洲丛林中的麝雉不仅是该洲的特产珍禽，而且是世界上最怪、最原始的一种鸟。

说麝雉怪，至少有以下 5 点：

一是翅上长爪能攀树枝。雏鸟出壳时，身上有稀疏的胎毛，前肢第一、二指上长有长爪子（成年后爪子即消失），用长爪子和硬嘴巴迅速攀爬树木。这样的身体构造只能在刚从爬行类进化成鸟类的古代的化石中发现，这也是麝雉原始性的所在。

二是从结构上看，麝雉不属水禽，但它却能自在地在水中游泳，连幼鸟也会游泳。遇到敌害时，幼鸟不是攀爬树木，便是潜水逃避。

三是身体的解剖特征奇特。对麝雉的分类学界存在很大分歧，有人将麝雉作为一种雉类，有的却认为麝雉

▲ 麝雉

与鹃形目中的犀鹃亚科关系更近，即使是现代科学技术也不能结束这种争论。

四是专吃粗糙的树枝，有牛那样的反刍现象。

五是其名虽为麝雉，但全身却散发出难闻的臭味。像雉这样体腺发达的鸟类是少见的，因而当地人叫它"臭安娜"。有的鸟类学家说："如果麝雉的气味不稀释的话，是没有任何动物可以接近的。"

麝雉体长在 60～70 厘米之间，体重不足 1 000 克，雌鸟和雄鸟相似。头上长有一簇长长的美丽的羽冠，脸部长着鲜蓝色的裸肉，眼睛则是宝石般的红色，身体细长，嘴巴坚硬，近基部有锯齿。它的拉丁语学名的意思是"梳着披肩长发的雉"。如果无视它难闻的气味和嘶哑的声音的话，麝雉还不失为是一种漂亮的鸟呢！

麝雉栖息在常遭水淹的热带雨林中，不善于飞行，却擅长游泳，常常在水面上方的树枝上筑巢。雌鸟产下的蛋比鸡蛋小，一般产蛋 1～3 枚，多的可达 6 枚，蛋呈乳白色并杂有暗褐的斑点。雌雄鸟轮流孵蛋，大约 28 天后，幼鸟就破壳而出。

一般幼鸟长大以后就离开亲鸟独立生活，而小麝雉出生后却要在父母身边足足待上 3 年。在这 3 年中，至少有两年的时间，要帮助父母耐心细致地照顾、抚育幼小的弟妹和守卫巢地，遇到危险还必须挺身而出掩护弟妹，甚至不惜牺牲自己的生命。真是"手足情深"！

世界野生动物保护协会纽约分会的美国动物学家斯蒂尔特·斯特拉尔，在南美洲委内瑞拉丛林里观察了大约 90 个麝雉家庭后发现，小麝雉从巢中跳入水里，往往是它们见到树上敌害而引起的。好多回，他目击成群的卷尾猴袭击麝雉家庭。当时，尽管老麝雉及时赶回家来，并发出阵阵刺耳的怒叫声，但已无济于事。幸亏家里当兄姐的年轻麝雉，冒着被水中凶残的皮拉鱼和美洲鳄吞食的危险，奋不顾身地引开敌害，勇敢地从大约 6 米高的树上跳入水中。这种不惜牺牲自己保卫家庭的举动，在动物世界里是十分罕见的。令人欣慰的是，绝大多数的年轻麝雉落水以后，会迅速潜入水底，避开了凶鱼、恶鳄的攻击。

旱季，麝雉常常集 20～30 只为一群，组成大家庭，它们的势力范围半径为 35～40 米，如果一个家庭越界，很快会引起家庭之间的争斗。当雨季来临时，便分散成 2～7 只一群，营小群活动。

麝雉曾经广泛分布在南美洲，数量很多。可是今天，它像大多数雨林动物一样，面临着三大危机：大片森林被毁、沼泽地干涸和人类的捕杀。这种强敌遍地的弱小"居民"之所以能生存至今，并得以繁衍兴旺，除了它们身上有足以驱敌的令人讨厌的臭味之外，还因为家庭中充满了"手足之情"。当然，那些"劳苦功高"的麝雉兄姐"长大成人"后，仍会各自物色如意伴侣开始自己的新生活。

（华惠伦）

可爱的蜂鸟

~~~~~~~~~~~~~~~~~~~~~~~~~~~~~~

　　蜂鸟是个大家族，种类很多。迄今，经鸟类分类学家鉴定并命名的蜂鸟有 330 种。蜂鸟是美洲的特产，主要分布在南美洲和中美洲，北美洲较少。

　　蜂鸟都是小个子，大的像燕子，小的比黄蜂还要小。美国西部产的巨蜂鸟虽然是最大的蜂鸟，但其体长充其量只有 20 厘米，体重约 20 克。特立尼达的阿拉丁花园盛产的鲜花畅销全球，同时也吸引许多鸟类和昆虫。其中缨冠蜂鸟是世界上最小的蜂鸟之一，它的体长（包括喙和尾）不超过 7 厘米，体重不到 2 克。另一种小蜂鸟产在古巴及潘斯岛，其成年雄鸟平均翅展为 2.82 厘米，体重仅 1 ~ 2 克，还不如一只大飞蛾，鸟体长约 5.79 厘米，而喙和尾部占去了 4.06 厘米，身躯只占 1.73 厘米。产于厄瓜多尔的一种蜂鸟，大小与古巴的这种蜂鸟差不多，但稍重一些。蜂鸟不仅个儿小，产下的蛋也只有豌豆那么大，是世界上最小的鸟蛋。有人测量过一只最小的蜂鸟蛋，长径 11 毫米，宽径 8 毫米，重仅 0.5 克。

蜂鸟不但小巧玲珑，而且长相十分漂亮，惹人喜爱。它的眼睛很大，显得炯炯有神；嘴巴尖长，有的像针那样直，有的向上或向下稍稍弯曲；舌头分叉，非常发达，像啄木鸟一样；雄鸟羽色通常极其鲜艳，发出五颜六色的金属光泽，雌鸟羽色较暗淡些；有些蜂鸟身后还拖着一对随风飞舞的长尾巴。

小小蜂鸟飞行本领奇高，飞行姿态变化多端，因而有"高空杂技演员"之称。它的飞行速度极快，经常像箭似的穿梭于树丛花卉之间。它们飞行时频频扇动双翅，每秒钟扇动数高达 50 ～ 75 次，约为鸽子的 10 倍。在双翅振动的地方，只见到灰白色的烟状光环，听到"嗡嗡"的振翅声，根本看不清翅膀的轮廓。

▼ 阔嘴蜂鸟

蜂鸟采花蜜时的飞行动作，活像一架直升机悬浮于空中，它停留在花朵旁用管状的长嘴吮吸花蜜，仿佛一只辛勤的大蜜蜂。由于它们的身体保持在垂直状态，所以翅膀以前后振动代替上下振动，这种振动产生的恒定气流托住了蜂鸟的身体，起到了非常巧妙协调和平衡作用。一般的鸟儿只能向前飞行，唯有蜂鸟能够后退倒飞，因为它们的肩关节十分灵活，只要将尾巴向下弯曲一下，双翅就能最大限度地旋转，即换一个方向旋转，身体便可以从花朵前面倒飞到后面。

蜂鸟还是马拉松式的长距离飞行健将，每秒钟的飞行速度可达 5 米，有的种类可以到海拔 4 000 ～ 5 000 米高的山顶上采食花蜜，还能作长距离飞翔。

▲ 棕煌蜂鸟

蜂鸟几乎在不停息地飞行和觅食着，它们是怎样保持能量平衡的呢？如果以体重和食物量来计算，蜂鸟飞行所产生的能量相当于一个人在一小时内跑了 150 千米的路程。尽管我们至今还不十分清楚蜂鸟是如何保持能量平衡的，不过有一点可以肯定，它们的肌肉是非常有力量的。

蜂鸟常常飞行于花丛间，主要取食花蜜，也吃花上的小昆虫。

蜂鸟的平均体温可达 42 ℃，这在鸟类中是罕见的。不仅如此，它们的体温差也很大。一只体温在 42 ℃左右的蜂鸟，处于蛰伏状态时体温可降到 19 ℃，上下相差 23 ℃。另外蜂鸟的心搏很快，一只动作敏捷的蜂鸟，它的每分钟心搏竟达到 600 多次，这在动物界是非常罕见的。蜂鸟的这些生理特点十分适应其剧烈的飞行和觅食活动。

蜂鸟在采食花蜜的同时，头部羽毛上会黏附许多花粉，到另一朵花上采食花蜜时，就会把花粉传给雌蕊，为植物传授花粉，对植物的繁衍带来很大好处。例如，特立尼达引进了夏威夷火焰花，当地的好几种蜂鸟都喜欢这种花，常把长长的嘴巴深深地插到花粉管中，不断地吮吸这种蜜，同时传粉做媒，使夏威夷火焰花在异国他乡繁育昌盛。

1～6月是蜂鸟的繁殖期，它们在树枝、灌木末端，叶后或岩石突部，用植物纤维、苔藓、蛛网、地衣、虫茧等为材料，筑成十分精巧的杯形小巢。如果年份好，在同一个巢内可产3窝蛋，每窝1～2枚。蛋经雌鸟精心孵化14～19天后，雏鸟就破壳而出。此后，蜂鸟妈妈十分忙碌，几乎整天都忙着寻找小昆虫、蜘蛛及花蜜，反复将半消化食物吐入雏鸟的嗉囊。一般待在巢中的幼鸟，在母鸟离开时总有一些叫声和动作，而幼蜂鸟却鸦雀无声，不响不动地待在巢中。这一习性对它的生存有利，因为蜂鸟身体小，十分纤弱，对敌害没什么抵御能力，默不作声可以减少或避免敌害袭击。

在鸟类世界里，蜂鸟赫赫有名，十分可爱。特立尼达和多巴哥两国人民特别喜爱这类美丽而富有奇趣的小型鸟，都将它定为国鸟。

（华惠伦）

南国珍禽犀鸟

　　犀鸟是产于亚洲南部及非洲热带森林的鸟类，世界上共有45种。我国共有4种犀鸟，都分布在广西南部和云南西南部。

　　犀鸟是一种大型鸟类，属佛法僧目、犀鸟科。它的长相非常奇特：嘴异常长大，约占体长的1/3～1/2；睫毛长得又长又粗，而鸟通常是没有睫毛的；它的脚趾扁宽，3趾向前，1趾向后，在一个平面上；外趾和中趾基部合并在一起，非常适合在树上攀爬。它身上的最古怪之处，莫过于那张大嘴上端的角质突起部分了（称盔突）。那突起部分就像是犀牛的角一样，它也因此而得名为"犀鸟"。

　　别看犀鸟的嘴长得出奇的粗大，其实，它的角质中间是蜂窝状的，充满了空隙，真是既坚固又轻巧。古时

▲ 棕颈犀鸟

候，人们常将犀鸟的嘴和盔突加工成精巧、奇异、珍贵的犀角杯，用以盛酒。

由于犀鸟的数量日益减少，因此，"国际自然和自然资源保护同盟"等组织已将它列为濒危动物。我国也把分布在我国的全部4种犀鸟都列为国家二级野生保护动物。它们是：棕颈犀鸟、白喉犀鸟、双角犀鸟、冠斑犀鸟。

犀鸟生活在原始森林的上层，啄食树上的浆果，也捕食昆虫和树上的爬行类、两栖类、小型兽类及鸟类，食量很大。犀鸟的嘴强大有力，上下有锯齿，是对付小动物的有力武器。它们把捕到的活食咬死或夹死后，往往喜欢先将其移到嘴尖，然后向上一抛，再张嘴接住吞下。由于犀鸟每天要吃大量浆果，所以，它从来不饮水。这也是它与其他鸟类不同的特征。绝大多数犀鸟很少下地，只有一种非洲产的地犀鸟例外，它营地栖生活，脚显得非常粗壮有力。

犀鸟身体庞大，最大的体长超过120厘米。飞翔时，它翅膀扇动发出很大的声响。它的飞行姿态也很特别，犹如行舟摇橹一般，鼓动几下便滑翔一段。犀鸟的叫声洪亮、粗粝，既像马嘶，又似犬吠。它们结群鸣叫时，可以声传数千米以外。

犀鸟平时喜结小群活动，少则5～6只，多则10余只。每年入春后，它们即转为成对生活。平时，雌雄犀鸟在外貌上较难分辨，必须仔细观察其虹膜、盔突的色彩，一般雄犀鸟的虹膜呈红色，雌犀鸟呈白色；雄犀鸟的盔突色彩较鲜艳，色斑较大。但是，一到繁殖季节，雌雄犀鸟就显而易见了，因为犀鸟的繁殖行为是鸟类中独一无二的。在孵卵期间，犀鸟用混有纤维的泥土和果核等把洞口封住，只留下一条长形小口用于透风和进食。雌鸟把自己禁锢在洞内孵卵，雄鸟则在外面寻食饲喂雌鸟，直到雏鸟能飞出时，雌鸟才啄破封口飞出。

▲ 双角犀鸟

　　犀鸟爱吃树上的果实，最爱吃当地榕树和大青树的果实。它也会在空中捕食昆虫和其他小鸟，在地面搜索小型兽类，甚至还捕蛇为食。新捕到的犀鸟拒绝接受人工喂饲的饲料，对此，只得对它实行强制填喂法，犀鸟嘴大而有力，要用竹棒才能撬开。喂的时候，还要用竹棒挡在上下嘴之间，否则被它咬一口可不好受。犀鸟喜欢淋雨洗澡，每当雨天，它就淋雨水浴。

（沈　钧）

奇怪的巨嘴鸟

当你在动物园或自然博物馆见到犀鸟时，或许会惊奇地说："这是巨嘴鸟"其实，犀鸟虽然嘴巴特别大，但还称不上巨嘴鸟。

在动物学上，把巨嘴鸟称作鵎鵼。鵎鵼是英文名称"Toucan"的译音。也有人认为，它们成群结队地栖息在树顶上，昂着头高声鸣叫，声音粗粝，听起来似"妥空、妥空"，因而叫它"鵎鵼"。不过在不少动物书刊上，通俗地把它叫作巨嘴鸟。

巨嘴鸟是一个家族——巨嘴鸟科（也叫鵎鵼科），已知的有 89 种，主要生活在南美洲和中美洲的热带丛林里。从阿根廷到墨西哥之间的地区数量很多，其中很大一部分见于巴西的亚马逊河口一带。它的外貌有点像我国云南、广西产的犀鸟，但就比例来看，要比犀鸟大很多，是世界上嘴巴长得最大的鸟，可谓当之无愧的巨嘴鸟！有一种体长只有60多厘米的巨嘴鸟，它的嘴长就有24厘米，宽9厘米，又粗又壮，占体长三分之一还多，真是大得出奇。如果从正面望去，往往见不到它的身体，只看到一张橡皮似的、尖端有点弯曲的巨嘴。还有几种巨嘴鸟，它们嘴巴更大，几乎和身躯一样大，真是名副其实的巨嘴鸟。

▲ 巨嘴鸟

或许有人会感到奇怪，巨嘴鸟的嘴巴那么大，身体那么小，小身躯怎么支撑得住巨嘴呢？也有人担心，那粗壮的嘴巴会不会把脖子折断呢？其实这巨嘴虽然又粗又壮，但是重量却很轻，还不到30克。这是因为嘴巴的构造十分特别，外面由一层薄薄的角质硬壳包着，内部却似蜂巢一样，布满了极纤细、多空隙的海绵状的骨质组织，里面充满着空气，所以既坚固又轻巧，对巨嘴鸟来说并无沉重的压力。

巨嘴鸟的奇妙嘴巴不仅巨大得出奇，而且颜色特别艳丽多彩，黄、红、蓝、绿，诸色俱全，仿佛是被精心彩绘过一般，格外引人注目。人们通常见到的巨嘴鸟，嘴巴的上半部是黄色的，稍带浅绿色，下半部蔚蓝色，嘴的尖端有一点殷红，再配上眼睛四周一圈天蓝色的眉羽，橙黄色的胸部，漆黑色的背脊，组成了一个五彩缤纷的身体，异常美丽，这在鸟类中是罕见的，尤其是美丽的鸟嘴在鸟类中是绝无仅有的。

巨嘴鸟为什么会长出美丽的巨嘴呢？对此，鸟类学家解释不一。有的认为巨嘴是一种标志，便于个体之间的互相辨认；有的认为巨嘴是一种装饰，在求偶表演中起作用；有的认为巨嘴是一种威胁的工具，有人曾见到巨嘴鸟将鹰赶走后又洗劫了它的巢穴；有的则认为巨嘴坚硬而轻巧，是巨嘴鸟用来从树枝上摘取果子的工具。

巨嘴鸟虽然荤素都食，但主要食果实和种子，也吃昆虫，偶尔还掠夺别的小型鸟类的巢穴，吃掉人家的蛋和雏鸟。它们的吃食动作与一般鸟类不同，而和犀鸟有点相似，非常有趣。巨嘴鸟在进食之前，先用嘴尖把食物啄成一块一块，然后用嘴尖啄起一块，仰着脖子，把食物朝空中抛去，再张开巨嘴，让食物直接掉入喉咙，吞进肚里，而不必经过那长长的大嘴巴。如果是已经啄入嘴中的小食物，它们就先用带齿缘的嘴将食物移动到嘴尖，然后向上抛起，吞进肚里。

在传播种子的动物中，巨嘴鸟是有点名气的。它们主要以果实为食，而且上下嘴的边缘都有锯齿，能切开较大的果子，却不能消化果子中的种子，因而种子就随着它们飞行时拉的粪便散落在地上，然后发芽生长。据科学家试验，经过巨嘴鸟消化系统的种子容易发芽，而人们直接播种的种子发芽率则较低。

巨嘴鸟与犀鸟一样，喜欢在树洞中营巢，睡觉时将尾巴翘到背脊上，把巨嘴插在翅膀之下。雌鸟每年产蛋2～4枚，孵出的雏鸟容易驯养，成为人们十分喜爱的观赏鸟。

据说，巨嘴鸟的肉味鲜美细嫩，所以成为当地人们最喜食的野味之一。不过，巨嘴鸟生性机灵，攀援及飞行能力都很出色，不容易被捕杀。只有在它们4～6月份换羽期间飞行能力减弱时，才容易捕捉。

（华惠伦）

美丽无比的极乐鸟

~~~~~~~~~~~~~~~~~~~~~~~~~~~~~~~~~~

巴布亚新几内亚是个独立不久的国家。在这个国家的国徽上，有3种标志：长矛，战鼓和极乐鸟。长矛是椰林里捕猎食物、同敌人搏斗的武器；战鼓指挥冲锋和战斗；而人们长期用长矛和战鼓为之奋斗的，正是极乐鸟般的自由幸福生活。

极乐鸟又叫"风鸟"、"天堂鸟"和"神鸟"，这几种名字似乎都带有几分神秘色彩。英国著名学者威勒德·普赖斯在《极乐鸟》一文中，对这类珍禽有十分生动的描述："……赤，橙，黄，绿，青，蓝，紫色的极乐鸟在竞相飞翔；它们时而落在瀑布脚下饮水，时而又进入水中淋浴。天空中布满了美丽绝伦的羽毛，红，绿，金，青绿，紫，碧绿，黄，淡紫，品红，粉，栗……"

英国著名鸟类学家戴维·阿顿巴勒实地考察了极乐

鸟后说，这类鸟可能是世界上最引人注目的美丽动物，也是最风流、最有魅力的鸟类。

极乐鸟的种类较多，已知的有43种，同属于极乐鸟科。这类鸟的大小相差悬殊，体长在16～100厘米之间，较小的似一只知更鸟，较大的像一只鹊。

大多数极乐鸟生活在新几内亚岛，那里是世界上开发较少的地区，是它们的天堂和乐园。这个岛位于赤道南面，有1 600多千米长，绝大多数地区为稠密的雨林所覆盖，众多的极乐鸟就匿居其中。

在43种极乐鸟中，或许下列几种更为出名：

▲ 大极乐鸟

威尔逊极乐鸟是以美国鸟类学家奠基人威尔逊的名字命名的。此种鸟数量很少，羽色五彩缤纷，还有一对鲜艳的呈蓝色的脚，再加上中央一对为体长2倍的尾羽长轴蜷曲成圈，像带有蓝色闪光的金属丝，真是美不胜收，妙不可言。

王极乐鸟体长约20厘米，有深红色的背脊，雪白的腹部，金光闪闪的下颚，鲜蓝色的足，以及绿色的尾羽，顶端卷成一个金盘。平时，雄性极乐鸟喜欢歌唱，还爱表演精彩的扇舞。此鸟常成双成对迎风飞翔，所以又叫风鸟。它们不愿过鳏寡孤独的生活，只要有一只被捉，另一只鸟就会绝食而死。王极乐鸟还有个怪脾气，即孤傲自赏，从不跟其他极乐鸟共栖。可是，当其他极乐鸟

▲ 大极乐鸟

迁徙时，王极乐鸟就一反常态，往往在高空飞行，为极乐鸟们引路，仿佛"王者"一样。

无足极乐鸟个儿较大，体长可达60厘米，头和颈黄绿色，腹部葡萄红色，背、尾栗色，身体两旁是长长的金桂色的绒羽。翩翩起舞时，它的绒羽竖立起来，像两面扇形屏风，又似喷泉那样金光四射，真是漂亮极了。实际上，无足极乐鸟也是有足的。至于为什么叫它无足极乐鸟呢？这是因为新几内亚土著人在将这种鸟运往欧洲以前，已将鸟腿和鸟翼割掉，于是就产生了寓言——这些有时被称作"上帝之神鸟"的飞禽，不需足、翼，它们像云朵般在空中飘游，从来不会坠落大地。英格兰有一位作家认为，极乐鸟"始终逗留于空中，从不着陆，它们无双足，无双翼，只有头、躯体及占比例很大的尾羽"。另一个原因是，这种极乐鸟在飞行中脚被遮掩起来，于是被误认为是没有脚的鸟。

康特拉吉极乐鸟又名普通极乐鸟或极乐鸟，它是巴布亚新几内亚最常见的一种极乐鸟，也是这个国家的象征——国鸟。它也长得十分美丽，在各国自然历史博物馆展出的多半是这种极乐鸟。

除上述4种极乐鸟以外，麦格雷戈极乐鸟（又叫黄头黑嘴极乐鸟）、镰喙极乐鸟、蓝眼暗体极乐鸟和蓝极乐鸟也十分出名。

人们常常把极乐鸟描绘得完美无缺，认为它们不仅羽色鲜艳，而且能歌善舞。其实，极乐鸟的鸣声杂乱无章，不过舞蹈技巧的确很出色。一般动物用双足跳舞，而极乐鸟则用羽毛跳舞。它们有一种特殊的才能，可以颤动云朵般的绚丽羽毛，那熠熠发光、千变万化的色彩，招来了不少小动物，它们仿佛置身于剧院之中，在观赏着节目呢！

　　由于极乐鸟独特的鲜艳华丽的羽色，加上优美动人的舞姿，因而在身价百倍的同时，也招来了杀身之祸。人们大肆捕捉和杀害，以致极乐鸟数量锐减，濒临灭绝。为此，出产极乐鸟的国家已制定保护法规，严格禁止捕杀这种世界名禽。

（华惠伦）

会装死的负鼠

澳大利亚虽然有"有袋类之国"之称，但是有袋类动物并非澳大利亚独有，在美洲热带地区也有一种名叫"负鼠"的有袋类动物，人称它为"美洲袋鼠"。不过美洲袋鼠与澳洲袋鼠不同，雌兽的育儿袋不完全。

负鼠产下幼仔，它们在妈妈育儿袋中度过大约 80 天以后，便争着爬到妈妈背上，常常还用尾巴缠住妈妈的尾巴，让妈妈背负它们行走，所以叫它"负鼠"。稍大一些，负鼠就离开妈妈自己玩耍。

负鼠的头部有点像猪，尾巴似老鼠，个儿如猫或兔子，性情温顺，常在夜间外出，捕捉昆虫、蜗牛、小龙虾等小型无脊椎动物为食。平时，负鼠爱生活在树上，行动十分小心，常常用后脚钩住树枝，站稳之后，再考虑下一步的动作。如果发现树下有入侵者，负鼠会用前肢紧紧握住树枝，并张大两眼，凝视着入侵者的动静。

▲ 负鼠

在全世界已知的 4 000 多种哺乳动物中，论寿命，可能要算负鼠最短了。据来自美洲的最新报道：人工饲养的负鼠，到 4 岁时就算是老年了；而野生负鼠，2 岁已完全老了，相当于人类的 80 岁高龄。最近，美国生物学家对负鼠的寿命又作了进一步的研究，发现大多数负鼠只能活上 1 ～ 2 年，最长寿的一只雌性负鼠"老年 110 号"，也不过活了 28 个月。

在哺乳动物中，负鼠不仅寿命最短，而且怀孕期也最短。这种小兽的正常怀孕期是 12 ～ 13 天，最短的只有 8 天。不过，母负鼠刚产下的幼仔发育十分不完全，个头只有葡萄干那么大，又聋又瞎，循环、呼吸和消化系统都不成熟，骨骼很软，中枢神经系统极不完全，只有前肢比较坚强，能够从妈妈的产道出发，爬上 5 厘米短程，进入妈妈腹部的育儿袋里，通过吮吸乳汁继续发育。

负鼠是一种原始、低等和智力不佳的哺乳动物。科学家通过电脑计算，来估计一种哺乳动物的脑商。这是一种把动物脑子大小与所有同类的其他动物的平均脑的大小相比较的测定法。脑商大于 1.0 者，意味着这个种类的脑子比一般的大；而脑商小于 1.0 者，则意味着这个种类的脑子较小。人类（从生物进化的角度来说，是最高等的哺乳动物）的脑商大约是 7.5，浣熊（产于北美洲和中美洲）约为 1.4 分。那么，负鼠的脑商是多少呢？大约在 0.35 ～ 0.57 之间，也就是说负鼠是一种最低智的哺乳动物。在哺乳动物中，群居社会关系越复杂的种类，它的智力越发达。美国的生物学家研究出一个评定数据："2 ～ 20 分范围"，即 2 分是顶起码的复杂动物，20 分是最复杂的动物。负鼠除母兽与幼兽之间维持大约 3 个月时间的母仔关系外，其余时间都过独居生活，只具备有限的行为表现，谈不上什么复杂的群居社会关系，所以只能得 2 分（最低分），得分最高的当推猿猴，是 20 分（满分）。

负鼠的天敌很多，比如狼、猞猁、狗等。但是它在面临一条猛犬时，明知不是对手也不快逃，反而张开嘴巴，发出嘶嘶声和嗥叫来引敌注意，结果更招致被擒之祸。

不过，据美国生物学家新近考察，发现负鼠对待敌害并非束手无策，否则就不能生存到今天。负鼠的"装死"绝招确实很灵，可以迷惑许多敌害。它在即将被擒时，会立即躺倒在地，张开嘴巴，伸出舌头，眼睛紧闭，将长长的尾巴卷在上下颌中间，肚皮鼓得老大，呼吸和心跳中止，肛门旁边的臭腺排出一种黄色液体。此刻，敌兽或人去触摸它的任何部位，它都纹丝不动。经过几分钟或几个小时，它又恢复正常，看看周围已经没有什么危险，就立即爬起来逃去。负鼠"装死"的情况，与人的癫痫症真是太像了。

那么，负鼠的"癫痫症"为什么发作得如此快呢？据美国动物学家研究，认为负鼠在遭到敌害威胁或袭击时，身体内会很快分泌出一种麻痹物质，这种物质迅速进入大脑，使它立即失去知觉，躺倒在地，佯装死去。这一大自然为负鼠生存安排的天生本能，当然不能说是负鼠的一种智慧。

负鼠个头小，体长约 26 厘米，尾长超过体长，约有 30 厘米。这种小兽性情温顺，长相也美，因而在美洲、特别是美国和加拿大，许多家庭把它视作宠物饲养，供人玩赏。

（华惠伦）

活的挖掘机——鼹鼠

～～～～～～～～～～～～～～～～～～～～～～～～～～～

　　这是一只了不起的鼹鼠，它时而驾着汽车奔驰，时而坐着小船飘荡，它就是《鼹鼠的故事》中的主角，这不过是童话。不过，动物学家告诉我们，鼹鼠确实是一种了不起的动物。它们个头虽小，却有许多大型动物比不上的本领。让我们来看看鼹鼠的本领吧。

　　鼹鼠简称"鼹"，个儿很小，体长不超过 18 厘米，大小如同常见的家鼠。但鼹鼠不属鼠类大家族的成员，而是与刺猬亲缘关系十分接近的小型哺乳动物。属食肉目，鼹科，有好多种，分布于欧洲、亚洲和北美洲温带地区，我国的南方和北方都产鼹鼠。

　　鼹鼠的身体结构十分适合在地下挖穴掘洞。它身体前端由软骨构成的坚韧的光鼻子是天生的钻洞工具。它的颈部又粗又短，肌肉发达，能支撑鼻子向前挖掘。它的头盖骨扁平，脑袋强壮宽阔，适合于挤压和搬运泥土。鼹鼠的主要挖掘工具是前爪。它的前爪有 5 个趾，宽扁呈铁铲状，坚强有力，挖起泥土来很自如。鼹鼠的前爪与它的体形相比，好像大手一样，显得很不协调。它们的

▲ 鼹鼠

腿粗短强壮，有利于掘土时向前推进。多数哺乳动物的脚爪向内生长，而鼹鼠的脚爪却朝外生长，这样的结构适合于向前挖掘洞穴。鼹鼠的皮毛光滑细密，这样，它们在穴道中钻来钻去时可以减少摩擦。

　　人们要建造一幢大厦，除了要依靠建筑工人，还要靠设计师的精心设计。在动物世界，鼹鼠既是"建筑工"，又是"设计师"。为了建造自己在地下的安乐窝，它们会根据不同的需要"设计建造"出两种不同形式的穴道。一种作为永久性的生活住所，这种穴道通常选在茂密的植物区地下，是一个大约半米深的宽敞的大巢穴，里面铺着枯树叶、杂草、苔藓等，又柔软又暖和。另一种是它们为了捕捉猎物挖掘的地下通道，这种秘密地道以巢穴为中心，向四面八方扩散，由两圈环形地道和许多垂直的地道连贯起来。鼹鼠的地道四通八达，就像是地下城市的马路。

　　鼹鼠没有冬眠的习性，但是为了防御寒冬，它们经常挖掘较深的穴道，把食物贮藏在里面，以备随时取用。

所以到了寒冷的冬天，鼹鼠也不用为吃食担心。

一般来说，穴居动物的视力已经退化。鼹鼠也不例外，它的眼睛很小，隐匿在毛中，被一层薄膜盖住，乍一看去，好像是不长眼睛的小动物。鼹鼠的视力很差，只能感受光线的强弱，不能辨别物体的形状和颜色。鼹鼠的视觉虽差，但是嗅觉、听觉和触觉却都十分灵敏，尤其是嗅觉特别好。鼹鼠身上最出色的感觉器官是鼻子尖端的感觉毛，这种感觉毛有灵敏的嗅觉触觉，可以感觉土壤的坚实程度，可以探测猎物的行踪。在夜间，鼹鼠常会碰到狐狸、刺猬等哺乳动物，或者鹰、鸮等猛禽，这时，它们就凭着灵敏的感觉，飞快地奔逃、跳跃，有时一下子能跃 20 厘米远。遇到池塘、河流，它们会立刻下水游泳，逃离险境。

有时候，被敌害逼得走投无路，鼹鼠也会凶相毕露，用自己坚强的爪子和尖利的牙齿进行反击。鼹鼠共有 48 颗牙齿，排列紧密，锐利如针，在使用时也不会磨钝，这是由于牙齿能不断生长的缘故，这是典型的食虫类动物的特点。依靠这口利齿，它可以轻而易举地咬碎昆虫的甲壳、蜗牛硬壳。鼹鼠喜欢吃各种昆虫的成虫、蛹和幼虫，还捕食各种蠕虫、蛞蝓、小蛙、无毒小蛇，还会捕食田鼠和其他小兽以及小鸟。鼹鼠辛勤挖掘，势必要消耗很多体力和大量能量，这就需要多吃食物来补充。鼹鼠的胃口大得惊人，每天吃掉的食物与自己的体重相等，甚至超过自身体重。科学家曾经做过这样的实验，在 12 小时内不供给鼹鼠食物，鼹鼠会精神不振，甚至活活饿死。

　　鼹鼠对于人类究竟是有功还是有过？这个问题在科学家中间还有不同的看法。早在 18 世纪时，人们就利用鼹鼠的毛皮来制造裘皮，做成衣服。这种地下小动物的毛皮柔软得像鸭绒，光滑得像绸缎，很受讲究穿着打扮的欧洲妇女的欢迎。从生态平衡的角度来看，鼹鼠吃掉大量昆虫，这些昆虫都是庄稼、森林的害虫，因此作为捕捉害虫的能手，它对农林业生产有利。当然，它们在挖掘地下穴道的时候，有时也会切断一些植物的根部，会给庄稼造成局部损失。不过总的来说，鼹鼠对于人类还是功大于过。

（华惠伦）

可爱的小熊猫

～～～～～～～～～～～～～～～～～～～～～～～～～

　　小熊猫的身价虽不及大熊猫、金丝猴、白狮、白虎等，但深受游客尤其是小朋友们的喜爱。

　　小熊猫属食肉目、浣熊科，是产于东亚的小型珍贵动物。小熊猫主要有两个亚种，指名亚种产于缅甸、尼泊尔、阿萨密等；川西亚种产于我国四川省、西藏自治区、云南等省。因此，也可以说小熊猫是喜马拉雅山脉和横断山脉的特产动物。小熊猫体长 51 ～ 73 厘米，尾长 40 ～ 49 厘米，体重 4.5 ～ 6 千克。头短而宽，面孔近圆形。四肢短而粗壮，都具 5 趾，爪能伸缩。尾长而粗大，有棕红色与沙黄色相间的 9 节环纹，被毛红棕色，雌雄毛色相似。故有"九节狼"、"黄腰狸"之称。小熊猫被列为我国珍贵保护动物，国内动物园几乎都有展出。建国几十年来，随着对外文化交流的需要，小熊猫作为珍贵动物和礼品动物在国际上赠送或交换，颇享盛誉。

1995 年上海野生动物园开园时，小熊猫展区的笼舍建造得很结实漂亮，由钢筋混凝土浇筑而成，有点像北京天坛的缩小模型，但夏天闷热，

▲ 小熊猫

小熊猫容易中暑。冬天朝北的笼舍异常寒冷，小熊猫在夜晚受寒后易患肺炎死亡。这是因为小熊猫对严寒和酷暑的抵御能力都较差。它们生活栖息地的气温变化不大，夏季一般不超过 30 ℃，冬季在 0 ～ 10 ℃之间。每年冬、夏季节小熊猫便选择枯树洞或岩洞为巢穴。小熊猫地理分布较为广泛，一般生活在海拔 1 400 ～ 4 000 米高山的灌木茂盛、竹类丛生的混交林中，因其活动受地貌、植被、气候、环境等自然因素的综合影响，生活的海拔垂直高度伸缩范围较大。小熊猫栖息处的植被为针叶林或针阔混交林，栖息地植被郁闭度 0.3 ～ 0.6，箭竹的覆盖度一般在 60% 左右。在小片树林夹杂中的竹丛也可供其觅食和活动。小熊猫的活动区域比大熊猫大得多，其数量也多得多。

虽然小熊猫属食肉目，但在长期自然选择的过程中，它们逐渐适应了自然环境的变更，成为既食动物性饲料，

▲ 小熊猫

又食植物性饲料的杂食性动物。它们的植物性食物有冷箭竹、大箭竹等的竹笋、嫩枝、竹叶，也觅食树叶、果实、昆虫、小鼠、小鸟、鸟卵及动物尸体等。

小熊猫在动物园内繁殖成功的报道较多。小熊猫的发情期一般多在2～3月份，发情持续期仅一天左右。幼龄小熊猫不表现性行为，20月龄后性成熟，在发情期内有性行为的表现。小熊猫孕期为120～150天左右，每年一胎，每胎1～3仔，大多为1或2仔。胎儿初生重在170～210克左右，体长9.5～15厘米。胎儿产后26～30天睁眼，4个月能独立生活。在自然条件下，幼仔随母兽生活的时间长达1年。1997年夏季，上海野生动物园的6只小熊猫幼仔由于种种原因失去母爱，人们将6只幼仔集中在一起人工饲养，选择进口的狗奶粉加乳酶生喂养，3小时一次。两个月后添加米粉和苹果泥，再逐渐过渡到精料和竹叶，用此法成功养活了6只幼仔。小家伙们与饲养员感情还不错，晚上饲养员值班时竟然爬到饲养员身边睡觉。有的小熊猫第一次当妈妈，还不知道怎么做母亲，把幼仔放到一边不闻不问，不给幼仔喂奶，这时，人们就必须当机立断地将幼仔取出人工喂养。

后来，野生动物园又将小熊猫的展区搬迁至现在的狐猴岛内，围栏为高度1米不到的水泥墙。可是没过多久，人们就放弃了这个新的展区，因为迁到新展区后每天早晨饲养员上班的第一件事就是清点小熊猫的数量，然后出去满园寻找。原来小熊猫在夜间早已越过围栏逃出了狐猴岛。小熊猫在地面行走时显得笨头笨脑，可在树上却行动敏捷，其脚上长有毛，可防在树枝上行走时滑落。

（陈晓兰）

大熊猫的繁育

～～～～～～～～～～～～～～～～～～～～～～～～～～～～～

　　大熊猫是世界上的动物明星，但它的性情孤僻，喜欢独来独往，这使它一到成年以后，择偶配亲便十分困难，有许多人为它们的婚配日夜操心。

　　上海动物园曾有一头雌性大熊猫，因黑色毛中杂有白色，饲养员给它取了个雅号叫"花妹"。花妹成年后，饲养员为它物色了一头美貌的雄大熊猫"川龙"。花妹自己长得并不美，但择偶要求还挺高，根本看不上川龙，对川龙温柔、体贴的追求无动于衷。上海动物园自己只有一头雄大熊猫，只好舍近求远，到千里之外的大熊猫故乡——四川动物园去为花妹找婆家。

　　花妹在饲养员的护送下，来到四川动物园，为它选择的第一对象是体壮色美的"欢欢"，结果也是碰了一鼻子的灰，花妹对着欢欢就是"呼——呼——"地吹气发脾气。当时四川动物园只有两头雄大熊猫，另一头因头歪，人们叫它"斜头"。斜头貌不出众，性格更孤僻。眼看花妹的发情季节就要过去，饲养员们被迫无奈，只好去试一试。他们把斜头送入花妹笼中，那斜头一步一歪进入"洞房"，它大概也有点自知之明，见到新娘更有点胆怯，远远蹲在一角。没想到花妹对这位斜头新郎倒是一见钟情，主动上前嗅嗅闻闻，弄得斜头更是惊慌，到处避让，两个人好像在捉迷藏。好在它们并不打架，就把它们饲养在一室之中。直到第三天后，斜头和花妹才开始亲昵地嬉闹玩耍，互相拥抱、翻滚，沉浸在热恋之中，这真是有缘千里来相会！不久花妹接受了交配，结束了蜜月生活。

鉴于在南方产仔时正值炎夏，气候闷热，动物园决定让花妹上避暑胜地庐山去坐月子。又怕一路运输，有损胎气，所以一路上，每到一地都在当地动物园休息上几天。如此小心翼翼，最后一站到南昌，又在南昌动物园休养了几天，才安全抵达庐山饲养场。花妹在庐山饲养了两个月后，却未见动静，人们不免怀疑起是否真正怀孕了。直到产前的 3 星期，花妹的胃口起了变化，吃东西挑肥拣瘦，嘴越来越刁，才证实了花妹确实有孕，分娩在即。大熊猫妊娠期不一，长的 170 多天，短的 90 多天，花妹的妊娠期是 137 天。

花妹临产的这一天，几乎不吃不喝，甚至拒食，专心致志地等待"婴儿"降生。令人惊奇的是熊猫产仔全不像有些动物那样痛苦而艰难，竟像子弹出膛似的"射"

▲ 大熊猫

了出来，射了足足有 1 米多远，吓人一跳！据说，有记载熊猫产仔时有射了两米远的。花妹产仔在繁星明月夜，故幼仔取名为"明月"。幼仔全身粉红色，仅有稀疏的白色胎毛，小头大腹，尾粗。体重仅 100 克，身长 17 厘米，前肢仅 15 厘米，后肢长 2 厘米，腹围 10 厘米，一条尾巴 1.5 厘米。有人说熊猫"婴儿"有 3 怪，一是小得可怜，仅母体的万分之几；二是全身裸红似肉蛋；三是个子虽小叫声响，声响如小狗吠声，最多每小时叫 125 声，但随着长大，叫声减少减弱。

花妹爱仔如命，仔兽落地后哇哇大叫，它就叼起用前肢抱在怀里。雌熊猫有 4 个乳房，两个在胸，两个在腹。仔兽吃上奶就不叫了，所以只要"明月"一叫，花妹马上就用手掌托住，窝在胸前喂奶。有时自己困得昏昏欲睡，还不肯把仔兽放下，甚至连自己大小便、吃食时都不肯放下。只要幼兽一发叫声或爬动，母兽立即调整姿势，使幼兽更舒适，或马上哺乳，或舔吮肛阴部，促使幼兽排出粪便和尿。明月拉屎排尿，都由熊猫妈妈为它舔出，所以母兽极易疲劳。花妹带明月过度操劳，加上产后感染，突然发起高烧，最后抢救无效，丢下明月去世了。明月才 8 日龄，它的耳朵、眼圈和四肢刚开始变黑，双眼还紧闭着，没见过妈妈一面，体重也仅200克。

于是，一位女饲养工程师替代熊猫妈妈，夜以继日地怀抱明月，用加了蜂蜜、葡萄糖、维生素的牛奶，慢慢滴灌明月，开始一天喂10次。星移斗转，明月慢慢长大了。70日龄后，明月已经会爬行了，90日龄时刚会四肢站立行走，100日龄时长出了两对乳牙，开始学着啃苹果，120日龄时长出了6对乳牙，开始吃竹叶和稀饭。到一周岁时它已是很"俊"很"帅"的小大熊猫了。

（沈　钧）

短跑冠军——猎豹

猎豹与虎、狮等同属于食肉目猫科动物。它外形上大体像豹，但身材比豹瘦削，四肢和尾巴比豹长，趾爪较直，不像其他猫科动物一样能将爪子全部缩进。它个头不大，体长 120～130 厘米，体重约 30 千克，尾长约 76 厘米，站立时肩高约 75 厘米。全身毛色淡黄，并夹杂有许多小黑斑点。头小而且圆，鼻梁外侧有两条黑色竖状条纹，头部和身体有些像猫，4 条腿像狗，叫声像美洲虎，但有时也会发出鸟鸣似的"唧唧"声。猎豹主要分布在非洲的草原地带，栖息于有丛林或疏林的干燥地区，平时独居，仅在交配季节成对出现，也有由母豹带领 4～5 只幼豹组成的群体。曾经是猎豹进化舞台的中东和南亚现今几乎没有猎豹的分布了。

猎豹身上独特的斑点、柔软苗条的身材、小小的头部和长在头部前上方的眼睛，以及小而平的耳朵，都是它区别于其他猫科动物的显著特征。猎豹的捕食方式与狮、虎、豹等猫科动物不同，它基本上是单独地在开阔的草原上，搜索疏于警惕的猎物。它的视力很好，能够发现远处的猎物。一旦发现后，它不是立即猛追，而是先悄悄地接近猎物，到距离 80～270 米时，

▲ 猎豹

才飞奔并扑向目标。猎豹依靠这种高速追捕的本领，虽然容易猎取到食物，但是消耗的能量却远远超过其他猫科动物。因而在捕到猎物后，它并不像其他猫科动物那样马上撕食，而是先在猎物旁边休息一段时间。因为在高速运动后突然停顿下来，心脏会跳得极快，呼吸也会十分急促。通常，猎豹是"孤军奋战"的，它独立捕食鹿、羚羊等中小型食草动物。但有时遇上比自身大得多的猎物，如大羚羊、角马等，它们也会几只猎豹一起协同作战，把对方杀死。爪子是猫科动物捕猎和搏斗的武器，而猎豹的爪子与众不同，不能自由伸缩，像犬爪一样，随时可见。这种爪子虽然在快速奔跑时很有用，可以抓住地面，有利于前进，但是时间一长容易钝化，会影响捕猎效果。猎豹还有个秘密武器——前肢内侧有特殊的致命的残留趾，用来追捕正在逃命的猎物。

猎豹是世界上跑得最快的动物，它高速奔跑时扬起的尘埃和灰土好似云雾一般，因此有人说它会"腾云驾雾"地追捕猎物。猎豹的奔跑时速可达 100 千米以上，在 20 世纪中后期，科学家们又在野外对猎豹的奔跑速度进行了反复观察和测定，测出猎豹在崎岖不平的原野上，短距离的奔跑时速可达 130 千米左右，它的每一奔距竟达 7.01 米。同时还测出了猎豹的加速能力，它可以在即将捕到猎物的不到两秒钟的瞬间，将时速从每小时 1.61 千米跃增到 64.37 千米。这种惊人的加速能力，不但称雄于动物世界，而且在汽车世界里也是极难找到的。

　　猎豹的超速奔跑本领是从何而来的呢？动物学家告诉我们：这种动物主要生活在干旱、开阔的草原地带，这就迫使它们必须具备高速追击的本领，才能获得食物和逃避敌害。长期保持这种生活方式，渐渐地使猎豹形成了一系列适应快速奔跑的身体结构：骨质很轻，其小巧的头部和凹进的腹部具有流体动力学的特点，是典型的流线型体形；有力的心脏，特大的肺部和粗壮的动脉；它不会缩回的脚爪和特别粗糙的脚掌大大增加了抓地能力；又长又壮的尾巴达到 80 厘米，宛如一个质地优良的风舵，极大地保持了奔跑时的重心平衡，并控制着急转弯造成的离心力；腿与身长的比例是所有猫科动物中最大的，但是长腿并非是快速奔跑的最重要原因，其柔韧的脊椎骨才是快速奔跑最重要的原因。四肢交替活动时，脊柱可以上下弯曲，快速奔跑时，又可以延伸拉长。猎豹高速奔跑时，其后爪能够伸到前爪的前面，后爪落地后，伸展其脊背推动前爪奔向前方，从而产生巨大的速度推进力；奔跑时猎豹同时只有一足触地，中间有段时候还会四肢离地，就像一头不满大地的羁绊、准备起飞的怪兽。猎豹的这些得天独厚的身体结构，使之荣获"奔跑冠军"的桂冠。

高速奔跑需要消耗大量的能量，猎豹以最高时速只能奔跑 500 ～ 800 米，所以猎豹捕猎只能在 15 ～ 30 秒内完成。猎豹在一次捕猎之后相当疲劳，其呼吸速度可达到每分钟 130 ～ 150 次，必须休息 5 ～ 30 分钟才能恢复体力。猎豹具有亡命追逐的天性，它们可以长时间滴水不喝，甚至在最酷热的季节，四五天不沾水也是常事，忍受饥渴成了天性。但身体的呼吸系统在达到时速 100 千米以上时会出现虚脱症状，犹如风箱在超负荷运转，身体无法把囤积的热量大面积排出，所以猎豹只能短跑几百米，之后便自动减速，以免因过热而死。猎豹虽有"奔跑冠军"之称，但仅指其短跑而言，它的长距离奔跑速度平均只有每小时 60 千米，与鸵鸟的速度差不多。因此，猎豹是名副其实的短跑健将。

（许建中）

美洲狮和美洲虎

~~~~~~~~~~~~~~~~~~~~~~~~~~~~~~~~~~~~~~~

　　狮子，人们在动物园和自然博物馆里经常见到。而美洲狮人们就比较陌生了。其实，美洲狮不是真正的狮子，只是因为它的外貌有点像狮子，产在美洲，所以得名"美洲狮"。再从动物分类上来说，狮子和美洲狮虽同属猫科，但前者是豹属的成员，与老虎、豹子等是一类，而后者则是猫属中的一员，外貌更像猫，与野猫、家猫是同类，只是它个儿大，因而又名"山猫"。

　　美洲狮分布在南美洲和北美洲，生活在热带森林、广阔草原、干旱沙漠、沼泽地带、高原山区等多种环境。栖息环境的多样性，造就了美洲狮外貌、个头和毛色上的差异。

　　雄性美洲狮比雌性美洲狮个儿大，它的体长在1.0～2.7米之间，体重为70～100千克，与豹子的个儿差不多，稍小于美洲虎，在猫属中算是个大个子了。

▲ 美洲狮

在动物世界里，美洲狮素有"爬树能手"之称，具有一身轻功，极善攀缘、纵跳和爬树。它一跃，能够达 12 米远；往上一跳，可跳至 4 米高的树枝上；朝下一冲，不费吹灰之力就能够从 6 层高的楼房上跳下去，甚至可以从几十米高的树顶直达地面。此外，美洲狮还能下水。

由于美洲狮有这身技能，加上其生性凶猛，因而成了嗜杀成性的"杂食家"。它主要捕食野生的兔、羊和鹿，也吃蚂蚁、老鼠、鸟和鸟蛋以及北美山犬等，在食物缺乏时，也盗食家禽家畜，甚至连最难对付的犰狳、豪猪和臭鼬，美洲狮也能迫使它们就范。

美洲狮虽然凶猛，但对人却颇为友好，即使猎人在捕捉时打伤了它，它也很少反扑，所以美洲民间称美洲狮为"人类之友"。

全世界只有产在亚洲的一种虎，何来美洲虎呢？

说起美洲虎，还有一个名字叫美洲豹。它的名字上虽有一个"虎"字或"豹"字，但却不是真虎，也不是真豹，而是与真虎、真豹同属猫科的另一种猛兽。从它的整个体形来看接近于虎，而身上的花纹却比较像豹。既然这样，又为何叫它美洲虎或美洲豹呢？据说，因为

▲ 美洲虎

早期南美洲人只听到世界上有虎、豹，而没有见过真虎、真豹，就把它称作"虎"或"豹"，这两个名称一直沿用至今。

虽然美洲虎不是真虎、真豹，但它在动物世界里却颇有名气，非常珍稀，还是西半球最大的食肉兽呢！它的个头小于虎而大于豹，大者体长接近2米，体重可达130千克，而且性情凶猛不亚于真虎、真豹，力气也很大，又能爬树，更善游泳。有一次，一只美洲虎竟将一匹成年马拖到800米以外的河边，再咬着马游到河对岸，然后慢慢撕食。可见它的负重本领和超群的游泳技能。

美洲虎性情孤独，白天常常隐匿在树林中休息，或躺卧在树杈上睡觉，夜间或傍晚单独出来觅食。在水里，它捕食鱼类、较小的鳄鱼和水蟒；在河边，它捕食貘和水豚；在陆地，它捕食鹿和较小的兽类；在饥饿时，它会盗食牛、马、猪、羊等家畜；在受到迫害时，它还会伤人，甚至成了"吃人兽"。不过，吃人的美洲虎是极个别的，其数量远远不能同真虎相比。

美洲虎主要分布在南美洲和中美洲。在美国，美洲虎原来生存在得克萨斯和亚利桑那两个州，但至今已全无影踪。所以有人怀疑，美洲虎可能已经在美国消失了。美洲虎在南美洲和中美洲的处境也不妙，数量在不断锐减。

美洲狮也只存在于大柏沼泽地和佛罗里达沼泽地，数量仅有 30～50 只，真是少得可怜。幸好人工饲养和繁殖美洲虎、美洲狮都已获得成功，可以挽救其灭绝的厄运。

（华惠伦）

长颈鹿和獴狮狓

野生的长颈鹿生活在干旱而开阔的稀树草原地带，常组成 5～10 头的松散群体，有时可达 70 多头。但群体经常变动，并不稳定。白天大部分时间用于采食，虽然它们吃的是树叶，有很多水分，但每天都有规律地喝水。

雄长颈鹿之间很好战，对阵的姿势也非常有趣，长颈尽量伸长，互相碰撞或互相围绕相持不下，但长颈鹿交战决不至于头破血流，通常是一方气馁了便一走了事。

从苏丹至南非洲橘河的非洲各地，不同的生态环境中产有 12 个亚种长颈鹿，它们身上的斑纹形状和大小不一，有斑点型、网纹型、星状型、参差不齐型、污点型等，体型大小也不一样。

长颈鹿有一对视力极好、视野广达 360 度的大眼睛，装在长脖子上，好比"望远镜"架在"瞭望台"上，几千米方圆内的情况一目了然。

▲ 长颈鹿

有人以为长颈鹿个子太高，只能站着入睡。其实，长颈鹿晚上和其他鹿一样要卧下睡觉，只是它的长颈始终警惕地竖直着，偶然太累了，颈才向后倒在背上一两分钟，又竖了起来，一有情况，它长颈向前一摆迅速站起。

长颈鹿在非洲的天敌是狮子，但就单只狮子来说，长颈鹿足以对付。

长颈鹿的心脏搏动有力，血压高达350毫米汞柱，在把血液泵到大脑时，长颈部的动脉分叉成几百条小血管，这使长颈鹿避免了"脑溢血"。而丰富的血管和大面积的颈肤又成了良好的"散热器"，近两米长的气管也成了调节冷热空气的"空调机"，使长颈鹿能在炎热的地区生存。长颈鹿的长颈妙用真不少。

说起长颈鹿，可以说老小皆知。而獾㹴狓呢？人们或许会感到十分陌生，似乎在国内动物园也从未展出过。其实，它是长颈鹿的亲属，同属于偶蹄目中的长颈鹿科。

动物观察家用"珍"、"稀"、"奇"3个字来描述獾㹴狓。

人们把中国的大熊猫、非洲的獾㹴狓和澳大利亚的

▲ 㺢㹢狓

树袋熊并称为世界三大珍兽。其中大熊猫和树袋熊比较常见，而㺢㹢狓则只闻其名，难见其形。

㺢㹢狓虽然是非洲特产动物，但现在的分布区十分狭窄，仅限于扎伊尔和刚果的茂密热带原始森林，它们匿居于密林深处，数量极少，又非常害羞，远避人烟，因而野生的㺢㹢狓很难见到。不仅如此，在世界各著名动物园里也很少露面。据统计，目前全世界大约只有 10 多家动物园饲养和展览这种珍稀动物。

㺢㹢狓与长颈鹿虽然同属一类——长颈鹿科，但是个头大小相差悬殊。它体长约 2.1 米，肩高在 1.5～1.7 米之间，比长颈鹿要矮四分之三。就体重来说，它为 225～230 千克，最重的也只有 249 千克，而最重的长颈鹿可以超过 1 000 千克。

再说㺢㹢狓的外貌，确实非常奇异。它的整体长相有点像羚羊，躯体略似家马，头的形状则如长颈鹿，顶部的角很短，而且也有一层薄薄的毛皮包覆。㺢㹢狓的身体短而结实，背脊像长颈鹿那样倾斜，脖子比长颈鹿短得多。它耳朵宽阔，脖子上长着短短的鬣毛。它的膝和腿上具有斑马一样的横条纹，十分奇异。难怪人们初次见到它时，竟误认为这是羚羊与斑马的杂交种。

獾㹢狓的躯体为紫褐色或暗栗色，颈脖色泽稍淡，头部侧面呈淡灰或灰白色，四肢下半段为白色，上半段则为紫褐色并杂有白色条纹，像这样体色的动物，在哺乳动物中可能是独一无二的。

獾㹢狓性情孤僻，胆子很小，行动十分小心谨慎。白天在密林深处睡觉或休息，早晚才出来觅食活动，主要吃胡萝卜、苜蓿和金合欢属植物的叶子。它的舌头很长，可以自由伸缩，加上脖子又比较长，所以，在采食高处食物时就相当灵活和方便了。

在大多数情况下，獾㹢狓是单独活动的，偶尔也成对在一起，但是从来没有看到它们成群活动。这种珍兽还有一个怪现象，就是没有固定的繁殖季节，与人类相似。据美国圣迪戈野生动物园实践，雌性獾㹢狓的怀孕期为 13.5～14.5 个月，每胎只产一仔，体色与"妈妈"相似，只是颜色稍深一些，随着成长逐渐转淡。

（华惠伦　沈　钧）

跨越琼州海峡的海南坡鹿

～～～～～～～～～～～～～～～～～～～～～～

    海南坡鹿与大熊猫、金丝猴同属国家一级保护的珍贵野生动物，是世界濒危物种，在我国仅分布于海南岛，因其数量稀少而引起世人瞩目。

    历史上，坡鹿曾广泛地分布于海南各地。据历史文献记载，乐会、定安、崖州、陵水、万州、临高、澄迈、感恩、儋州、琼中等地都曾有坡鹿分布。直至 20 世纪 50 年代初，还能看到这样的情景：在有些地区，人们往往发现傍晚牛群归村时，野生坡鹿会随着黄牛一起归宿于牛栏。坡鹿还在屯昌、儋县、白沙、昌江、东方、乐东等 6 个县 20 个乡镇的范围内广有分布，活动总面积达 200 ~ 300 平方千米，但数量估计只有 500 余头。后来由于大规模围垦造田，缩小和破坏了坡鹿的生存环境，再加上乱捕滥猎，以致数量急剧减少。坡鹿特别是幼鹿的天敌是蟒蛇、野猪和狗，而它们最大的天敌却是我们人类。对当地一些人来说，坡鹿是灵丹妙药，鹿茸、鹿胎、鹿骨、鹿血、鹿鞭、鹿心、鹿筋、鹿皮、鹿尾都成了贪婪的人们觊觎的珍品。坡鹿由成片分布逐渐缩小到两个点：一是白沙的邦溪，另一是东方的大田，总数也就是五六十头。为了拯救这一世界性濒危物种，1976年广东省分别建立了大田、邦溪两个省级自然保护区，分设两个保护站负责保护坡鹿。

虽然保护区坡鹿的种群数量已恢复到一定的水平，但根据物种漂移理论及有效种群的概念推算，坡鹿的安全自然种群应达到1 250头才算脱离危险。此外，修建围栏将坡鹿隔离保护是当时行之有效，但却是不得已的做法。目前坡鹿的种群数量早已超过了围栏的负载量，导致植被退化，繁殖力下降，死亡率增高。

还有一种有效的保护措施就是迁地保护。迁地保护从1990年底开始，先后向7个点迁移了坡鹿。1995年上海野生动物园引进10只（6雌4雄），移居上海的海南坡鹿的命运如何呢？

1995年冬季，有4只雌鹿因不适应上海地区的气候而死亡。1996年10月曾产下1仔，但幼鹿未哺育成活。经过专家的研究，坡鹿栖息于海南

▼ 海南坡鹿

热带雨林，年平均气温 24.5 ℃，极端最低温度为 5 ℃，而上海地区冬季最低气温可达－3 ℃至－5 ℃。估计两地间的温差悬殊会影响到坡鹿的生长。实践得知，坡鹿对温度十分敏感，晴天气温高时，坡鹿活动频繁，食欲良好；相反，雨天低温时，则活动少，食欲欠佳。上海野生动物园的工作人员每天在 16：00—19：00 之间随机记录笼舍内外温度及坡鹿动态，结果得知，环境温度 0 ℃以上为其最佳适应温度。海南坡鹿还有一个特点是春夏交配，秋冬产仔，和许多其他鹿种秋冬交配、春夏产仔刚好相反。这种反季节的繁殖习性，是长期适应海南岛热带环境的结果。海南岛的春末夏初是旱季，坡鹿食物缺乏，体质较差，不利于产仔和哺育幼仔。而秋冬季节是雨季，正是草木繁荣的时期，坡鹿食物充足，身体健壮，因而有利于怀孕、产仔和哺育。

在总结失败的教训的基础上，根据海南坡鹿的生物学特征，并结合上海的气候、地理条件，饲养人员制订了一套行之有效的方案，比如在饲养管理过程中加强温度的控制以及在冬天种植黑麦草等。1997 年，坡鹿产仔两胎（共 2 头），仔鹿全部存活。这一成功必将对坡鹿这一濒危物种的保护和种群的扩大产生积极的影响。至 2003 年 12 月，坡鹿群数量达到 18 只。然而，在上海的坡鹿仍然是一个很脆弱的群体，仍处于濒危状态。因为它们都是近亲繁育，遗传多样性单一，因此，如患上某种流行病或寄生虫病，即可能造成严重的后果。海南坡鹿仍需人类无微不至的呵护。

2003 年 7 月，22 头大田国家级自然保护区内的野生坡鹿又被疏散到东方市东河镇猕猴岭坡鹿保护站。其中 3 头坡鹿带有在美国定制的无线电项圈，以便追踪坡鹿行踪。让我们衷心地祝福美丽的海南坡鹿重返自然后能健康地成长、繁衍，恢复昔日的辉煌！

（谢春雨　许建中）

 知识链接

生活环境

坡鹿栖息在海拔 200 米以下的低丘、平原地区。性喜群居，但长茸雄鹿多单独行动。坡鹿喜集聚于小河谷活动，警觉性高，每吃几口便抬头张望，稍有动静便疾走狂奔，几米宽的沟壑一跃而过。取食草和嫩树枝叶，也喜欢到火烧迹地舔食草木灰。发情交配多在 4—5 月份。在发情期，雄性之间为独霸雌鹿群而发生激烈格斗。孕期 7—8 个月，每胎 1 仔。坡鹿分布范围狭窄，数量很少。

麋鹿回归家园

～～～～～～～～～～～～～～～～～～～～～～

　　麋鹿在动物分类上属偶蹄目，鹿科，草食性哺乳动物，是我国一级保护动物。它的角似鹿非鹿，颈似骆驼非骆驼，蹄似牛非牛，尾似驴非驴，什么也不像。长达80厘米的鹿角与其他的鹿不同，主干在前，无眉叉，每年1月开始萌出鹿茸，4月底逐渐脱去茸（角的表皮）变成硬角，12月底又脱下硬角。雌麋鹿无鹿角。肩高0.8～1.2米，体长1.6～2米，体重150～200千克，雌鹿体型较小。麋鹿尾巴长50厘米，是鹿类中尾巴最长的鹿。麋鹿蹄子宽大，适应在平原沼泽环境中生活。麋鹿的冬装是呈棕灰色的长毛，褪去后的夏装则是红棕色的短毛，背部中间还镶嵌着一条黑色绒毛，漂亮极了。它们平时性情温驯，但在夏季的发情期间，雄麋鹿为争夺配偶会变得凶猛好斗。雌麋鹿的怀孕期要比其他的鹿类长，妊娠期 9 个半月，产仔期在 3～6 月份。每胎一仔。雌麋鹿的性成熟为 15 月龄，雄麋鹿的性成熟期稍晚些，这与它们的体重或体质有关。寿命一般约 20 年。

麋鹿在上海动物园已饲养、展出 30 余年。最初从北京动物园引进的一头雄麋鹿，通过饲养员的悉心饲养，已长成一个棒小伙子了。半米多长、呈三叉型的鹿角，粗壮而又对称，显得十分威武。然而，空房之中无佳偶，这位孤独的单身汉默默地度过了多年的寂寞生涯。直到 1985 年 8 月 24 日，英国乌邦寺的两头雌麋鹿来到

▲ 麋鹿

了上海。从此，麋鹿苑充满了生机。这对新客人都刚满周岁，到动物园不久便与雄麋鹿合笼饲养。孤独已久的小伙子见到这两位"海归"的姐妹后，立即向她们表示了自己的爱慕之情。

作为新婚之居的鹿苑十分宽敞，面积达 2 500 平方米，内有 3 间卧室，1 个人工山洞，外带 1 个小型泳池。鹿苑中的运动场宛如一把扇子，场内有 3 株高大的梧桐树，在赤日炎炎的盛夏季节，它们便可以躺在树荫下享受凉风吹拂的快意。除居室宽敞外，它们的伙食也很丰盛。每天一头公麋鹿要吃颗粒料（配比好营养成分，并制成颗粒状）1.5 千克，苹果 1 千克，鲜草（禾本科植物

为主）20 千克。雌麋鹿体形娇小，饭量要比雄麋鹿少三分之一。

两头母麋鹿各自怀胎 9 个半月后，分别在 1987 年 3 月 3 日和 3 月 13 日顺产了两位千金。刚生下的仔麋鹿身高 55 厘米，8 千克重，身披鹅黄色的绒毛，绒毛上还散落着白色的斑点"印记"。一条又长又宽的尾巴格外显眼。仔麋鹿出世后 2.5 小时就能站立起来，步履蹒跚，用一双又黑又大的眼睛，迷惑地张望着周围这个新奇的世界。孩子是母亲身上的肉，母麋鹿非常疼爱自己的宝贝女儿，就连仔麋鹿在肚子底下吃奶时，它们也毫不放松警惕。仔麋鹿在一周龄内除了吃奶，大多数时间处于躺卧状态，1 周后随着活动时间的增加，仔麋鹿也开始练习吃草了。

麋鹿在上海动物园内年复一年地生息繁衍着，它们不但已适应了这里的气候、环境、饲料，更是尽情地享受着饲养员的爱心和关怀。瞧，它们有些在吃着草，有些在闲庭信步，有些则三五成群地卧在树荫下，嘴唇还不时地在蠕动（反刍行为），似乎在说："在家的感觉真好啊"！

麋鹿的经历充满着传奇色彩。据科学家考证，早在三千多年前，我国黄河、长江中下游地区就有麋鹿，汉朝以后逐渐减少，以后在野外竟销声匿迹。然而，古时的皇帝喜欢狩猎，无意中圈养保存了麋鹿。1865 年，法国传教士阿尔基德·大卫神父首先在北京南郊的御猎场"南海子猎苑"发现了 120 头麋鹿，并撰文向全世界作了介绍，可麋鹿的厄运也从此开始了。1900年八国联军入侵北京，南苑最后一群麋鹿被洗劫一空。1920年国内的最后1头麋鹿在北京万牲园死去。至此，中国大地上的麋鹿全部灭绝。流落在国外各地的麋鹿也朝不保夕，只有英国贝福特公爵在私人别墅乌邦寺动物园里饲养的18头生长良好，繁殖迅速。1956年和1973年，英国伦敦动物学会为表示友好，先后两次赠送给我国4对麋鹿。这样，离乡背井半世纪的麋鹿，终于回到了故乡。

麋鹿真正意义上的返回祖国是在1985年8月24日，22头麋鹿从英国乌邦寺运抵北京南海子麋鹿苑（其中的两头雌鹿来到了上海动物园，才引出了麋鹿扎根上海动物园这段佳话）。不仅如此，1986年、1987年又从英国两次引进麋鹿共57头（13雄44雌）。分别饲养在北京南海子麋鹿苑、江苏省大丰麋鹿保护区。如今，麋鹿保护事业受到国家的方方面面的重视和关心，麋鹿的种群很快地在扩展，如增加了湖北省石首、河南原阳的麋鹿散养基地，加上全国十几处动物园形成的小种群，麋鹿数量已超过千头。更有意义的是大丰保护区的小群麋鹿野生试验也取得了成功。至此，麋鹿才在真正意义上回归了家园。

（蒋南鹤）

北美洲驼鹿

驼鹿是一种草食性哺乳动物，喜欢生活在寒带森林和多淡水水域的地区。美国的缅因州北部地处寒带，森林附近又有许多池塘、湖泊和沼泽地，加之这里人烟稀少，大气及水质几乎没有污染，所以是驼鹿生存的理想之地。

由于驼鹿个儿大，肉可食用，皮能制毯，又是动物园中的重要观赏动物，因此，早在 19 世纪前，缅因州的猎手就大量捕杀驼鹿，使它濒于灭绝。面对现实，缅因州政府自 1930 年起，颁布绝对禁止捕杀驼鹿的法令。到 1950 年，这个州的驼鹿上升到 2 000 头，1966 年增至 7 000 头，1971 年又增加到 13 000 头。现在缅因州的驼鹿数保持在 20 000 头左右，该州又成了驼鹿的乐园。

缅因州人民称驼鹿为"水陆皆能"的动物，别看它躯体巨大，每年5月开始就在池塘、湖泊中跋涉、游泳、潜水、觅食，行动轻快敏捷，一次可以不知疲倦地游泳20千米，并能潜入5.5米深的水底觅食水生植物，然后升出水面呼吸和咀嚼食物。到了陆地上，驼鹿的行动跟在水里一样自如，既能伸长

▲ 驼鹿

脖子，甚至跃起前身吃树上的嫩枝嫩叶，又能快速奔跑，时速可达55千米以上，相当于汽车的一般行驶速度。

公驼鹿平时是孤独者，不与其他驼鹿合伙，而母驼鹿却爱热闹，多半与幼驼鹿一起活动。每当繁殖交配期间，公驼鹿追逐和围集母驼鹿，场面异常热闹。在秋天发情期内，公驼鹿显得特别兴奋、活跃，嗅觉也格外灵敏，能在3千米外闻得母驼鹿的存在，于是热切地匆匆赶来，挥舞头角，并发出阵阵"哼哼"的鼻声。当一头公驼鹿向母驼鹿求爱时，其他的公驼鹿会立即以自己巨大的角去拦阻，并大声咆哮，于是激烈的争雌格斗开始了。

两只雄驼鹿"醋意浓浓"，双方以角猛烈地挤击情敌，连续发出"噼啪噼啪"的击角声，人们在远处一闻其声，就可知道驼鹿在格斗了。在一般情况下，两雄格

斗至多偶尔一雄受伤。可有时候，双方因角击久久不息，难解难分，导致双方的角绞在一起无法脱离，遭受饥饿和疲劳，时间僵持过久，最后以双双死亡告终。说到这里，还得提一下驼鹿的角型。驼鹿不仅个儿最大，其角在鹿类中也是首屈一指，呈扁平的铲子状，中间宽阔像仙人掌，四周生出许多尖杈，最多可达 30～40 个。每个角的长度可超过 1 米，最长的可达 1.8 米，宽度能达 40 厘米，两只角的重量有 30～40 千克。正因为驼鹿角巨大而多杈，所以在格斗时角会绞在一起。

雌驼鹿选择获胜的公驼鹿结缘交配，经过 8～9 个月的怀孕期后，几乎所有"产妇"在春天的同一时间里到传统的产仔地产仔。一般每胎 1～2 仔。有趣的是，偶尔会产下一只全身白毛的驼鹿，人称它"白驼鹿"或"白化驼鹿"，显得格外珍贵，因为在大约 1 万头驼鹿中只有 1 头是白驼鹿。

母驼鹿与仔驼鹿骨肉情深。母驼鹿会以自己生命来保护儿女。例如，在缅因州北部，有人目击一辆汽车由于疏忽，突然停留在一头母驼鹿与它的仔驼鹿之间。母驼鹿一见这鲁莽的"来犯者"，怒气冲天，立即用前脚猛踢汽车，把汽车的车皮踢了几个凹痕，直踢得自己脚蹄断落，跌倒重伤。

在缅因州北部，驼鹿很少有自然敌害，它们的主要敌人是来自地上螺类中的微小寄生虫——脑膜蠕虫。这种小虫能袭击驼鹿的脊髓和脑子，使其神经迷乱而不能辨别行动的方向，丧失肌肉协调，最后死亡。

由于缅因州驼鹿种群数量的日益增加，狩猎者纷纷向政府提出要求：应该利用驼鹿资源，恢复狩猎事业。为了妥善解决这一问题，缅因州政府会同州野生动物管理机构、生物学家共商此事。最后决定，在人工控制驼鹿栖息地的生态平衡——驼鹿的自然增加数、实际能捕驼鹿数、自然可提供驼鹿的食物量三者协调的情况下，保护与利用相结合。因为一头成年的驼鹿，每天大约要吃 50 ～ 60 磅植物，一旦驼鹿的数量超过自然植物的提供量时，势必出现大批驼鹿饥饿以致死亡，造成资源浪费。所以要合理捕猎，既保证驼鹿有一个相对稳定的种群数量，又可以发展狩猎事业，做到一举两得。自 1980 年恢复捕猎驼鹿以来，因为强调合理利用，所以缅因州的驼鹿数量始终保持在 2 万头上下。

（华惠伦）

大嘴巴河马

~~~~~~

　　动物园的河马池畔，往往观众甚多。他们观看河马，并非它美得可爱，而是它丑得出奇。它那肥厚而浑圆的体形，活像硕大无比的猪。

　　在世界陆地动物中，除了大象之外，要算河马和犀牛最大了。河马体长 3～4 米，肩高只有 1.5 米。关于它的体重记载不一：有的说 3～4 吨，有的说可达 3 吨，也有的说是 1～2 吨。河马的头大得出奇，光头骨就有好几百斤重。更令人惊奇的是它那一张畚箕状的大嘴巴，张开时上唇可以高过头顶，能张开到 90 度，足够一个小孩站立其中。陆上没有任何动物的嘴巴比它更大了，所以人称"大嘴巴河马"。当它张开血盆大口时，长达 6～7 厘米的犬齿就全部显露出来，怪吓人的。

河马虽属于陆地动物，但它特别爱待在水中。从时间分配上来说，平均每天18个小时在水中，6个小时在陆上。一般等到夜深人静的晚上，它们才上岸寻找青草或芦苇吃。由于这种生活习性，河马的感觉器官长在头顶上，特别适合于水中生活的需要。因为，当它庞大的身躯全部浸入水中时，只要微微露出脑袋，感觉器官正好超过水面一点点。这样，河马既能很好地隐蔽自己，又可通过水面上的眼、鼻、耳，看到外面的世界，呼吸到新鲜的空气，听见周围的动静，真是一举多得。

▲ 河马

河马是非洲特产的动物，仅生活在非洲赤道南北的大河和湖沼等水草丰盛的地方。吃水草、交配、分娩、哺乳都在水中进行。这种巨兽性喜群居，常常是20～30头在一起活动，最多可达上百头。它们在河湖沼泽里生活，不但很有秩序，而且都得遵循一条"家规"：雌性的和幼年的河马占据河流或湖沼的中心位置，年长的雄性河马生活在外缘，年轻的雄性河马离中心更远些。谁要

▲ 河马母子

是违背这一"家规"，就会受到全群河马的一致"谴责"。但是在繁殖季节里，发情的雌性河马被允许进入雄性河马的地盘，并能得到主人的热情接待。相反，如果一头雄性河马闯入雌性的和幼年的河马所占据的中心位置，那里的主人虽然不会驱赶，但它必须遵守"家规"——站立或蹲伏在水中，不准乱碰乱撞。一旦违反了这一"家规"，其他雄性河马就会群起而攻之。非洲还产有一种矮河马，它的体型比一般河马小，仅 1.5 米长，170 千克重，生活在象牙海岸、利比亚与萨拉热窝的丛林沼泽地。矮河马与河马最大的不同点是，它受惊时不是逃入水中，而是逃入树林中，矮河马喜欢陆地生活。

　　每当夜幕降临，河马便从水中出来。每次出水时，河马总是按着年龄的顺序，先小后大，有条不紊，绝不会争先恐后。有时，河马一夜之间可走 30 ～ 40 千米路。待到清晨 4 点左右，河马差不多吃饱了肚皮，便重返它们的水域。河马的胃口很大，一头河马每昼夜至少要吞食 30 ～ 37 千克植物，甚至多达上百千克食物。

母河马的怀孕期为 8 个月，每胎产 1 仔，偶尔有两仔，分娩在浅水中进行。仔河马生下后两眼睁开，前肢站立，后肢匍匐在地上，不断发出仔猪般粗粝的叫声，几分钟以后，它就能在浅水中作潜水动作，两小时后能踉跄地行走，潜入水中吃乳。母河马十分护仔，哺乳期的母河马显得特别暴躁，丝毫不能触犯。有时，母河马会把小河马背在肩上活动，十分有趣。河马的寿命约 40 年。

　　动物学家在观察河马的陆上活动时，发现了一个奇怪的现象，那就是在河马光滑少毛的皮肤上，有时会渗出红色的"血液"，当"血液"越渗越多时，身体变成了暗红色。难道河马真的"流血"吗？经过观察研究，河马"流血"的秘密终于被揭开了。原来，河马的厚亮皮肤没有汗腺，不能像人类那样通过流汗来降低体温和湿润皮肤。当河马待在水中时，缺少流汗这个功能对它毫无影响。可是到了陆地上，皮肤缺乏水分后可能会引起干裂，这时候，河马就通过"流血"来加以弥补。实际上，这种红红的东西并不是血，而是皮肤分泌出来的一种特殊的红色液体。它的作用就像涂在家具表面的油漆那样，能够保护皮肤，防止皮肤干裂。

（华惠伦）

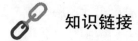

知识链接

分布范围

在冰河时期末期，河马广泛的分布于北美洲和欧洲。那时河马能在寒冷气候生存。现在河马生活在乌干达、苏丹、刚果北部、埃塞俄比亚、冈比亚和南非、博茨瓦纳、津巴布韦和赞比亚。有少数生活在坦桑尼亚和莫桑比克。河马的长牙价值不菲，这是导致河马迅速减少的部分原因。

"六不像"——扭角羚

说起"四不像",许多人都知道它是我国著名的特产动物麋鹿,而对"六不像",大家会感到十分陌生,它究竟指哪种怪动物?其实,"六不像"这个名称不是中国人提出的,而是美国动物学家在我国见了这种奇兽时说的。

1984年,美国纽约动物学会国际野生动物资源保护组织负责人乔治·B·沙勒博士与我国动物学家合作,在四川北部岷山地区考察大熊猫时,意外见到了扭角羚。这种奇兽引起了他莫大的兴趣。沙勒博士经过一番仔细观察后,把这种动物称作"六不像":庞大的背脊隆起像棕熊,绷紧的脸部像驼鹿,宽而扁的尾巴像山羊,两只角长得像角马,两条倾斜的后腿像斑鬣狗,四肢粗短得像家牛。

由于扭角羚外貌的奇特,导致了分类学上的许多麻烦。原先，这种奇兽被与鬣羚、斑羚等放在一起，归入羊羚亚科，因为它们的形态介于山羊与羚羊之间。后来发现，扭角羚和北美洲产的麝牛一样，形态介于绵羊和牛之间，于是把它归入羊牛亚科。但是从扭角羚的形态来看，应该说是像牛的。它体形粗壮，头大颈粗，四肢短粗，蹄子也大，吻部宽厚，稍有毛，颏下稍具须，这些都是牛的特征。不过，扭角羚也不完全像牛，例如尾巴短而多毛，角先弯向两边，然后朝后上方扭转，角尖向内，构成一种扭曲的形状。这些特征与牛显然不同。

扭角羚还被叫作"羚牛"、"牛羚"，是一种大型高山奇兽。雄兽肩高可超过 127 厘米，体重可达 300 千克。雌兽比雄兽大约小三分之一。通常栖息在海拔 3 000 ～ 4 000 米的高山，有季节性垂直迁徙的习性。冬季可下到 1 600 米处。扭角羚和山羊一样，草口很粗，凡是到它宽阔嘴边的植物，几乎都吃。沙勒博士在考察中做了一番粗略的计算，扭角羚的食料至少包括 100 多种植物。它还有嗜盐的习性。

由于扭角羚栖身于山势陡峭、树林茂密、多石崖和沟涧地区，加上这种奇兽性喜隐蔽，因而人们很难见到它们的"尊容"。沙勒博士等人能与扭角羚相遇，实属幸运。

扭角羚没有什么自然敌害，凭借它那强壮的躯体和力气，可以随时赶走前来争食的毛冠鹿、麝、鬣羚和其他有蹄动物。别看扭角羚体态臃肿，步态蹒跚，在需要时能跃过 2.4 米高的树尖，或者用前腿、胸膛去对付一根挡在前进道路上的树干，使之弯曲直至折断。如果一根树干仅在扭角羚的重量下弯曲，它就会跨骑在上面，慢慢地吃食。据沙勒博士测定，扭角羚能用这种办法轻而易举地推弯或折断直径为 12.7 厘米的树干。

扭角羚喜欢群居，一群少则 10～20 头，多则上百头，由雌兽、幼兽和未成年兽组成。吃草和休息时，常由头牛担任"警戒"，警惕性很高，主要怕人类的袭击。不过，平时雄兽喜欢独居，故有"独牛"之称，也有 2～3 头同栖的，称为"对牛"。

▲ 扭角羚

每年 8 月左右是扭角羚的繁殖季节，它们十分热切地四处寻找配偶，雄兽之间不时发生争雌格斗。一般经过几个回合之后，如果一方认输败逃，胜者一方便不再追击。但也有少数自不量力的雄兽，死要面子不肯认输，那么轻者重伤，重者死于情敌之手。

获胜的雄兽与雌兽喜结良缘，双双进入深山密林，秘密完婚。母兽怀孕 8 个多月，一般于第二年 4 月产下仔兽。仔兽稍大一些后，它们的妈妈便把自己的儿女放在一个扭角羚"幼儿园"，由一头扭角羚照管，自己外出觅食或进行其他活动。据说，"独牛"有时会混入家牛群中一起进食，甚至同雌家牛交配。

动物学家主要根据扭角羚的毛色不同，将这个种分为 4 个亚种：产于西藏东南部、云南北部、四川西南部以及缅甸和印度局部地区的喜马拉雅扭角羚，全身毛色深褐；产于不丹和西藏山南地区的不丹扭角羚，肩背部毛色鲜黄；产于四川西部、北部及青海南缘的四川扭角羚，体毛大部橙黄，脸部和身体后部黑灰色，下肢黑褐色，似乎是前半身黄色，后半身黑色；产于陕西、甘肃南部的秦岭和岷山中的秦岭扭角羚，全身都是浅黄或金黄色，没有其他杂色，所以又叫金色扭角羚。这 4 个亚种，我国都产。其中四川扭角羚和金色扭角羚两个亚种是我国特有的。

　　除喜马拉雅扭角羚以外，其他 3 个亚种扭角羚是国际上公认的最稀有动物之一。我国已将所有亚种的扭角羚都列为一级保护动物，并建立了 12 个自然保护区保护大熊猫、扭角羚等珍稀动物。另外还有两个专门保护扭角羚的自然保护区：四川北部的喇叭河，陕西的柞水。

（华惠伦）

亚洲象"版纳"产仔

~~~~~~

　　象的恋爱季节在动物学上称作交配季节。文献上记载亚洲象 10 ~ 12 岁性成熟，交配季节全年不固定，怀孕期 18 ~ 22 个月。每胎一仔。母象"版纳"现年 54 岁，可已当上了外婆，它膝下有 8 个儿女（于 1978 年、1982 年、1986 年、1989 年、1992 年、1996 年、2002 年、2006 年共顺产了 8 头小象），还有外孙两个，这在中国动物饲养史上首屈一指。当然，"版纳"能生儿育女扎根上海，不但显示了野生动物异地保护的成功，也为野生动物学科研究、普及野生动物知识、丰富人民的业余生活做出了贡献。

　　"版纳"的初次发情是在 9 岁时表现出来的，它情绪兴奋、食欲下降、阴道内有白色透明黏液排出、尿频翘尾，特别是脸颊上有一小孔会分泌出稀稠、刺鼻的液

▲ 亚洲象

体等。为此，上海动物园从北京动物园引进了一头公象，它叫"八莫"，产自缅甸，与"版纳"同岁。

"版纳"与"八莫"刚开始共同生活时，相互存有戒心，各玩各的，偶尔碰在一起时或在吃饲料时都互不相让。随着时间的推移，两头象的关系渐渐好转了。当"版纳"12岁，这一天是1976年9月9日，上午8点，"版纳"与"八莫"正式结为伉俪。在这个大喜的日子里，两头象显得异常兴奋，鼻子和鼻子时常紧钩在一起，相互依偎，形影不离，兴奋之余还"咕咕"欢叫，似乎在倾吐着爱慕之情。8点50分公象的前肢爬跨在母象背上，两后肢着地，完成了第一次交配。第二天、第三天又交配了数次，每次交配持续1～2分钟。

事隔7个月，"版纳"的乳房开始增大，不再见到阴道有白色黏液排出，拒绝公象交配，这一系列的症状告诉我们"版纳"已怀孕了，饲养人员无不心情喜悦。

随着孕期的延长，"版纳"的生理、行为都发生了变化。乳房增大，乳头向两侧隆起，走动时与前肢摩擦发出"沙沙"声。腹部明显增大，腹部皮肤的皱纹撑开。食欲时好时坏，行动谨慎，四肢频繁伸展，脾气变坏，会主动攻击生疏的饲养人员。
平时喜欢弄得自己一身泥巴
的"版纳"（象往身上甩泥巴
是保养皮肤的一种方式），产
前几天则自己用鼻子不断地
吸水，把全身洗得干干净净。
活动量减少，腹痛时呆立，
或用前后肢轮流向上攀爬栏
杆、墙面等。能见到胎动，
睡眠没有规律。产前几小时
"版纳"精神紧张，频频排泄
粪便、尿液、翘尾、放屁，
阵痛时大声吼叫，起卧不定。

▲"版纳"和"洱纳"

　　产前 5 分钟又一次出现
精神极端紧张，腹部抽动，
两后肢分开下蹲，弓腰（排
便姿势）。在几次强烈的努力
挣扎后，"版纳"在吼叫声中

▲"洱纳"和它的女儿

排出了淡红色的羊水（估计 12 公升），随即娩出了全身
裹着白色羊膜的小象（小象出生时间是 1978 年 6 月 14
日 23 时 30 分，妊娠期为 644 天）。

　　"版纳"产仔后，一边吼叫看着小象，一边用足蹄轻
轻地踩了几下小象。听到小象叫声后，"版纳"又用鼻子
把裹在小象身上的白色羊膜一块块地撕了下来。此时，
小象已能睁开双眼。2 ～ 3 分钟后小象试着站起来，但

由于四肢无力，很难站立起来。出生 1 小时左右，靠着母象鼻子的搀扶及自身的努力，小象才能步履蹒跚地围着母象走动，还会不时摔倒，又经过一个多小时的努力，小象能较稳地独立走步了，同时也想吃奶了。

我们平时看到大象喝水时，先用长鼻将水吸进，然后再用鼻子把水送进口里。如果小象吃奶也这样该多好！然而，小象吃奶的方式是用嘴巴直接含住奶头吮吸的。这可难为小象了。因为，新生的小象高度不够，尽管使劲地举着鼻子，并抬头仰起脖子，可嘴巴与母象的奶头还相差几厘米。小象又踮起前肢，艰难地尽量将身子往上提，嘴巴才勉强能碰到母象的奶头，由于体力不支，屡试屡败。几个小时过去了，小象仍然未吃上奶。当时，大家都看在眼里急在心里，如果有办法将小象垫高一点，也许小象就能吃到奶了。但是，有谁能够抱得起小象呢？后来，我们把母仔象从产房内引到另一间地坪有斜坡的饲养笼舍，这一措施果然奏效。母象带着小象来到斜坡边，让小象站在高坡上，这样，距离不是问题了，小象终于吃上了奶。

经检查测量，新生的小象是雌性。体高 85 厘米，体长 82 厘米，前肢长 76 厘米，后肢长 80 厘米，鼻子长 38 厘米，尾长 40.5 厘米，体重 89 千克。新生象当日吃奶 60 多次。以后吃奶次数逐日减少，持续时间增长。此时的小象全身披着稀疏的长毛，头顶的毛发特别长，而且很密，皮肤黑灰透红。红色的眼结膜非常显眼，但是，"眼大无光"，视力较差，1 米外的静止物体，似乎就看不见了。小象的活动范围只是在母象的肚皮底下，或在母象的四肢间转悠。

　　新生的小象不是吃奶就是睡觉。以后，逐渐增加了活动量，3个月开始学习吃草、吃精料、水果等。发育正常的小象，一般体重日平均增重1千克。小象出生10个月后，已形成了自己的生活规律，白天很少吃奶，以吃水果、精料、草为主。睡眠也少了，主要在晚上睡觉。周岁时断奶，开始独立生活。此时的小象每天能吃营养窝头2千克，水果2千克，青茅草10千克。

　　产仔后的"版纳"虽然吃草、吃精料的数量比以前增加，但在2～3个月内不会轻易离开小象半步，表现出极强的母爱。它全身心地照顾女儿，在长达一年的哺乳期内从未躺下睡过觉，明显地瘦了。断奶后，母象得到了充分的休息，加上饲养员的悉心照顾，母象身体恢复得很快。要不了一年，"版纳"又进入了新一轮的繁殖期了。

（蒋南鹤）

 知识链接

保护级别

　　亚洲象从1997年被国际自然保护联盟（IUCN）列为濒危物种，被CITES列入附录I，是我国国家一级保护动物。

　　人类对土地的侵占导致亚洲象栖息地的丧失成为亚洲象生存的最大威胁。农民会认为它为有害动物而捕杀亚洲象。盗猎以获取象牙也是威胁之一，但因为亚洲象只有雄性才长象牙，故不似非洲象所受盗猎威胁那么严重。但是随着技术的不断创新，传统对圈养亚洲象的利用如伐木等越来越少，圈养亚洲象也无了用武之地。亚洲象比非洲象温顺且体型较小，很容易被人驯化。

海中之象

　　海象与陆地上的大象虽然都是哺乳动物，而且在名称上都有一个"象"字，但是两者在亲缘关系上相差较远，前者属于鳍足目，后者是长鼻目的成员。那么，为什么把这种海兽的名称上也添上个"象"字呢？原来，海象与大象在外貌上有点相似的地方：海象的躯体也巨大而形状丑陋，皮肤也像老橡树皮那样粗糙而多皱纹，眼睛细眯似大象，特别是它的犬牙（也称獠牙）突出口外，更像大象的长长獠牙。可能是这些原因，使它获得了"海象"的称呼。

　　海象虽然称不上是海中巨兽，但在鳍足类动物中还是屈指可数的。它躯体剽悍，大的雄兽有 4 米多长，1.5～2.0 吨重，一只獠牙可重达 20 千克。雌兽较小，但也有 3 米多长，600 多千克重。海象过两栖生活。在陆地上，它们显得十分笨拙，多半时间是懒睡和休息，有时用口中突出的一对长长的白色犬牙与身体后部的两只短鳍状肢协同行走，摇摇摆摆，十分滑稽可笑，故有"牙行动物"之称。可是，海象一到海里，游潜灵敏，行动自如，好似另一种动物。它们可以不停地游泳，常常游过近80千米的海峡。它们的游速快，姿态万千，可以在锯齿状岩石附近的汹涌浪涛中安全地游来游去。它们能潜入60米深的海底，寻找自己喜欢吃的食物。

海象取食、求偶、交配等活动都在水中进行，所以需要灵活的动作才能完成。在长期的海洋生活中，海象形成了流线型的身体，容易弯曲活动的发达肌肉以及强有力的鳍状肢作为游潜工具，所以非常适合在水中生活。为了在海洋中强烈活动后能消除疲劳，海象十分需要到陆地或冰块上睡觉和休息。此时，因它的身体构造极不适应在陆地上灵敏行动，因此显得十分迟钝而笨拙。

▼ 海象

海象在陆地上懒卧时，好像铺在岩石上的棕红色地毯一样，可是人们乘潜水艇在海洋里见到的海象却是灰白色的，模样显得十分可怕。这究竟是怎么一回事呢？据美国海洋生物学家的观察和研究，终于有了科学解答。海象的体表具有一层大约6厘米厚的皮肤，当它在冰冷的海水中浸泡一段时间后，动脉血管收缩，限制血液流动，这一现象同样发生在肥厚的皮肤中，因而使体色变成灰白色。当海象到陆地上时，它的血管膨胀，血流加快，因而呈现出棕红的体色。

长期以来，人们一直认为海象用长长的獠牙捕食，直到20世纪70年代才知道并非如此。海象喜欢吃蛤、螺，但它们根本不用獠牙去挖掘，而是用它们敏感而灵活的鼻口部和触须去探找食物。当发现食物后，它们再用嘴唇将食物有力地吸入口中，然后用强有力的上下颌弄碎贝壳，吞肉吐壳。这种捕食方法，在人工饲养的海象中也得到了证实。海象还捕食乌贼、虾、蟹和蠕虫等，偶尔也吞食少量水中幼嫩植物和海底的有机沉渣。

每当交配繁殖季节，公海象会唱"情歌"，以寻求配偶。一旦遇上中意的母海象，公海象就会停止歌唱，显得活跃起来。而母海象则不会唱"情歌"。公海象的歌唱，听起来使人恐怖，但对母海象却是一种动听、动心的"情歌"。据电子计算机读数，公海象在歌唱时，平均每次浮出水面的时间为23秒，而潜入水中的时间超过2分钟。

海象繁殖率很低，每2.1～2.5年才产一头幼海象。母海象怀孕一年后，于4～5月间在水中产下一头身长约1.2米、体重约50千克的幼海象。刚出生的幼海象身披深棕色皱缩的绒毛，这时它的皮下脂肪还不厚，这绒毛可以帮它抵御北国的风寒。

海象分布在北极圈内，它对海洋环境的变化特别敏感，可作为测定水质是否被污染的很好的"指示动物"。所以，海象的存在与否，以及海象存在数量的多寡，可作为监测一个海区水质是否污染和污染程度的指标。早在 1972 年，美国和当时的苏联签订的环境保护协定中，已把这种动物列为阿拉斯加外大陆架环境质量评价的重要指标了。

在 2～3 个世纪以前，地球上的海象曾有数百万头之多，但到了 20 世纪 70 年代只剩下大约 12 万头，现在又减少到 7 万头，或许更少些。据分析，海象数量锐减的原因有 4 个：一是不少国家竞相捕杀；二是污染了它们的生存环境；三是本身繁殖率低；四是天敌的袭击。不过前两个人为原因是最主要的。

（华惠伦）

海豹之王——象海豹

～～～～～～～～～～～～～～～～～～～

海豹是鳍足类中分布最广的一类动物，从南极到北极，从海水到淡水湖泊中，都有海豹的足迹，尤以南极数量为最多，其次是北冰洋、北大西洋、北太平洋等地。

海豹科可算是鳍足类中的一个大家族，全世界共有19种。其中有鼻子能膨胀的象海豹、头形似和尚的僧海豹、身披白色带纹的带纹海豹、体色斑驳的斑海豹、吻部密生笔直粗硬感觉毛的髯海豹、雄兽头上具鸡冠状黑色皮囊的冠海豹等真是五花八门。

全世界有两种象海豹：一种叫南象海豹，主要产在南极乔治亚岛、印度洋的克尔盖伦群岛、南太平洋马阔里岛等地，最大者体长6.5米、体重达3650千克；另一种叫北象海豹，产于北美洲的西海岸，从阿拉斯加南部穿过加利福尼亚海岸，抵达加拉帕戈斯群岛，最大者体重竟达 4 000 千克。可见，象海豹不仅是"海豹之王"，而且还是最大的鳍足类动物。

象海豹的鼻子十分特殊，像鸡冠一样，可长达 40 厘米，与陆地上大象鼻子有些相似，当兴奋或发怒时，它们的鼻子还会充血膨胀起来，并发出很响的声音，故得名"象海豹"。在英文、德文中，都称象海豹为"海中之象"，但因"海象"一名已为另一种鳍足类动物所占用，因而只好称之为象海豹了。

▼ 象海豹

象海豹不仅身躯巨大，体态臃肿，而且外貌丑陋，体色欠雅，黄褐色中杂以灰色，看上去污秽不堪，乍一望去，犹如一个"土丘"。象海豹本来就是一副肮脏相，还不爱干净。每年换毛季节，它们都成群地挤在苔藓植物的岸边泥坑中。这里虽然臭气冲天，但它们却都愿意在那里消磨时光，只将鼻孔露出水面。

象海豹的前后肢都呈鳍状，但后足不能朝前弯曲，所以在陆地行走时仅靠前鳍状足匍匐爬行，显得十分笨拙迟缓，令人发笑。当它们躺卧在沙滩上的时候，神态倦怠。有"海中怪兽"之称。

出人意料的是，象海豹一旦进入海洋世界，就判若两种动物，不论是游泳、捕食，还是玩乐、嬉戏，都异常灵活，为海狮、海象所不能及，实难使人置信。象海豹主要捕食乌贼、章鱼等头足类动物，也吃硬骨鱼，偶尔补充一些鲨鱼、鳐鱼和银鲛等软骨鱼。

每当繁殖季节，成年雄兽先从海洋登陆，物色一个满意的地盘。几星期以后，雌兽也纷纷上岸，与雄兽组成一个生殖群。有趣的是，一群中不可有两雄，否则双雄会展开激烈的争雌格斗。一头壮年雄兽平均占有21头雌兽，多的可达40～50头，而且长期伴随，真是动物世界里"一夫多妻"的典型。占统治地位的雄兽站立、守卫在"妻妾"之中。此时，雄兽十分激昂，长鼻充血，显得格外膨大和突出，并发出"隆隆"的吼叫声，以此来警告欲侵入其地盘的其他雄兽。

雌雄象海豹交配以后，雌兽对雄兽就十分冷淡，在海滩上逐渐四处分散，然后陆续入海觅食，而雄兽继续在海滩上守卫地盘，直至配偶全部离开才下海。每头雌兽只产一仔，刚生下的仔兽浑身黑色，平均每头重39千克。

象海豹虽然外貌丑陋，但经训练，能够表演精彩节目，如顶球、驮人、捞物、游泳赛、救人、"造山"等，因而也讨人喜欢。

不久前，在加利福尼亚沿海的法拉伦岛，有无数头北象海豹上岸，你挤我拥，把一个宽敞的海滩弄得水泄不通，造成了世界上第一次象海豹挤死事件。它们的躯体横七竖八地挤压在一起，有的被挤压得粗声号叫，有的被压在下面默默地窒息死去，有的因挣扎过度而半死半活。面对这一景象，海洋生物学家们感叹：象海豹太少固然不好，有灭绝的危险，但是太多也会带来灾难。

（华惠伦）

濒危的海牛

鳍足类、鲸类和海牛类是现今世界上三大海生哺乳动物。海牛类动物现仅存 2 科 4 种。海牛科含北美海牛、南美海牛、西非海牛。儒艮科为儒艮。且都数量稀少，濒临灭绝。

海牛类的祖先也是一种陆生哺乳动物。据推测，大约在 1 亿年之前，有 3 种小型的被毛兽生活在沿海浅滩上，经过许多代之后，产生了各种水生哺乳动物，其中的一支就演化成海牛目。从埃及始新世的河床地层中挖掘出的最早的海牛类化石，也表明海牛生活在温暖区域的沿海，当时还长有短短的后肢，以后大概由于海牛类缺乏防御能力，被迫入海生活。从发现的古老海牛化石看，海牛是从有蹄类衍生的，与大象的形态相接近，从转化为獠牙状的门齿看，应与大象有着共同的祖先。

▲ 北美海牛

陆上的牛食草有 4 个胃，海牛也生有 4 个胃，也是专门吃海藻和水草的食草兽。它的胃容量颇大，一天能吃掉 60 千克左右的草。人们曾试验用海牛来清除水道中的水生杂草。两头中等大小的海牛在 17 周中，能把 1 500 米长、7 米宽的水道内的杂草清除干净。而且海牛吃草很有规律，一片一片地吃干净。人们称它为"水中割草机"。海牛的牙齿是"割草机"的钢刀，很特殊，臼齿宽而平。在颌后部，每年定期增生臼齿 2～3 枚，新增的臼齿将整排牙齿逐渐向前推移，最前的臼齿最后自行脱落。海牛的一生要换上 60 颗新牙，所以它的"宝刀"永远不老。

在海兽之中，海牛从不上岸，母兽的交配、怀孕、分娩都在水中进行。刚出生的小海牛就有 1 米多长，30 多千克重，已会游泳。母兽有时把小海牛驮在背上活动。几个月后小海牛开始吃草，但至少要跟母兽生活两年以上，才独立生活。

北京动物园海兽馆中有一对北美海牛，这是墨西哥对我国赠送一对大熊猫的回礼，可见，其珍贵如同熊猫。海牛人工饲养繁殖极难，北京动物园那对海牛繁殖了 3 次，两次失败，后一次成功了。世界上人工饲养繁殖海牛成功仅有 3 例，我国是第三例。海牛喜在晚间交配，发情的雄海牛常常不思饮食，不停地在水中翻滚转体，并主动追逐雌海牛。若遇到雌牛也有兴致时，就会和雄牛并肩戏水，这时雄牛用双鳍抱住雌牛，雌牛也转过身来，与雄牛面对面相拥，沉入深水中达成婚配。

▲ 海牛

海牛孕期长达 380 天左右，临产时雌海牛由深水区游到浅水区，在水中进行分娩。前两次失败，都是因幼兽吸不上空气而窒息。第三胎分娩时，饲养人员发现雌牛尾根部又扩散出鲜红的血水，一个黑东西产了出来。突然一声尖叫，原来是小海牛拼命挣扎，蹿出水面吸到了第一口气。接着又沉入水中，尾和鳍乱打拍水，似乎它还没有学会游泳，正好母兽一抬鳍托了它一下，它又露出水面吸第二口气。慢慢地它和母兽配合默契，小兽的呼吸协调了。很快它又找到了乳头，海牛的乳房长在前鳍基部的腋窝处，每当吸乳时，母兽和仔兽都浮到水面上，与水面平行。母兽有时还把小海牛驮在背上玩耍。刚生下的小海牛体长 1.2 米，重 34 千克，全身披着稀疏的白毛，毛长约 1 厘米。长大后体长可达 4 米左右，重达 400 千克。

儒艮属海牛目，儒艮科，分布在印度洋和我国南海，以及从海南岛到广西的石头埠一带，以北海的浅海区多

儒艮 ▶

见。那里阳光充足，水生植物丰富，是儒艮栖息之地。从前儒艮较多，猎手们在儒艮经常去的地方架上木板台，手持大渔叉，在黑夜中狩猎。当时东南亚流传儒艮的肉、脂肪，特别是它的眼泪能治病，因此当受伤的儒艮被拖上岸时，人们便收集儒艮眼睛分泌的泪和脂肪油，当作"珠浆玉液"高价出售，致使儒艮被大量猎杀。自 20 世纪 90 年代中期开始，澳大利亚和大洋岛的政府都禁止捕儒艮，我国也把儒艮列为国家一级保护动物，这一措施使儒艮的数量开始增加。

儒艮其貌不扬，全身长有稀疏短毛，体表光滑，背部棕灰色，腹灰白色，头小，体呈纺锤形，上嘴唇似马蹄，吻有刚毛，眼睛一点点大，无外耳壳，有一对乳头生于前鳍腋基部。尾鳍呈凹叉形，和其他海牛科动物尾鳍呈扇形有显著区别。雄性上门齿长，突出口外。体重 300 千克左右，最重达 500 千克，体长 3 米以上。

据对捕获的儒艮研究，发现它们喜吃盐草和茜草，一头儒艮一昼夜可吃 40 千克海草。估计野生状态下吃得更多。儒艮没有门齿，吃草用嘴唇咬住，用两侧臼齿将草咬断。儒艮的视觉较差，听觉灵敏，岸上有人讲话，或水波动荡，它们马上就会远离。儒艮在激动时会发出哼哼吱吱的声音，用水听器记录下来的吱吱声，频率为 2.5 ～ 16 千赫，持续时间 0.15 ～ 0.5 秒。它的听觉器官和海豚相似，中耳的听骨又重又大，由非常致密的骨质组成。大脑的听觉区也非常发达。

儒艮白天常隐蔽在海草丛中休息，夜幕降临开始寻食，清晨也比较活泼。平时常常每隔 5 ～ 7 分钟到水面呼气一次，换气时将水珠喷出水面 40 ～ 50 厘米，并发出"吭——吭"的鼻音。有时 20 分钟才换一口气，最长可达 90 分钟之久。

儒艮在野生状态下繁殖很慢，雌儒艮妊娠期长达 11 个月。幼兽生于水下，但一生下来，母兽便把它驮出水面呼吸，经过 1 ～ 2 小时后，幼兽就能学会正常露出水面呼吸，开始随母潜游。喂乳时母兽侧体，让幼兽鼻孔露出水面，在前肢下吸乳。幼仔生长也慢，一周岁时还离不开母乳呢。

（沈　钧）

 知识链接

儒艮保护价值

儒艮的名字是由马来语直接音译而来的。它与陆地上的亚洲象有着共同的祖先，后来进入海洋，依旧保持食草的习性，已有2 500万年的海洋生存史，是珍稀海洋哺乳动物，也是我国43种濒临灭绝的脊椎动物之一，对于研究生物进化、动物分类等极具参考价值。著名生物学家、北京大学教授潘文石把儒艮称为"湿地生物多样性保护中的'旗舰'动物"。对儒艮的保护必将影响到整个生态系统中其他生物的生存及保护，必将影响对整个湿地生态系统的保护。

海上"歌唱家"——座头鲸

据美国出版的专著《鲸类》中记述，全世界共有 76 种或更多一些鲸类动物。

鲸类可分为两大类。一类口中无齿，只有须，叫须鲸。须鲸的种类很少，仅 10 种左右，一般个头十分巨大。其中有动物界体重冠军蓝鲸；有体短臂长、叫声美妙动听、动作滑稽的座头鲸；有头大体胖、行动缓慢的露背鲸；有喜游近岸、疤痕满身的灰鲸；还有个头较小、吻尖呈三角形的小须鲸。另一类口中有齿，没有须，能发出超声波，有回声定位本领，叫齿鲸。它的种类比须鲸多得多，除抹香鲸是大个子外，其余种类的身体通常较小。其中有凶猛可驯的虎鲸、神秘莫测的一角鲸、行迹迷人的白鲸以及聪明活泼的海豚。

在鲸类王国中，就是在整个动物世界里，座头鲸也是赫赫有名的"歌唱家"。

由于座头鲸的外貌奇特，它的背部朝上隆起，因而又名"弓背鲸"或"驼背鲸"。它的背鳍特别短，而胸部左右的两只鳍状肢却特别长，一头体重40吨的座头鲸，它的鳍状肢足有4.6米长，仿佛是飞机的机翼，又似鸟儿的翅膀，所以它还被称为"大翼鲸"、"白臂鲸"和"鸟翼鲸"。

座头鲸的体重达10～40吨，身长可超过15米。海洋生物学家在夏威夷岛海区曾目击一头体重约30吨、身长超过13米的座头鲸突然破水而出，缓慢地垂直上升，直到它的鳍状肢到达海面，身体便开始徐徐地弯曲，好像杂技演员的后滚翻动作，又似舞女柳腰倒插。座头鲸的整个鲸体可以完全越出水面，人们在几千米外都能听到它溅起的水花声。此外，座头鲸在跳跃过程中，还常常各自以鳍状肢或宽阔的鲸尾叶去拍打同伙，或者彼此触体跳跃。

早在20世纪70年代，美国著名鲸类学家罗杰斯·佩恩夫妇就通过水听器，在太平洋夏威夷海域和大西洋百慕大海域记录了座头鲸的叫声。经电脑分析，发现座头鲸的叫声由"象鼾"、"悲叹"、"呻吟"、"颤抖"、"长吼"、"喊喊喳喳"、"叫喊"等18种不同声音组成。这些叫声节奏分明，抑扬顿挫，交替反复，组合成优美的旋律，持续时间一般可长达6～30分钟。如果把录音加快到1 000倍速度播放，那歌声就像百鸟朝凤，婉转悠扬，精彩纷呈。所以早在1981年5月，美国《新科

学家》杂志报道，座头鲸所唱的曲调是动物世界里最复杂的、真正的"乐曲"。

之后，佩恩夫妇又发现座头鲸的歌唱是创新的、发展的和进化的。在同一年内，座头鲸都唱同样的歌，不过每年的歌声都有所创新，两个连续年份的曲调相差不很大，都是在上一年的基础上逐年增添新的内容，而新歌的音节的速度要比老歌来得快，往往是取其头尾，就像英语中把"do not"读成"don't"，很像人类语言的进化过程。此外，座头鲸也有人类那样的"方言"。也就是说，生活在不同地区的座头鲸，它们的叫声是有差异的，这种差异是各自祖辈遗传的结果。

▲ 跃出水面的鲸的腹部

新近又有研究发现，借助水听器和耳机，人们可以清晰地听到座头鲸的歌声从船声、波浪声中传出，回荡于海面上，整个海洋好似一座欢乐的音乐大厅，充满了洪亮的、雷鸣般的鲸叫，显得气势恢宏。

座头鲸歌唱时还伴随着行动。一头座头鲸在大约15米深处作螺旋形姿势向上游动，它的两"臂"向下，从鼻孔中喷出水泡，大水泡后跟随着许多小水泡，形成一个圆柱状的网屏，被专家称为"水泡网"。它们在水中发现爱吃的华丽磷虾群时，会放出大小不等的水泡，形成一种圆柱形的水泡网，把猎物包围起来，自己位于网的中央，张口吞下网集的猎物。美国海洋生物学家达林认为，歌唱者全部是雄鲸，它们像雄性鸣禽一样，唱的是一种情歌，用来引诱雌性交配。在繁殖季节，座头鲸像陆地兽一样，也会发生争雌格斗，不过不会"你死我活"。新生的幼鲸不懂得露出水面呼吸新鲜空气，必须由母鲸将它托出水面，让它吸入第一口新鲜空气，以后它就会自己呼吸了。据说个别粗心大意的母鲸，往往会忘了产仔后的头等大事——"托仔呼吸"，结果幼仔窒息死去，令其后悔莫及。

座头鲸已受到国际保护，我国也已将它列为二级保护动物。目前北大西洋座头鲸数量已从几千头增加到 1～1.2 万头，而北太平洋的座头鲸数量则由 2 000 头增加到今天的 5 000～8 000 头。但我们知道，要真正保护好座头鲸，仍然任重而道远。

（华惠伦）

爱与人玩耍的宽吻海豚

在鲸类王国里，要数海豚家族——海豚科的种类最多了，全世界已知的共有 30 多种。其中宽吻海豚智力特别发达，非常聪明。

科学家曾对人、黑猩猩和宽吻海豚的脑容量作过测定，发现宽吻海豚的脑重占体重的 1.7%，仅次于人（2.1%），高于黑猩猩（0.7%），因而有人认为海豚与黑猩猩都是最聪明、最富有智慧的动物。

在澳大利亚沙克湾内狭窄的佩伦岛，有一个名叫"蒙凯米阿"的海滩。这里的宽吻海豚，一见到有游客在海水中，它们就会迅速地朝海岸游来，主动找人玩耍。它们的流线型身体划破水面，从鼻孔中呼出的气雾在海面旋转。刚抵达海岸时，可能是由于过分兴奋了，它们不约而同地发出了短促而刺耳的"咔嗒"声。它们在人

▲ 宽吻海豚

腿的迷宫中自在穿梭，颇有外交家的风度。它们把头伸出水面，以便更好地看一看最近的一批观众。围观者都欣喜万分，轮流用手温柔地抚摸着海豚的侧面，摸一摸它们橡胶似的皮肤、凝视着它们永远微笑的脸……

在人与海豚的交往中，如果人们粗暴地触摸海豚，或者抚摸它的呼吸孔、眼睛周围和下颌，海豚会变得烦躁，甚至会咬人或用尾巴打人。这是因为人的玩耍超过限度、不够友好所致，并非出于海豚的无礼。

据科学家的观察和研究，认为宽吻海豚爱与人玩耍的原因有两个：一是宽吻海豚本性特别贪玩，其贪玩程度可以超过人类；二是为了获得食物，游人在逗玩中会给它们鱼吃。当然前者是主要的。

宽吻海豚之所以逗人喜爱，是因为它们有惹人喜欢的"微笑"，不会伤害任何人的感情，正如一位海豚赞赏者贴切地说过："海豚象征着永恒的友谊。另外，海豚本性好玩，而玩是智力、创造和灵活性等素质的标志，这可能也是海豚如此吸引人的原因。"

在众多的海豚中，人们最熟悉的是宽吻海豚，因为它们经常在水族馆和电视节目中为人们表演精彩的动作。成年宽吻海豚体长约 2.7 米，体重 227 千克；雄性比雌性大。这种海豚的口部突出在脸部前，像老式的杜松子酒瓶盖。它的体色呈深浅不一的灰色，有一个高高的翼状背鳍，宽宽的横尾和有力的尾肌能使它们的游速达到每小时近26千米。如同其他鲸类一样，宽吻海豚必须依靠头上方的鼻孔在水面上呼吸。它喜欢待在离海岸较近的水域中，很少冒险游向遥远的大海。它们精力充沛，动作灵活，喜爱玩耍，常常做出一些引人注目的跳跃动作。

在海豚科的30多种成员中，真正能被训练作表演的仅有4种，其中尤以宽吻海豚为最佳。这种海豚不仅数量多，容易捕获，而且它的大脑沟回特别复杂，有较好的记忆力，能学会较复杂的表演动作。据说，美国加利福尼亚州和我国台湾澎湖列岛海区产的这种海豚，不仅容易训练，而且表演质量也极佳。

1986年4月来上海表演的海豚明星"叮叮"，是出生在台湾澎湖列岛的。海豚的寿命不长，一般只能活15年，而能从事表演的"艺术生涯"则更短，至多不过5～6年。当年5岁10个月的叮叮已有3年艺龄，正处于表演的黄金时期。叮叮是位优秀的"演员"，来上海为观众一共表演了24个节目，如唱歌、与人接吻、顶球、牵船、同人握手、跳迪斯科、钻火圈、打保龄球等等，历时一个多小时，观众的笑声、掌声不断。当然，在叮叮每表演一个节目后，训练师就要喂它 1～2 块鱼肉，以资鼓励。但是，鱼肉也不能喂得太多，如果它吃得太饱，就会不肯表演或者表演"偷工减料"。这正好与鳄类相反，鳄类吃饱了才肯表演，否则会咬人。

宽吻海豚不仅是出色的演员，而且还是海洋工作者的得力助手。美国军事部门已经成功地训练这种海豚打捞海底火箭架和深水炸弹，充当海底救生员的信使，以及为潜水员担任警戒、驱赶鲨鱼等工作。我国已将包括海豚在内的所有鲸类动物列入国家保护动物，国际野生动物保护组织将宽吻海豚列为世界重点保护的濒危动物。

（华惠伦）

迷人的婴猴

~~~~~~~~~~~~~~~~~~~~~~~~~~~~~~~~~~~

　　说到婴猴，人们或许会误认为它们是刚生下的婴猴，其实这是这一类猴子的名称，因为它们的叫声像婴孩的哭声。英国著名猿猴学家哈米什·汉密尔顿教授在《猿猴王国》一书中称婴猴为"最迷人的野兽"。

　　婴猴生活在非洲丛林里，属于低等种类。它们的外貌不像人们常见的猴子，眼睛大而圆，耳朵似蝙蝠，面容稍像猫，后肢一般较长，股部肌肉特别发达，富有弹跳力。跳跃姿势有点像袋鼠，但不全靠后肢，一条肥长的尾巴向后倾斜竖起，起平衡身体的作用。

　　婴猴是个小家族，共有 7 种。侏婴猴是这个家族里的最小成员，体长只有 14 厘米，而尾长却有 18 厘米。它十分贪玩，能在人的手掌上呆好长时间，又会在水平方向跳跃 30 多厘米，因而人称它是"好玩又好动的小兽"。

　　侏婴猴的体色，其原色是身体上侧为灰、灰褐、褐、黄褐等几种颜色的混合色，下侧色淡，为奶油色。可是，人们见到的野生侏婴猴，身体上侧则是鲜绿色，下侧是橘黄色。这是为什么呢？后经观察和研究，才知道野生侏婴猴身上的鲜绿色和橘黄色并非原有的体色，而是生长在它们体毛上的一种微小藻类孢子的颜色。由藻类孢子产生的体色对它们有保护作用，使它们在茂密的丛林中不易被敌害发觉。不过侏婴猴死后，或在人工饲养下，这种颜色就会很快消失。

▼ 婴猴

　　侏婴猴有两条舌头。在一条肉质的正常舌头之下，又长出一条软骨状的伪舌头。伪舌头有两个主要用途：一是梳理体毛，二是剔除牙齿中的污物。还有它们的手和足也很奇特。踝骨特别长，形成了像鸟肢一样的第三节，使其脚有很大的弹跳力。它们的指和趾长而细，大拇指和大脚趾十分发达，与其他指、趾相对。所以指、趾的端部是膨大的球状肉垫，上有像人一样的指（趾）纹。除第二指（趾）具有小的扁平指（趾）甲外，其他各指（趾）都是长而弯曲的爪，用来搔痒。它们的耳朵裸露无毛，又似扇子，常贴伏在头上。

人们最早发现的是小婴猴，又叫婴猴，生活在非洲撒哈拉沙漠西面的狭长林地。由于它身体和尾巴呈灰色，长相有点像老鼠，所以又称它灰鼠婴猴。这种婴猴，曾经是人们十分喜爱的玩赏动物，特别在美国纽约，市民饲养甚多。

▲ 婴猴

小婴猴和侏婴猴有许多不同之处，它的个儿较大，体长16～20厘米，尾长23～25厘米，身体基本上呈灰色。它行动与蜂猴一样，喜欢用足单独倒挂在树枝上。白天隐匿在树木的冠层叶丛中睡觉或休息，晚上外出活动。它还有两个奇特的习性：一是常用自己的尿浇湿手和足，据说这样有利于抓握东西；二是遇到食物，先用指头去摸一下，接着用鼻子去嗅一下或用舌头去舔一下，然后才吃。看来，小婴猴还很讲究"饮食卫生"呢。

大婴猴是这个家族里的大个子，体长可达35厘米以上，尾长与体长差不多，但很粗，因而又名粗尾婴猴。它的体毛不仅浓密呈羊毛状，而且非常漂亮，有淡紫、鸽灰、浅红棕、橙黄等多种色泽混杂。特别是它巨大的耳朵，能够呈现出各种形状的皱褶，十分滑稽可笑，因而它被誉为"美耳婴猴"。

大婴猴生活在非洲东海岸，以及安哥拉的宽阔地带和刚果南部，一般栖居于森林的中、下层。在地面上奔跑时，主要靠两条粗壮的后肢跳跃式前进，其姿势完全像袋鼠或跳鼠。

大婴猴不仅体大、色艳，而且还善于表演，所以惹人喜爱，深得动物园的青睐。

黑尾婴猴生活在非洲西部尼日尔的贝努埃和刚果的乌班吉河之间的森林地带，是跳高能手。它跳跃时，伸开臂和腿，形似猛禽展翅，从树林中飞跃而出，它的尾巴在后面剧烈挥动，像一只转动的螺旋桨，推着它朝前跃进，然后徐徐降落。

在这个家族中，要数针爪婴猴最凶猛了。这种婴猴的指和趾的中央有一个尖锐的针状伪爪，故得名。它性情狂暴且易怒，有人目击它抓住一只活鸟，用利爪剥去它带羽毛的皮，并撕成小块，然后咀嚼而食。在西非，一只饲养的针爪婴猴曾向一个饲养员突然发起袭击，用短而硬的手和足抓住他，还猛咬了他一口。

（华惠伦）

命如悬丝的指猴

1780 年，一位法国探险家到非洲马达加斯加岛时，首次发现了一种世界上最奇特的怪兽。它体长约 45 厘米，尾长约 55 厘米，体重约 2 千克，个儿与一只家猫差不多。体毛几乎全是深褐色，从颈部起沿背至后部有粗长毛与尾相接，这在兽类中是绝无仅有的。它的头部很大，头骨短而高。眼睛大且炯炯有神，吻部很短。上下各有一对大而锐利的门齿，没有犬齿，颊齿低扁，很像松鼠。爪子也似松鼠。耳朵宽大而稍尖，如蝙蝠一样。尾巴蓬松似狐狸，看上去很粗大。这种怪兽，究竟是哪一种动物？属于哪一类野兽？很长一段时间里，它都是动物学界公认的兽类之谜。

面对这种怪兽，曾有人误认为它是一种新的松鼠，还颇有理由地说："这种'新松鼠'的牙齿排列和形式确实很像已知的松鼠，口中有一些小臼齿，扁平的齿冠适于咀嚼食物，一个没有牙齿的裂口沿着上下颌的前面"。可是后来，一些著名的解剖学家通过对它的头骨的鉴定，认为它不是松鼠。

到了 1800 年，一位科学家在没有足够标本的情况下，考虑到马达加斯加是狐猴的故乡，这种怪兽又与狐狸有相似之处，所以暂定它属于狐猴类动物。直至 1860 年，经过动物学家和解剖学家对其进行外形比较和内部解剖，觉得它是介于狐猴和一些其他原始灵长类动物之间的动物。最终，科学家才确认它是一种原始、低等的猴子，是灵长类动物演化树主干上的一个侧枝，为狐猴的近亲，并定名为指猴。

▼ 指猴

指猴最奇特之处在肢上。它足上的拇趾比其他的趾大而宽，上有一个圆而扁的趾甲，这种动物之所以被认为是灵长类动物，主要依据就在于此。它的各趾呈指状，末端有膨大的垫和爪。从下面看，它的手略似人手，但中间的两个指（第三和第四指）比外侧的两个指长一倍。大拇指与其他指不对生，所以不能抓握物体。用处最大的是又细又长的第三指，既能用来梳理毛皮、清除耳朵里的杂物和剔牙齿，也可以用来抓东西吃。"指猴"一名就是因其指奇而来的。

指猴主要以昆虫为食，尤其喜欢吃钻在树皮下的一些甲虫的幼虫。它是哺乳动物中唯一能轻敲树木、确定幼虫位置并以之为食的。

几年前，美国杜克大学灵长类研究中心的卡尔·埃里克森教授在马达加斯加岛考察指猴时，发现这种奇猴觉察、食取树皮下的幼虫的本领极为高明。他还做了实验：将蛴螬（金龟的幼虫）塞入一个树干的小洞，另一个小洞是空的，两个小洞的表面没有异样，结果指猴就选择有蛴螬的小洞觅食。

为了弄清指猴吃树皮下幼虫的全过程，埃里克森教授花了半天时间跟踪一只指猴。只见它沿着树干匍匐爬行，用细长的第三指（也叫中指）轻敲树干树枝，大耳朵紧贴着树皮，一旦得知里面有昆虫的幼虫，它就用门齿咬破树皮，将幼虫掏出吃掉。如果干枝上正好有小孔，它就用第三指上的长爪钩出幼虫。那么，指猴是怎么发觉树皮下的幼虫呢？过去一直认为它是靠宽大而灵敏的大耳朵听出来的，而埃里克森教授却提出了一个新观点，认为指猴用第三指轻敲树干树枝，促使树皮下幼虫活动，然后可能用敏锐的嗅觉确定幼虫所在的位置。

此外，指猴除了吃昆虫的幼虫之外，也吃一些植物。它们常常出现在大竹林中，用奇特的门牙剥开坚硬的外壳，吃内部的竹心。偶尔它们也吃其他植物。

乍一看，指猴好像是一种脆弱的小动物，无力抵抗敌害。其实，指猴是一种大胆的小动物，敢于反击敌害，还会发出一种恼火的叫声，仿佛人们用金属工具刮汽车挡风玻璃上的冰发出的声音，往往可以吓得来犯者抱头鼠窜，溜之大吉。当然，指猴也有自知之明，不会去主动攻击对方。每当繁殖季节，母指猴用干燥物质筑起一个大的球形窝，产下单个幼仔。此刻，如果谁胆敢侵犯它们，就会遭到猛烈反击。母指猴会抓住入侵者狠咬，并发出愤怒的叫声。由于马达加斯加岛上缺乏凶猛的食肉兽，加上指猴又具有大胆勇敢的抗敌本领，因而自然敌害较少。

那么，是谁使指猴命如悬丝，成为当今世界上最濒危的动物之一呢？科学家的答案是：人类。因为马达加斯加岛上民间有这样一种广为流行的迷信传说："要是谁碰上一只指猴，不把它立即杀死，必遭厄运——轻者得病破产，重者死亡入土。"因而大肆捕杀。当然，指猴赖以生存的森林栖息地不断遭到人们的毁坏，使它无家可归，这也是指猴濒临灭绝的一个重要因素。

（华惠伦）

节尾狐猴的社会行为

~~~~~~

    节尾狐猴又称环尾狐猴，是灵长目原猴亚目狐猴科狐猴属动物，分布在非洲东岸的马达加斯加南部的疏林岩石地区。在历史上，马达加斯加岛在类人猿开始进化以前，就和非洲大陆分离并相对孤立、封闭，而马达加斯加东部海岸的群山为西部平原遮挡住来自印度洋潮湿的海风，使南部的土地更为干旱。特定的地理和气候条件使狐猴成为岛上的优势物种，并占据了不同的生态地位，其成员之间的体型和习性差异甚大，在沿不同轨迹的生存和进化过程中，除了典型的夜行性树栖类外，还出现了唯一昼行性和地面活动的狐猴科动物——节尾狐猴。

    节尾狐猴因其尾巴具黑白相间的节环和面似狐狸而得名。成年后体长约 0.5 米，尾巴与身体长度相等也是

0.5 米。身体毛色因雌雄而略有棕灰和浅灰的差异，背部略有棕红色（雌性尤为明显），腹部灰白色，毛质细密柔软而光亮，面灰耳白，吻部突出，眼圈的倒三角额斑颇似中国的大熊猫。它的足趾可完全分开，可抓握物体，脚底有毛，可以在光滑的岩石上跳跃也不致滑倒。上肢和肛门各有一个嗅腺。

节尾狐猴栖息于岛上林木稀疏的山区或干燥的森林中。好合群，一般 5 ～ 20 只为一个群体。各群有自己的地盘范围，群内没有稳定的领导者，雄性常常因越境而发生争斗。节尾狐猴的食物包括嫩叶、花、果实、昆虫等。它们每年 11 月到第二年 2 月间交配，孕期 4 ～ 5 个月，每胎可产 1 ～ 2 仔，2 ～ 3 岁性成熟，寿命约 18 年。

大部分时间内，节尾狐猴喜欢晒太阳，它们常常正襟危坐，腆着灰白色的肚子，张开双肢，对着太阳接受日光浴。只有在炎热的夏天，它们才会在荫凉处小憩，尽量不动，而且常常一个群体的几只节尾狐猴挨在一起。它们性情温和，喜洁净，时常会舔理梳毛，或相互梳妆。

节尾狐猴有着灵长目动物特有的好奇天性，却由于没有特技飞行专家原狐猴的本领，因而多了一份生存危险。它们拥有漂亮的外貌，却缺少聪明的才智，常常会坐在树上傻傻地看着一只狗在地下狂吠。对于节尾狐猴来说，生来是雄的，就注定了它一生都是"二等公民"。因为在类似于人类母系社会的节尾狐猴家庭里，妇孺至上是不可悖逆的。所以，通常雄性节尾狐猴就容易在群体中被忽略，它们只有在每年发情交配期间，才会被雌

猴们想起在遗忘的角落里还存在着一些落寞
的身影。而雄性个体之间还存在着接踵而来
的角逐争宠，除了比谁更英俊、更强壮外，
更重要的是看谁的雄性荷尔蒙气味更浓烈。
交战时，双方都竖起尾巴扇动自己的嗅腺，
使气味吹向对方。求偶时，雄性节尾狐猴也
会以同样的方式来让雌性感受自己的雄性气
息，以求获得对方的青睐。

　　通常在一个群体内，雌性节尾狐猴的主
导地位是比较明显的，虽然没有固定的领袖，
但整个群体都会以雌性为核
心。当雌性个体分娩以后，
常抱着自己的孩子栖于高
处，朝乾夕惕地照顾它，整
个群体的成员们更是围绕着
母子转。这时候，雄性节尾
狐猴却无动于衷地自己过，
全然不知自己是孩子的父亲
和应当承担的责任。另一些

▲ 节尾狐猴

未分娩的雌性节尾狐猴此时也会帮助当了妈妈的姊妹舔
理被毛，尽阿姨的责任。刚出生的幼仔一般抱在母亲的
腹部，1～2周后逐渐趴在母亲的背上，从不离开半步，
直到可以吃食物为止。

　　等到幼仔逐渐学会采食，群体内的生活气氛便会由
紧张变得欢快，常常出现一只雌性节尾狐猴身边围绕着

2～3只幼仔追逐嬉戏的场景。偶尔也会有成年雄性节尾狐猴过来凑热闹，但它还得看人家母亲的脸色。不过，雄性在群体中也充当卫士角色，在保护生存的领域或扩充疆域的斗争中，是不可缺少的。

在节尾狐猴强烈的领域意识和不断的相互较量中，每个群体都在一定的地域内形成了特定的势力范围。而领域范围的大小和地理条件的优劣也决定了每一个群体的优势力量的大小。

节尾狐猴的社会表面上虽然平静祥和，实际上却暗潮汹涌。每个群体都在不断地竞争，每个个体也都在不断地努力，因为它们深知大自然残酷的法则——优胜劣汰。

（张　清　孙　强）

聪明的狒狒

~~~~~~

　　狒狒是一种猴子，生活在非洲东北部和亚洲阿拉伯半岛半沙漠的稀疏树林中，又被称为"阿拉伯狒狒"。雌雄狒狒的个头相差较大。雄性身长 70 ～ 75 厘米，大者可达 90 厘米，站立时体高约 1.2 米。雌性身长不超过 70 厘米。狒狒头部大，吻长像狗，又叫"狗头猿"。它的头部两侧至背部披着长毛，从背面看，仿佛披着一件蓑衣，故而又称"蓑狒狒"。雌狒狒不仅个儿小，而且头小、毛短、吻短，有点像猕猴。狒狒属除了阿拉伯狒狒外，还有熊狒狒、黄狒狒、棕狒狒、几内亚狒狒等多种，它们的形态和习性颇为相似。

　　狒狒喜欢结群生活，一般每群 20 ～ 60 只，大的群体可超过 100 只，甚至几百只。每群由一只年龄较大的、体格强壮的雄狒狒做首领，指挥全群的行动，所以人们叫它"狒狒王"。狒狒和其他猴类不同，是一种地栖生活的种类，甚至晚上也难得上树隐蔽，而宁愿在峭壁悬岩上集成大群过夜。狒狒的生活很有规律，早上大约7点一齐"起床"，然后成群外出寻找食物和饮水。它们主要以植物、昆虫和其他小动物为食，有时也成群闯入农田和果园，盗食、毁坏谷物和瓜果。狒狒为了觅食的方便常30～50只结成小群分散觅食，每小群都有一个首领带路，其他雄猴在两侧警戒，中间是母猴和仔猴，仔猴受到全群的保护。进食时，从首领开始按等级享用，首领所到之处，其他狒狒都敬畏地退避。首领也时常主动地为礼让它的狒狒理毛，表示友好，既笼络了感情，又换来其他狒狒对它更多的殷勤。所以，首领的毛发总是最为光亮的。但首领并非终身制。年轻的狒狒发育到肌肉强健、犬齿锐利的时候，便越益好斗。通常是地位较低的狒狒向地位高的发起挑衅。先是瞪眼睛、竖毛，后是尖叫、拍打地面进行威胁。如威胁无效，就开始厮打。厮打结果，一般会有以下3种情况：一、打赢了，就替代打输者的地位，逐步升级，直到群内领袖地位；二、打输了投降，主动抬起臀部，让胜方像骑雌猴一般骑一下，承认自己地位卑下，可免去进一步的惩罚；三、输了不投降，落荒而逃，参加到其他狒狒群中。若这个新群体力量较弱，过一段时间，过去的失败者甚至会

▼ 狒狒

成为新群体的王，但那是非常偶然的侥幸者。

狒狒几乎每天都要饮水，通常沿着一定的路线到水源处集体饮水。不过这是一件很危险的事情，一旦遇上狮子等敌害袭击，打先锋的狒狒便同它进行勇敢的搏斗，周围的狒狒也一齐大声吼叫助威，并向狮子猛投石块和果实。在齐心协力、团结战斗的狒狒面前，狮子等敌害往往是胆寒心虚，落荒而逃。狒狒除了自己团结对敌外，还能与周围的其他动物联合起来，对付共同的敌人——狮子。狒狒最可靠的"盟友"是羚羊和斑马。原来狒狒有一对锐利的眼睛，而且又能爬树，"站得高看得远"。而羚羊凭着它们灵敏的嗅觉，能觉察到很远地方的外来猛狮。斑马的听、视和嗅三种感觉都很灵敏，一闻到异样气味，担任放哨的斑马马上会发出"警报"。这样，它们配合起来，就可以尽早地发现来犯之敌了。

在猴类中，狒狒是最富有智慧的种类之一。美国芝加哥动物园主任贝克做过试验。他准备了两只笼子，一只笼放入两只没有经过训练的雄狒狒，另一只笼内放了钩物工具，在笼外放下一盘食物。笼内一只较大的雄狒狒竟会指挥另一只瘦小的雄狒狒伸臂去取另一只笼内的钩物工具，然后用这个工具把笼外的食物盘钩到自己笼子的旁边，取到了食物，两者共同享用。狒狒之间能共同合作，利用工具获取食物，这是一种智能行为。

狒狒6岁左右性成熟，一般在秋季发情交配。母兽怀孕期200天左右，每胎产一仔。小狒狒诞生是狒狒群中的最大喜事，众多狒狒纷纷来到新生"婴儿"的周围争着向妈妈"道喜"。但狒狒群有一条"家规"，那就是"只准看，不准摸"。只有做"妈妈"的才能抚摸新生的小狒狒，其他狒狒只能通过抚摸母狒狒，来表示它们的慰问和尊敬。由于小狒狒在群中十分受宠，所以大家都不会欺侮它们。成年狒狒都喜欢和"小皇帝"们交朋友。有时，两只成年狒狒发生争斗，其中弱的一只会躲在小狒狒后边，或者抓住小狒狒，这时，强的一只就会立即停止攻击。

古代埃及人驯养狒狒来看守门户，或者采摘鲜果，把它们视作"神兽"。这种猴子虽然性情蛮横，如果从幼时饲养，可以驯化。非洲农村有些人家驯养狒狒，利用它们来看管羊群，效果比狗还好。它会阻止单只小羊走失，傍晚随同羊群一起回到畜栏。它会抱起每只小羊羔，十分温顺而小心地送到正在呼唤"孩子"的母山羊身旁，并让它吮吸母羊的奶头，乖乖地吃奶。狒狒的记忆力非常好，它知道哪只小山羊是属于哪一只母山羊的，一点也不会搞错。因为母山羊只生两个奶头，所以狒狒发现哪一只母山羊生下 3 只小山羊时，它就把第三只小山羊送到另外一只只生 1 只小山羊的母山羊身边去吃奶，使这个"多余"的小山羊也能长得很健壮。

（华惠伦　沈　钧）

黄山猴的"慈父"和"杀子"行为

~~~~~~~~~~~~~~~~~

　　黄山的奇松、怪石、云海和温泉被称之为"四绝"，但是也许很少有人知道被称为第五绝的黄山猴。黄山猴学名短尾猴，因其尾巴短，仅9厘米长而得名，是我国特产的珍稀动物。在猿猴这个大家族中，这种猴的体形最大，成年雄猴体重可达25千克。它们脸盘硕圆，双颊和下颌长满胡须，周身披挂着蓑衣般的黑褐色长毛，显得魁梧粗壮。雌猴纤瘦苗条，肉红色的脸蛋，明眸皓齿，十分秀气。这种猴除了黄山之外，还生活在四川、云南等地的高山林区，但由于它们分布区狭窄，数量稀少，其生态学特性和社会行为也就鲜为人知。

　　春季是猴群产仔的季节。有一只刚满5岁、名叫"花"的母猴独自坐在树下，显得十分疲倦，怀里抱着一个脐带刚断的仔猴。仔猴还未睁开眼，小嘴紧紧地吮含着妈妈的乳头，四肢牢牢地紧抓妈妈的腹毛，一动也不动。一会儿，一只名叫"根"的母猴——它是"花"的母亲，怀里也抱着出生已有一周的仔猴走近了"花"，拉起"花"的孩子——自己的外孙，在它的肛门部吮舐。很快，新产猴的胎粪排泄出来了。"根"似乎是在教初为猴母的女儿应该如何照料仔猴。

仔猴的诞生，给猴群输入了新鲜血液，也给成年雄猴带来了兴奋。尽管那些母猴小心翼翼地抱着仔猴，几只一堆，自成小群，躲躲闪闪地远离其他猴坐在树荫下、崖石旁专心哺育，但雄猴们总是凑近它们，张望并试图将仔猴拉入自己的怀抱，母猴对此往往拒绝，只是象征性地举起仔猴，让雄猴看上一眼。两周后，仔猴时常爬出妈妈的怀抱，在地上、树枝上攀爬，与其他仔猴互相拉扯、打闹嬉耍等活动的频率逐渐增高。四周的雄猴们总是怀着极大的兴趣，一有机会就将仔猴抱入怀中，为其舐理毛发，爱护备至，酷似一个尽职的慈父。有一只因上颌缺少几颗牙齿而被起名为"无上"的成年雄猴的表现十分突出，它一会儿抱起这个仔猴，一会儿又拉起那只仔猴舐吮，为其理毛。它还抱着仔猴在群中到处跑动，它先来到一只雄猴面前，举起仔猴龇牙咧嘴，对方一见随之迎上，与它一起舐理仔猴毛发。但是，对方刚一开始舐理，"无上"又抱着仔猴离开，向另一个雄猴跑去重复以上的行为，而第一只雄猴意犹未尽，紧追"无上"，欲继续舐理仔猴毛发。"无上"如此反复几次，雄猴们被挑逗得十分兴奋，跟随着"无上"在群中跑动，抢抱仔猴，欲舔理毛发。这时，又有其他雄猴也仿效"无上"，抱着另外的仔猴跑动、急抢。顿时，整个猴群沸腾起来了，仿佛是在相互转告仔猴诞生的喜讯，又仿佛是在举行盛大的仔猴诞生庆典。在这个季节，这种行为发生的频率极高，被称之为"慈父"行为。

▲ 黄山猴

　　在炎热的天气，猴群减少了活动，群中显得很平静，很安宁。然而，就在夏季，猴群发生了两起令人震惊的事件。一天上午，猴群中一阵骚动后，一只额头曾受伤留下伤痕、名叫"额伤"的母猴发出大声惨叫逃出了树林，它怀里一只刚满月不久的仔猴死了，是被咬死的！仔猴右手被咬断，腹部大开膛，内脏外流。"额伤"用一只前肢紧紧搂抱着死去的仔猴，另一只前肢在地上一跛一拐不停地跑动，口中喊叫似哭泣。但见猴群中一只名叫"高山"的成年雄猴口边沾有鲜血和肉屑，正坐在树下若无其事地用手抹舔，它无疑是咬死仔猴的凶手！两天后，惨剧再次发生，一只名叫"长脸"的母猴的仔猴又被咬死了！两只母猴整天紧紧地搂抱着死猴，精神恍惚。死猴很快就腐败风干了，母猴不但不丢弃，还常常为死猴理毛。

　　2004 年也有几起咬死仔猴的事件发生，凶手都是成年雄猴，被害仔猴都是雌性。这显然不是偶然的误伤，而是猴群中的一种"杀子"行为。"杀子"行为在狒狒等其他灵长类中也时有发生，学者们对其原因的阐述也莫衷一是，但一个明显的原因就是控制数量的增长，防止种群的猴口爆炸。因为这种猴类的雌猴几乎每年都能产一仔，繁殖能力高于其他猴，如果按此速度增长下去，用不了多少年，黄山地区就将被它们充满。但是，10 年过去了，黄山地区仍然还是 12 群 800 ～ 1 000 只，它们的数量未见增多，分布区域未见扩大。这就是说，环境能提供的食物数量、生息条件和现在的猴群规模相适应，满足不了它们再扩大的需要。正是由于生息环境条件的限制，引起了种群内的调节，控制了总体数量的增加。"杀子"行为正是调节群体数量的有效机制之一。所"杀"对象总是雌性，从而抑制了种群在某一时期有可能出现的生育高峰。由此可见，"慈父"行为也罢，"杀子"行为也罢，都是自然选择和生存竞争的结果。神秘的大自然，是这样的慷慨为怀，又是那样的残酷无情，这一切都令人敬畏。

（熊成培）

黄山猴的"礼仪"和"争王"行为

～～～～～～～～～～～～～～～～～～～～～～

　　火红的枫叶在峰峦沟壑中结彩，金黄的阔叶树在层林间染色，秋风把整个大山吹得绚丽多姿。猕猴桃等野果熟了，山核桃和山毛榉科植物的果实也成熟了，黄山猴的猴群追随着这些成熟的果实满山遍野地活动，开始了秋季大觅食。在这个时期，猴群活动的范围大，移动的速度快，常使中日两国学者组成的研究组成员跑得精疲力竭而跟踪不及，失去了许多有效的观察机会。为了解决这一问题，研究组成员用麻醉枪射倒了一只猴，在它脖子上安装了一只无线电发射项圈，然后再把它放回群中。这样，在以后的两年中发射项圈就能不断地向我们发来猴群活动方位的信息。

　　清晨，踏上洒满白露的山道，打开收讯台，电波信息告诉研究组成员猴群正在海拔 1 100 米处的毛栗树林

▲ 短尾猴

中活动。研究组成员很快赶到了现场，开始了一天的观察。今天，猴群有些异常，多了6只从外群窜入本群的年轻雄猴。由于它们的窜入，厮打叫咬声不息，猴儿们你一群他一帮不断地打群架。雄猴窜群是经常发生的事情。据观察统计，雄猴到了5岁性成熟后都要离开出生的母群，窜到其他群中去闯荡自己的天下。雄猴窜群不仅起到了交换血统、避免近亲繁殖的作用，而且也加剧了雄猴们在群中排位顺序的竞争。

接下来的十几天内，猴群中战火纷飞。首先，或是本群猴与外来猴一对一的撕咬，或是本群猴联合起来驱打外来猴，或是外来猴携手抗击本群猴，打得难分难解，多数猴全身到处是伤。接着，战事发生了一些变化，外来猴不时地加入了本群猴的队伍撕咬其他外来猴，而本群猴也常伙同外来猴攻击另外的本群猴，一时阵营混乱，分不清敌我。最后，战火渐趋平息。那些生性懦弱、体格不壮者（本群和外来双方都有）认负服输，躲闪一旁，剩下的"强猴"们继续斗智斗勇，欲争一席之位。在这些外来猴中，有个名叫"大强"的雄猴特别骁勇善战。它一开始很少参战，只是抵挡一下对自己的攻击，以保实力。不久，它直接加入了本群猴的阵营，在撕咬外来猴中大打出手，得到了本群猴的认可。接着，它专乘本群猴在追咬外来猴时，突然袭击正在追击的本群猴，将对手咬得皮开肉绽，大败而逃。这样多场战斗下来，不管是本群猴还是外来猴，见它都畏惧三分，躲闪唯恐不及。最后它向群中的最强者——猴王"黄毛"挑战了。一天，"大强"以藐视一切的神态走向"黄毛"，并在离它 5 米左右处坐定，拉住一只雌猴为之理毛，与它亲近。"黄毛"欲发作但又停了下来，似乎是担心敌不过强壮的对手而失去猴王的面子。一个名叫"二雄"的雄猴恰好路经这里，"黄毛"立即迁怒于它，冲上前去攻击撕咬。"二雄"给打懵了，大叫逃走。就在此刻，"大强"飞快冲向"黄毛"，双手抓紧它的颈毛，在其背后拼命撕咬。"黄毛"弄不清是怎么回事，尖声惊叫，挣脱而逃。"大强"也不追赶，只是对着"黄毛"逃走的方向大叫几声，一脸凶相，在群中跑动了几圈以显威风。说难亦难，说易亦易，"大强"就用这一下子击败了"黄毛"，登上了猴王宝座。

争夺"王位"和群中高排位的争斗是激烈无情的，这是优胜劣汰的自然规律。但是，这种争斗如果愈演愈烈，最后势必导致这个群体的崩溃，使它们失去在自然界进行生存竞争的群体力量，这个种群也就处在被灭绝的边缘了。然而，群中相应地产生了缓解这种争斗的行为——雄猴间的"礼仪"行为。雄猴们通过武力较量，在群中的高低地位基本确定，各个雄猴又重新摆正了自己的位子，上下有序地进行着各种社交活动。"无上"走到"大强"面前，转过身翘起屁股以示致礼，"大强"用爪轻轻拍打一下它的屁股以示受礼，"无上"立即坐定一旁，专心为"大强"理毛。"二雄"要路经"黄毛"坐处时，它挺着胸，袒露腹部，双手下垂，以示毫无冒犯之意，这才慢步通过。"可怜"是群中地位最低的一只雄猴，它整天不失时机地进行各种"礼仪"活动。它一会儿到"大强"处，翘着屁股让"大强"爬跨在它的背臀部以示屈服顺从；一会儿又抱起一只仔猴，跑到"黄毛"处，龇牙咧嘴，讨好地递上仔猴，让"黄毛"吮舔。最令人寻味的是"大强"时常走近"黄毛"，示意并拖拉"黄毛"爬跨到自己背臀部上；"黄毛"受宠若惊，爬跨上去后兴奋地大叫；随后"大强"又与"黄毛"拥抱，以示友好嘉奖。每到黄昏，猴儿们在各自分散觅食后又相聚一起时，雄猴们常常相互拥抱，兴奋大叫，不分尊卑，滚作一团，呈现出一派无忧无虑、欢乐和平的景象。我们万分感叹：大自然对它们犹如一座天平，一边的砝码是雄性的竞争，一边的砝码是雄性的"礼仪"。竞争可以助强除弱，"礼仪"可以凝聚群体：一边不能轻，一边不能重，这也是一种生态平衡。

雪后初晴，天寒地冻。下午5点，猴群就停止活动，准备睡觉了。这种猴为了防止云豹等天敌的袭击，睡眠场所都选择在悬崖峭壁中部的石头平台上。视平台面积的大小，或二十几只，或十几只甚至七八只，分成若干个小群，一律脸面朝内，背部向外，相挤紧挨，幼猴夹在中间，抱团入睡。每个睡眠小群都以母女、姐妹、姨侄等有血缘关系的雌猴和小猴为基本成员；中、低排位的雄猴则根据自己与其中哪一个家族关系较为亲近而选择某一小群入睡；高排位雄猴比较自由，往往根据自己一时高兴，随意加入某群。然而，群中各个猴之间的亲疏关系常常随着觅食争夺、社交多寡、发情争偶等情况的变化而变化，每晚组合睡眠小群时，常常闹出不少插曲。这天，"黄毛"加入一群后，发现"可怜"和"赤颜"这两只低排位雄猴低头囤坐在中间，马上一巴掌打去，赶走它俩。它俩慌忙出逃，又分别加入另两群，但同样被恶狠狠地赶出来。就在它俩被赶的过程中，惊动了已睡定的"大强"。它冲出群，爬上树，发怒地大摇树枝，似在警告大家不要吵闹，快快入睡。猴群安定了，"大强"下树，没有回到原来的一群，而是就近加入另一群坐定。一只与"大强"原在一起入睡、名叫"叶"的雌猴，近期与"大强"关系十分亲昵，时时尾随。当它见"大强"未归，立即起身，来到了"大强"身边。但是，群中有一个名叫"白颊毛"的老资格雌猴见后十分不快，冲上去阻止"叶"入群，"大强"见自己的相好被欺，又去打咬"白颊毛"。顿时，群中大乱，原来已经组合完毕的几个睡眠群也一哄而散。如此反反复复，几经组合，猴儿们之间的亲疏关系表现得淋漓尽致。最后，"大强"和"叶"还是入睡在同一群；"可怜"和"赤颜"在一旁等待，直至其他猴入睡后，才悄悄地溜到了性格忠厚的"无上"身旁凑合着睡了。

　　寒冬一天天过去了，猴儿们在秋季大量吃果实所积蓄的体内脂肪也慢慢地被消耗，个个变得清瘦了。它们每天在小山阳坡活动，一边拼命扒寻落在地上的果实和种子，一边啃吃树皮和常青树叶，以熬过这一年中食物最贫乏的季节。正当开花萌芽的春天即将来临之时，群中最悲惨的事件发生了。一天，有几只常常低头闭目、独坐一旁、精神有些呆滞的猴子一个个地死去了。这种死亡大约持续了12天，4只成年雄猴，3只成年雌猴，还有3只1～3岁的幼猴，共10只猴与我们永别了！经解剖和各种检验，结果使人大出所料，双肺、肝脾、胃肠等均未见病变，胃内容物未见异常，中毒致死也被排除。浓重的疑云深深地笼罩在研究组成员心头。

（熊成培）

怪异的长鼻猴

说起长鼻猴，不少人会联想起它的怪鼻子。雄长鼻猴长成以后，长鼻子还会越长越大，形成前面和后面稍扁平、中间最宽的匙状红色大鼻子，垂挂在嘴巴前面。从前面和侧面看去，像一条红色的茄子，十分滑稽。一旦情绪激动，它的长鼻子又会向上挺起或上下摇晃，往往使目睹者忍不住捧腹大笑。可是雌猴和幼猴的鼻子却十分正常，都是短小的狮子鼻，绝不会出现像成年雄猴那样又长又大的怪鼻子。

这究竟是为什么？据以国际野生动物保护组织的自然资源保护学家伊丽莎白·L.贝内特为首的专家考察组研究，认为有两个原因：

第一，雄性长鼻猴的鼻子特别长、大，是它们在长期进化中逐渐发展起来的一种吸引异性的第二性征，仿

▲ 长鼻猴

佛公鸡高大的红色鸡冠。雄性长鼻猴的鼻子越长、越大，就越容易吸引雌猴交配，所以产下的仔猴也就越多。这种长而大的鼻子的基因，可以遗传给它们的后代，有趣的是只传给雄性后代，不传给雌性后代。

第二，雌雄长鼻猴的个儿相差悬殊。一只成年雌猴体长加尾长很少达 120 厘米，体重仅 11 千克左右；而一只成年雄猴的体长可超过 76 厘米，尾巴也有这么长，体重可达 24 千克，比雌猴大得多。这种大个头雄猴生活在潮湿的热带沼泽林地，它们的长而大的鼻子，可以为其散发体热提供较大的面积，这种方式如同大象通过自己的大耳朵排热一样。而雌猴因个头小，所以产生的体热也少，鼻子也就比雄猴短小。

长鼻猴又叫大鼻猴，早期动物学书中也称它"天狗猴"，是东南亚加里曼丹的特产动物，也是世界著名的珍稀猴种。它们常以 10 ～ 30 只为一群，有时几个群会聚集在同一个地方。每群有一只身强力壮的成年雄猴为王，指挥和控制全群活动。猴王爱出风头，当几个群在一起时，它们就显得特别活跃，在树林中窜来跳去，折断树枝，发出洪亮的吼叫，从远处望去仿佛几架微型轰炸机正在轰炸森林。据科学家推测，这些猴王各显身手，可能是在彼此逞强，瞧瞧谁的本领高！

　　说来奇怪，成年雄猴有时会显得特别安静，可以在树顶上连续坐上好几个小时，一动也不动，宛如寺庙里的佛像。这时，顽皮的幼猴会戏弄"爸爸"，不是拧扭它们的鼻子，便是摇动它们的尾巴，把"爸爸"弄得哭笑不得，而它们只是面部露出不高兴的表情，至多把吵闹者赶走，绝不会大发雷霆。

　　长鼻猴爱挑剔食物，而且胃口很大，在当地只吃几种植物的果子、叶子、幼芽和嫩枝，一旦发现美餐，它们可以没完没了地吃个不停。可是对成年雄猴来说，吃食是一件十分麻烦的事情。因为它们嘴巴前面垂挂着一个又长又大的鼻子，吃食时必须将鼻子撇开，所以吃得很慢，进食时间很长。

　　长鼻猴是一种四肢细长，体态瘦削的猴子，可是有的成年雄猴肚子凸起，好像怀孕似的，与它们又长又大的鼻子正好相配。这种膨大的腹部，与动物摄取食物和消化有关。因为它们爱吃的食物中有不少是难以消化的，而且胃口又大，所以它们的胃被膨胀得很大。根据解剖学检查，长鼻猴胃的结构与反刍动物的胃一样，呈囊状，分成几个部分，用来逐步分解吃下的不易消化的食

▲ 黑叶猴母子

▲ 黑白疣猴

物，而且在食物的发酵过程中，还可以去除食物中所含的毒素。

　　长鼻猴不仅在树上行动自如，跳跃似飞，而且游泳和潜水也是能手。它们细长的四肢上长有不完全的蹼足，其功能如同鸟类中涉禽和水禽的足一样，既能在水里快速游潜，又能在沼泽红树泥上行走不陷，这是对生活环境的适应。有时，它们一天要游 2～3 次河，甚至潜泳 198 米。这种游潜本领，固然对寻找食物和逃避敌害有好处，但是会被潜伏在河流中的鳄鱼所害。

现在长鼻猴的数量已十分稀少，濒临灭绝。目前在婆罗洲岛上有两个自然保护区：一个是沙没桑姆自然保护区，面积为 61 平方千米；另一个是博科自然保护区，面积为 28 平方千米。从延续长鼻猴这一种群的需要来看，这两个自然保护区的规模太小，还不能使长鼻猴完全摆脱生存的困境。幸好，在国际野生动物保护协会的支持下，经过自然资源保护学家们的呼吁，婆罗洲岛有关部门进一步扩大了原来的自然保护区范围，并在沿海岸新建了一些自然保护区。

长鼻猴属疣猴亚科，我国产的金丝猴、叶猴类和非洲产的疣猴类都是长鼻猴的近亲。

（华惠伦）

金丝猴的社群结构

～～～～～～～～～～～～～～～～～～～～

　　我国的动物学家从 20 世纪 50 年代末就开始了对金丝猴的野外研究，对它们的社群结构尤为关注。从开始时只是认识到"金丝猴是群居动物"，发展到后来提出"一雄多雌的小家庭概念"。2000 年，北京大学的任仁眉教授等所著的《金丝猴的社会野外研究》更是明确地提出了金丝猴社会中有两个基本群体——"家庭群"和"全雄群"；几个"家庭群"和"全雄群"合在一起形成了金丝猴社会的中层组织——分队；几个分队相遇在一起时形成了金丝猴社会的高层组织——社群。这些研究成果对在人工饲养条件下如何合理调整及优化金丝猴种群结构，具有实际指导意义。

　　1995 年 11 月，上海野生动物园以"大种群、半散养"的饲养展出理念，为金丝猴种群的发展打下了得天独厚的基础。由于开园之初对野生状态下金丝猴的社群结构不甚了解，所以金丝猴种群的发展经历了从一开始的混乱状态到后来的"母系社会"，又逐步发展成两个规模较大的"家庭群"和一个"全雄群"的过程。

首先让我们来看一下"家庭群"。在"家庭群"中，一般有一头成年的公猴处于该群体的领导位置，动物学家形象地称之为"家长"。"家长"具有至高无上的权力，对食物享有优先权，而且独占交配权。它对整个群体起着至关重要的作用：对"全雄群"保持威慑力，防止"家庭"成员遭其侵害；调解"家庭"成员之间的矛盾等。但如果"家长"滥用"权力"，也会遭到家庭成员或"全雄群"的联合反抗。"家长"的实力与"全雄群"的"头"比起来往往处于伯仲之间，如果没有它的"妻妾"的帮助，在与"全雄群"的"头"较量时还会稍处下风。上海野生动物园的一个"家庭群"的"家长"到目前为止已换了3任了。说起该群现任"家长"的上台，还有一个小插曲呢！2000年时作为现任"家长"的这只公猴已逐渐长大，在"全雄群"中混上了"老大"的位置，可谓"一猴之下，众猴之上"。它平时对原任"家长"已不大服气，但还是采取了"他不犯我，我不犯他"的策略。那年7月的某一天，猴子们都在笼子里纳凉。现任"家长"忽然心血来潮，拼命地朝外奔，想显示一下自己的威风，没想到"前任"家长也学着一个劲地朝外奔。后来现任"家长"慢吞吞地走回笼舍，没想到"前任"家长冲进来时要咬"现任"家长，这次"前

▲ 金丝猴

任"家长偷鸡不成蚀把米，反被"现任"家长用那长长的犬牙把它的手臂咬了一道长长的口子，鲜血直流。没办法，"前任"家长只好进医院去治疗，于是现任"家长"顺理成章地取代了"前任"家长的位置。在争夺"家长"位置的过程中，谁胜谁负往往带有一定的偶然性，有时一副锋利的犬牙对取得胜利具有至关重要的作用。"家长"的替换对种群的发展来说是必要的，它可以调整种群结构，更换血统。在"家庭群"的组成成员中还包括成年和未成年的母猴，以及小公猴（一般不超过3岁，否则会被"家长"赶入"全雄群"）。母猴在群体中也是属于地位比较高的一类，有研究表明：它们的地位甚至高于"家长"。在群体中它们担负着繁衍后代的重任，尽心尽责，无怨无悔。当然，它们之间也会像古代帝王的"三妻四妾"那样钩心斗角，互相猜疑妒忌，甚至大打出手，有时还会在"家长"面前吹"耳边风"，尽"煽风点火、挑拨离间"之所能，对"全雄群"进行疯狂打击。要是碰到两个"家庭群"的母猴隔着笼子吵架，那就有热闹可看了。

其次，让我们看一下"全雄群"。"全雄群"中个体的来源一般有二：一是"家庭群"中卸任的原"家长"，二是各个"家庭群"中被赶出来的3岁以上的小公猴。由于金丝猴社群结构中"一雄多雌"的"家庭群"的存在，"全雄群"的出现和存在是必然而且是必需的。那些"光棍猴"们三个一群、五个一帮地自由组合在一起，游荡在"家庭群"周围，在该群中一个公认的、最强壮的"头"的带领下，伺机对"家庭群"进行骚扰和夺取"家长"之位。与"全雄群"中的"头"相比，"全雄群"中那些未成年个体在群中的地位是最低的，是属于"夹着尾巴过日子"的那种，但它们也深知"团结就是力量"的道理，常常会给那些"欺猴太甚"者以狠狠反击。

▲ 金丝猴母子

　　金丝猴的社会是一个具有一定"组织性"和"纪律性"的社会，各个体间存在着等级地位差异，并且性格各异。在这些可爱的生命之间，每天都上演着一个个精彩且多变的故事，让人百看不厌，回味无穷。

（邱军华　孙　强）

最小的猴子——倭狨

说起狨，许多人感到陌生，更不知道它是猴子，因为它的名称上没有个"猴"字。狨只产在南美洲的热带森林里，人们不容易见到。

"狨"一词，来自英文"marmoset"，它的最早含义是"侏儒"或"矮小"。狨是一类低等猴子，这一科猴类已知的有20多种，主要生活在亚马逊河流域的森林地带。这类猴子体小尾长，头部两侧有长长的毛丛，前肢拇指与其他指不对生，除后肢拇趾有趾甲外，其余各指、趾都长着爪子。

狨不但外貌迷人，而且习性和行为奇异，是深受人们喜爱的玩赏动物，其中倭狨更是狨类中的佼佼者。倭狨生活在亚马逊河上游的热带雨林中，长大以后体长只有12厘米多一点，体重约60克，还没有一只松鼠大，所以它有"猴中侏儒"、"迷你猴"、"微型猴"之称，是地球上现代猴类中最小的猕、最小的猴子及最小的灵长类动物。不过，它那一条超过体长的粗大尾巴一般可达20厘米左右，在行动时起第五肢的作用，能够缠握树干树枝，适于森林中生活。

▲ 倭猕

　　倭猕的外貌和行为很像松鼠。难怪初见者发现它的体小尾长，停息在极为细小的植物枝上时，常常误认为是松鼠或鸟儿。这种小猴，不仅外貌像松鼠，而且行动敏捷，常在树林间穿东奔西，蹿跳自如，觅食和避敌活动都活像松鼠。不过其速度之快，为松鼠望尘莫及。因此，当地的人们又叫它"超松鼠"、"鸟猴"等等。

　　在人们发现倭猕后的很长时间里，一直认为这种小猴与一般猴子一样，以植物的嫩芽、嫩叶、花朵和果实为食，是不吃荤的"素食者"。后来发现，倭猕除了吃植物以外，还捕食蚊子、蝇类、蜘蛛、蛴螬和雏鸟等，是杂食性动物。不过，倭猕最喜欢吃昆虫，如果长期不吃，便难以长寿，所以又有"食虫猴"之称。倭猕的食虫习性是一种返祖现象，因为它的祖先就是吃昆虫的，属于食虫类动物。不久前，美国生物学家约翰·V.丹尼斯博士还发现，倭猕会用尖锐的前爪挖掘树干树枝，或者用

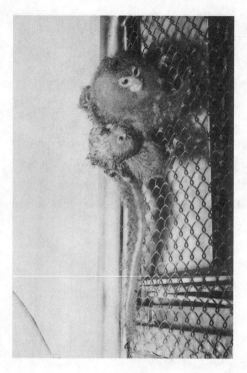
▲ 倭狨

自己平伏的牙齿猛啃树皮，然后津津有味地吮吸流出来的鲜树液。这一发现，在倭狨的食谱上又增加了新内容。

倭狨虽然仅产于南美洲，但是却已成为世界上许多国家和地区民众的宠儿和爱兽。据动物饲养学家们的观察和研究，倭狨之所以成为宠物，主要是因为它具有以下讨人喜欢的特点：一是性情温顺可亲，人们易于驯养；二是身体特别小，养熟的倭狨可以放在衣袋或手笼之中，便于携带取乐，故有"囊猴"美称；三是毛色浓艳，双眼炯炯有神，嘴大常开，加上一条超体长的长尾巴，十分逗人发噱；四是体态灵巧，能屈能伸，行为极为敏捷，训练后会在人掌上运动，能在人身上随处攀缘，并能表演精彩节目。这些特点，没有其他任何猴种能同时具备。因此，倭狨轰动了欧美各国，长期被誉为"最高贵的动物"。早在 17、18 世纪，法国和英国的一些贵族和豪门在公众场合露面时，谁要是不携带一只倭狨，那就大失体面了。如今，倭狨的身价仍不低于当年，私人饲养倭狨仍十分风行。狨猴在人工饲养条件下，2 岁开始配对繁殖，孕期 4 个月，每胎可产 2 仔。初生仔体重仅 10 多克，有褐色带斑点的绒毛，直径约 0.5 厘米的脸上清秀地镶嵌着两只芝麻大小的眼睛，针尖大的鼻孔，以及细小的嘴唇，如不是一条细长的尾巴时有显露，它们倚伏在"父母"身上时是极不容易被看见的。

倭狨夫妻十分恩爱，产后仔兽由"父母"轮流带领。母亲吃食时，两头仔兽由"父亲"抱着；而"父亲"吃食时，仔兽们则由"母亲"拥入怀中。多数时间是双亲各抱一仔。

个儿小和具有保护色的狨类动物，虽然在密林里较少引起猎人们的注意，但大面积的乱砍滥伐森林给它们带来了莫大的灾难。另外，狨类动物还有自然敌害——大型猛禽。这些狡猾又凶恶的家伙，常常趁狨群在树林里专心地打窟窿、吸树液的时候，蹑手蹑脚地潜近它们，突然猛扑捕食。所以，狨类数量已经锐减。

▲ 金狮狨

面对狨类动物濒于灭绝的现状，目前大多数产狨国家已禁止或限量出口，并且建立起国家公园和自然保护区，严加看管。美国动物园的动物学家们首先在人工饲养的条件下繁殖出仔狨，而且生长发育良好。接着，欧洲、亚洲和北美洲的一些动物园，也在人工饲养条件下繁殖出仔狨，还常常出现双胞胎。所以人们坚信，在各方面的努力保护下，这类迷你、漂亮、灵巧的小猴不仅不会灭绝，而且会更加兴旺发达。

在狨科猴类中，除了倭狨之外，金狮狨值得一提。金狮狨分布于巴西东南部沿海的热带森林里（野生数量稀少，所以被濒危野生动植物国际贸易公约列为一级濒危动物。金狮狨体重360～710克，毛长，呈丝状，有光泽，头部及肩部有鬃毛。有些个体全身以黑色为主，臀部金色。头形酷似狮子，双眼炯炯有神，毛色光彩夺目，非常美丽。

野生金狮狨栖息于热带原始森林中3～10米高的树上。昼行性，晚上睡在树洞或树丛中。主要以昆虫和果实为食，也吃蜘蛛、蜗牛、小型蜥蜴、小鸟等。以家族群为活动单位，通常3～4只为群。

金狮狨为季节性繁殖。雌猴性周期平均为2～3周，妊娠期平均为125～132天，每胎1～3仔。雌性1.5岁性成熟，雄性2岁性成熟。

上海动物园是中国内地首家饲养金狮狨的动物园。动物饲养人员在灵长三馆内模仿自然栖息地的生态环境，在馆内营建了小丘、树木、蜘蛛网般的藤蔓，树洞般的巢箱，纵横交错组成"热带雨林"，使它们犹如生活在野外一般，并且成功地繁殖了后代。

（华惠伦）

吼猴内幕

全世界共有 7 种吼猴，都生活在南美洲和中美洲的热带雨林里。它们身体粗壮，身长约 57 厘米，尾长约 60 厘米，体重在 7 000 克左右，论个头在悬猴类中首屈一指。其中红吼猴分布最广，也是目前科学家观察和研究得最透的一种吼猴。

吼猴有一种特殊的嗜好：每天早上起来或晚上就寝之前，第一件要做的事，便是张开嘴巴，发出引人注意的吼叫。尤其在拂晓时刻，吼叫之声格外剧烈和洪亮。经科学家用耳朵听辨和录音分析，在猿猴中要算吼猴的叫声最响了。吼猴有一个宽阔的下颌，下颌围住一个膨胀的卵状喉头，喉头里的舌骨形成一个"共振箱"。当它们吼叫时，声带振动发出的声音通过"共振箱"变得十分深沉和洪亮，在离开它们 5 000 米的范围内都可以听到，加之吼猴常常吼叫，"吼猴"一名由此而来。

　　吼猴经常持久不息地吼叫，并非胡闹乱叫，而是有一定的目的的。吼猴结小群活动，虽然每群各有自己的领地，但往往有重叠现象。当一个猴群接近另一个猴群时，后者就会发出一种意在示威的吼叫。在这群吼叫的吼猴中，由成年雄猴扮演主角，其吼叫声最为洪亮，雌猴和幼猴则在一旁叫嚷助威，激昂的吼声似乎在向邻近猴群宣布："这里是我们的领地，不准侵入！"如果邻近的猴群逾越边界线，占据群与入侵群就要展开一场激烈的吼声战，但是它们绝不会发生"你死我活"的肉搏战。吼声战以吼声的大小决胜负。如果占据群的吼声压倒了入侵群，那么入侵群就会乖乖地退出边界线以外，宣布"投降"；反之，占据群只好"垂头丧气"地将自己占据的地盘让给入侵群。

▼ 黑吼猴

　　过去，人们一直认为同一个吼猴群内的成员之间一定和睦相处，不会发生激烈的争吵和殴斗。但事实并非如此，科学家在考察中发现，成年或半成年的雌猴之间常常发生争吵，甚至抓伤身体，特别是脸上伤痕较多。它们的争吵有 3 种方式，而且依次升级：一是互相吼叫，谁叫声响谁获胜；二是折磨对方，强者会抓住对手的指趾、肩膀和头部，反复摇晃，使对手感到十分难受；三是肉搏，这种情况比较少见，主要发生在体力基本相当的雌猴之间。肉搏开始时，双方用前肢爪和利牙作为武器，猛烈地攻击对手，最终双方都受伤，但不会发生死亡事故。

吼猴是正宗的素食者，只吃叶子、果实和花朵等，尤其爱食幼嫩的叶子和成熟的果子，不吃被人丢弃的破烂食物，荤食是绝不沾边的。据食性分析，吼猴吃的食物中叶子占很大比例，而叶子所含能量低，许多叶子还含有鞣酸，会妨碍吼猴从食物中吸收营养物质。同时，吼猴的吼叫需要消耗较多的能量。那么，吼猴是怎样维持能量平衡的呢？据科学家考察研究，吼猴是通过多食与休息来解决这一问题的。它们的食量很大，一天几乎要吃掉分量达自身一半重的食物。它们除了吼叫外，吃食十分缓慢，白天有 65% 的时间卧躺或睡在树枝上，显出一副懒惰的样子，以此来节约能量。

平均每个吼猴群约有 9 个成员：1 ~ 2 只成年雄猴，2 ~ 4 只成年雌猴，几只未成年幼猴。但最大的吼猴群，成员可以多达 18 只。

据美国克罗克特博士在委内瑞拉的开阔林区和狭长林带考察，发现吼猴群中有"舍取"现象：一些雌猴能够留在出生群内，并可以繁殖后代，终身不受到其他猴子的虐待，被称为"幸福雌猴"；而另一些雌猴却被驱逐出群，受到其他猴子的虐待，被称为"倒霉雌猴"。这些被驱逐的雌猴，能够活下来并加入其他猴群或重新组织新的猴群的，大约只占三分之一。因为这些"倒霉雌猴"被驱逐后，过着孤独的流浪生活，常常会挨饿死去，或者被美洲狮或大鳄鱼所吞食。

科学家们在野外观察吼猴时，多次发现成年雄猴杀死婴猴的事例。这究竟为什么呢？原来，这一现象常常出现在新的成年雄猴在群中继位，或者是原来处于从属地位的成年雄猴驱逐了"统治者"的时候。所以，科学家们一致认为，婴猴是被新继位的雄猴所杀的，新继位的雄猴就是"杀婴犯"。在红吼猴中，大约只有 25% 的婴猴能够生存下来，其他的婴猴多数被杀死，还有的受到严重伤害。

面对婴猴被杀，做"妈妈"的母吼猴无力反抗雄猴的这一暴行，唯一的办法就是抱着自己的婴猴奔逃，所以大多数婴猴逃脱不了被杀的厄运。不过，亚洲的一种长尾巴的猴子有一种极巧妙的防御本领。一只与原来统治雄猴交配怀孕的雌猴，一旦遇上那只取而代之的新的统治雄猴之后，它就会伪装发情，引诱雄猴与它交配，使雄猴"相信"生下来的婴猴是自己的后代，这样它就不会去杀害自己的亲骨肉了。可是这一招，雌吼猴却不会。

（华惠伦）

讲"文明"的绒毛猴

～～～～～～～～～～～～～～～～～～～～～～～～～～

　　热带美洲的亚马逊河流域素以"奇猴之乡"著称，其中绒毛猴就是一例奇猴。

　　绒毛猴体格非常强壮，身长约 55 厘米，尾巴稍长于身体，体重在 6 800 ～ 9 100 克之间，是一种个儿较长的猴子。它四肢发达，常用能缠卷的长尾巴倒挂在粗大的树枝上。它双唇紧闭，额头紧皱的脸上长着络腮胡。见到人，它常常不动声色，安详地凝视着你。

　　绒毛猴的毛质与其他猴子不同，兼具短、细、厚、软 4 个特点，因而得名绒毛猴。它的毛色有灰、暗灰、黄褐和黑棕 4 种，不知内情者常常会误认为是不同种类的绒毛猴。但是，不管绒毛猴是什么样的毛色，它们裸露的面部几乎都是黑色的，这是一个重要的外部鉴别特征。虽然绒毛猴被认为是栖居于树上的动物，但是它们

▲ 绒毛猴

也常常到地面上活动，用后肢直立行走、跳跃，以长臂摇摆平衡身体，还时时用它的长尾巴作为支柱。因此，确切地说，绒毛猴应属于树、地两栖动物。

绒毛猴喜欢结群活动，常以30只左右为一群，由一只躯体特别魁梧的雄猴为主，另有2～3只成年雄猴，其他是雌猴和幼猴。不过它们在寻找食物和休息时，通常分成几个小群。上午，它们都在不停地搜寻果实、树叶和昆虫为食，直到中午，它们才躺在高高的树枝弯曲部小憩片刻。经过这种短暂的午休以后，它们又开始寻找食源，直至傍晚为止。可见绒毛猴的胃口是很大的。为了寻找足够的食物，它们必须长途跋涉，平均每天至少行走3 000米路程。每群绒毛猴一年内大约要使用11 100亩森林，吃150种不同的果实。

绒毛猴最爱吃果实，一天要吃10～15种。它们仅对果肉感兴趣，但是为了吃到果肉，它们必须囫囵吞下许多种子。绝大多数被吞下的种子具有难以消化的坚硬外衣，这些种子对机体没有害处，它们通过肠子以后，就随粪便排泄到地面上，然后又发芽成长。由于种子从吞下到排出的正常过程大约需要4～4.5个小时，因此，绒毛猴在排泄之前，往往要行走近2 000米的路程。由此，许多种子得到了传播，从而保证了森林中各种树木的繁衍。

一般来说，哺乳动物常有争雌格斗现象。但据美国生物学家 T.R. 迪弗勒博士对绒毛猴的 5 年实地考察，没有发现绒毛猴群内雄猴之间有明显的主从之分，也无争雌格斗现象，彼此之间亲密得很，大家都有与雌猴交配的机会。雌猴每隔 2～3 年产仔 1 只，怀孕期为 7.5 个月，产仔可以在一年中任何时候，但多半在 5～10 月。

迪弗勒博士在跟踪考察中，还发现雄性绒毛猴对幼猴的疼爱程度在猴

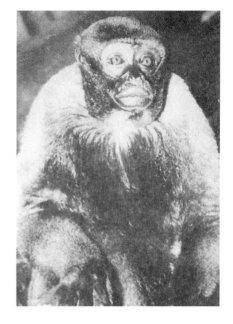

▲ 黑绒毛猴

类中是十分罕见的。在绒毛猴的猴群里，一只成年雄猴似乎有义务保护和护理每只新生幼猴。无论幼猴和母猴走到哪里，雄猴总是陪伴着它们。这种照料行为，还表现为雄猴能高度忍耐顽皮淘气的幼猴。迪弗勒博士经常看到一只正在休息或睡觉的雄猴，突然被几只打打闹闹的幼猴撞击。虽然遭受幼猴干扰，雄猴却从不发怒，最常见的反应是爬起来离开，仅此而已。

父母爱子女，这是人类社会里的普遍伦理。在动物世界中，这一现象虽也屡见不鲜，不过像成年雄性绒毛猴这样疼爱幼猴确属罕见。迪弗勒博士在长期考察中，从未见过成年雄性绒毛猴有半点虐待幼猴的行为，即使幼猴不完全是雄猴的亲骨肉。所以迪弗勒博士认为，这

是绒毛猴的"文明"所在。

迪弗勒博士认为，跟踪绒毛猴并非难事。因为这种猴子喜欢暴食，所以大量排出的粪便可以暗示人们：这里有绒毛猴出没。更令人惊奇的是，雌雄绒毛猴都会咬断树枝，而且会把它们扔到迪弗勒博士的宿营地附近。迪弗勒博士曾多次遭到沾有猴子粪便的树枝的袭击，但幸运的是这些树枝都十分细小，否则是很危险的。这虽然是出于绒毛猴驱赶捕猎者的一种策略，因为树枝从 30 米左右的高度落下来容易使敌害造成伤害，但是对考察者来说却可以给他们提供信息，以便发现并跟踪绒毛猴。

（华惠伦）

亚洲南部的长臂猿

清晨，到上海动物园能听到的最响亮的动物叫声，当数猩猩馆内传出的长臂猿的晨歌，它们的叫声嘹亮、欢腾、一浪高过一浪，常持续 10 多分钟。

大约在 1 000 万年前，地球上经历了一场巨大的变迁。森林古猿所生活的地域变得干旱、寒冷，造成大批森林枯死。森林古猿食物短缺，寒冷与饥饿威胁着古猿的生存，它们中有的被迫下到地面生活，直立行走和劳动促进了手脚分工，渐渐发展成今天的人类。有些古猿南迁到了新的森林，继续过着猿的生活，成了现代的类人猿，长臂猿就是其中的一科。

长臂猿仅产在亚洲南部，现存大长臂猿、小长臂猿、黑长臂猿、白眉长臂猿、白手长臂猿、黑冠白手长臂猿、黑手长臂猿、灰长臂猿 8 种。我国主要产 3 种：白手长

▲ 白眉长臂猿

臂猿，分布在云南西南部；白眉长臂猿分布在云南西部；黑长臂猿分布在云南西南及海南岛。另有一种白颊长臂猿，是黑长臂猿亚种。

在灵长目中，长臂猿手臂最长。它走路不是用四肢，而是使用瘦长的双臂前后交替攀越。长臂猿的手臂可以左右回转180度，动物学家对这样的行走，起了个有趣的名字，叫"臂行法"。一只78厘米高的长臂猿，手臂竟长达68厘米。直立时，手可触及地面。长臂猿后肢只有42厘米，臂是腿的1.5倍。它的手掌长达17厘米，"手指"细而有力，长9厘米，所以，长臂猿善于攀握树枝。更有趣的是，长臂猿往往只用4个指头攀握，不太使用大拇指，而且可以单手攀握住像一根织毛衣的针一般细的枝条，吊在上面不会坠下。

长臂猿后肢可以支持身躯竖立行走，但走路像刚学跑的幼儿，既慢又不稳，两臂伸开，一摇一摆地，活像投降的士兵，样子非常滑稽。由于它的双臂能起到平衡作用，所以，只有长臂猿才能在枯藤上像杂技演员一样站立行走。据野外观察，长臂猿终生都在树上度过，很少下地。就是喝水时也是用一只手悬挂在树上，再用另一只手伸到水中舀一点水，送到嘴里喝。

长臂猿白天都在30米高的上层树冠上活动，它具有一双敏锐的"千里眼"。它们整天都在高树上攀枝摘果，吊荡穿插，从这一棵树跳跃到那一棵树，两树之间距离可达12米，不愧是空中的跳远冠军。

长臂猿的生活以"家庭"为单位，每群一般不超过6只，都以父亲为首领。长臂猿以群占山为"王"，每群的领地约20公顷（300亩）左右，在自己的领地内，绝不容许同类入侵。因为一群长臂猿总需要一定的食物资源，以维持生存。长臂猿不像有的猴类过着游荡生活，群与群之间经常会发生争斗。长臂猿的争斗要比其他猿或猴类温和。

▲ 白颊长臂猿

"君子动口不动手"，一般不会互相揪着撕咬，打得头破血流，而只是互相鸣叫示威。争斗往往是由一群猿误入边境引起，另一群长臂猿发现入侵者后，就大声鸣叫，互相对峙一会儿后，互相接近，首领间会互相追逐、躲闪，而双方的雌猿只在一旁拼命地嗥叫助战，子女们则激烈地摇动树枝吊荡鸣叫。当入侵者退出领地后，另一方也退回自己的林中。

长臂猿7岁左右性成熟。成熟的小猿脱离家庭独立生活，在游荡中去寻找异性组织家庭。长臂猿实行"一夫一妻制"。成年雌猿找到配偶后，平均每年繁殖一胎，每胎产一仔。婴猿产下时，浑身有稀疏的毛，呈浅黄褐色，出生后，眼睛就睁开，双手会紧紧抓住母猿。母猿

▲ 雌性白颊长臂猿

▲ 黑长臂猿母子

也十分爱护婴猿，抱在怀里，一刻不放。幼猿一直要到18个月后才能独立生活，但仍留在父母的群体内，一旦成年后就离去。只有少数家庭里有祖父母生活在一起，所以长臂猿是小家庭形式的群体，一般都不超过6只。

长臂猿善啸，啼声嘹亮。每天清晨醒来，总喜欢清清嗓子晨歌一番。然后，它们就活跃在绿色的密林中，采摘树叶、花朵、果实，捕捉昆虫、小鸟及鸟卵等各种食物。在群体中，它们互相帮助、相互理毛，过着融洽的家庭生活。

当暮色降临，长臂猿会选择一根又细又长的树枝，蜷坐在树梢上过夜。如天气较冷，它们就一对对相互偎抱着取暖过夜。

在自然界中，除了人以外，长臂猿是唯一能够以清楚的嗓音发声的动物。

（沈　钧）

最重的树上居民——猩猩

~~~~~~

　　猩猩、黑猩猩和大猩猩被并称为三大类人猿，前者产于亚洲，后两者都产在非洲。长臂猿则是小类人猿。因为猩猩的体毛呈红褐色，所以又叫红猩猩、赤猩猩和褐猿。外国有些学者说猩猩是"巨猿"，其实它在三大类人猿中只能算老二，大猩猩才是老大，称得上巨猿。

　　由于大猩猩的个儿实在太大了，只能在地下生活，如果上树必定会折断树枝的。而猩猩呢？个儿要比大猩猩小得多，一般身高约 1.4 米，体重在 70～80 千克之间，不太会折断树枝，树栖生活，很少下地。因此科学家称猩猩为"最重的树上居民"。

　　不过话又说回来，一只成年的大雄猩猩，站立时的身高可以超过 1.5 米，双臂展开足有 2.5 米宽，体重可达200 千克，尽管它四肢上的指趾具有强有力的抓握树枝

▲ 猩猩

的本领，髋关节韧带又长又松，十分适于树栖生活，但是终究体重过量，不仅会压断树枝，还常常得不到爱吃的果子。因为一般美味的果子都生长在细枝上，而成年的猩猩只能在粗树枝上活动。特别是一些年老、体重的大雄猩猩，在树上旅行确实太费劲了，所以多半在森林底层，笨重地缓慢移动。树栖活动对成年的大雄猩猩来说，充满着危险。据科学家对成年的大雄猩猩骨骼的研究，发现其中34%的骨骼有不同程度的伤痕。

一只雄猩猩长大时，喉部会有一个巨大的肉囊，好像是加倍的下巴。这是一个能充气膨胀的囊，可以垂伸到胸部之下，横入腋窝到肩胛。据科学家考证，猩猩的祖先把肉囊作为扩大声音的共鸣器。而现在的猩猩却不会用肉囊唱歌，它发出的最强烈的声音是"长叫"——冗长的悲叹和连续的呻吟，持续2～3分钟。产生此声，仅部分依赖于它的肉囊膨胀。当肉囊缩小，叫声以许多短叹音结束。雄猩猩长叫并不多见，最常闻的叫声是由"哼哼"、"哇哇"、"喇叭"等沉重声音的组合，或是通过它噘嘴发出一种"咕噜"的独白声，这种声音很低，给人一种孤寂的感觉，必须十分靠近它才能听到。

有人分析，猩猩独居或者结小群活动的生活方式或许与它的觅食习惯有关。因为猩猩个头较大，食量也大，又主要以果实为食，而一般森林里果树并不多见。有的果树虽年年长果子，但一年仅一次；有的果树长果子没有规律，要到特殊气候才长；有的果树虽长了果子，但要到烂熟时才可吃。所以，猩猩必须长途觅食，才能够更好地生存下去。如果它经常成群结队活动，势必造成食物供应不足，因而这也是对环境的一种适应。

据美国女人类学家伯鲁特·M.E.盖狄卡茨博士对猩猩的19年（1971～1990）考察，发现它不仅是一种温文尔雅的动物，而且十分聪明，智商极高。雌性猩猩之间相

▲ 红猩猩

互容忍，体现一种互敬互爱的关系。雄性猩猩之间也极少发生争吵，在盖狄卡茨博士与猩猩相处的19年中仅发生过几次，但也不是"你死我活"的格斗。猩猩和人类也能十分友好地相处，雌性猩猩更是如此。

猩猩与黑猩猩、大猩猩一样，也能学会许多手势语言，例如，盖狄卡茨在不到一年的时间内，教会一只名叫"丽尼"的猩猩学会了320种手势语言，速度之快，语言之多，实在令人吃惊。此外，猩猩还具有很强的模仿能力。比如猩猩见到人在穿袜子，它便立即抢过去，把一只袜子穿在自己的前肢上。

1993 年，美国提出世界上濒临灭绝的十大物种新名单，亚洲的猩猩列在其中，而非洲的大猩猩和黑猩猩却没有，这究竟为什么？

　　大猩猩和黑猩猩虽然也属珍稀濒危动物，但是与猩猩相比，它们的生活地域还相对较广，数量也尚未达到濒于灭绝的境地，而亚洲猩猩的情况就不同了，它们仅产于亚洲的苏门答腊和加里曼丹（婆罗洲），加之人们长期的滥捕滥猎和任意伐木，严重破坏了它们的栖息环境，以至数量逐年锐减，现在已到了濒临灭绝的地步。虽然印度尼西亚和马来西亚政府在不久前对这种世界级珍稀动物实行了法律保护，建立起猩猩自然保护区，但是偷猎现象仍时有出现。

（华惠伦）

最接近人的动物——大猩猩、黑猩猩

在所有灵长类动物中，论个头之大当推大猩猩了，它站立时的身高在 125～188 厘米之间，体重超过人好几倍。一般雄性大猩猩体重可达 140～270 千克，人工饲养的大猩猩最重可达到 304 千克，身高接近 2 米。雌性大猩猩个头虽然较小，但身高也有 1.25～1.40 米，体重也能达 150 千克。这样身体异常粗壮魁梧的大猩猩，其体力足以匹敌一头凶猛的雄狮，大象见了也会退避三舍，就是 10～20 个赤手空拳的壮汉也打不过它，所以有人称它为"森林中的金刚"。当人们在林地见到这庞然大物时，往往也会联想到寺庙的四大金刚，因为它们似乎一样巨大和威武。

或许是因为大猩猩身型巨大、长相凶猛等缘故，美国曾有 90 部影片把它表现成一种性情粗暴的凶蛮怪物，

▲ 大猩猩

在世界各国出版的一些动物主题的图书中也说它性情凶暴残忍。实际上，动物也不能单看相貌，其实，大猩猩是害羞而温和的素食主义者，它主要吃各种植物嫩芽、竹笋、野果等，很少盗食农作物，也不会主动袭击人。

　　既然大猩猩并不可怕，那么人们传说的大猩猩捶胸、顿足、露出凶暴的样子，又是怎么回事呢？经过灵长类学家萨勒夫妇等人的长期观察，原来这是大猩猩的一种经常而自然的动作，连出生4～5个月的幼大猩猩也会这样做。一只成年大猩猩碰到另一群大猩猩，或者遇到了人，就会不停地蹦蹦跳跳。同时它还大声地吼叫，还会用手折下树枝勾在嘴上，用两只手疯狂地把树枝采下来到处抛撒，闹得最凶时，它们就双手捶打胸脯，还呼哧呼哧地跳跃。这种行为，是向敌人显示凶勇，但并不主动向敌人进攻。这实际上也表明它们生性胆怯。

　　大猩猩群是一个稳定的群体，群体大小不一，小的有5～15只个体，中的20～30只，大的可达40只。每个群体中，有一只自然形成的"猩王"，或叫"首领"。这个猩王必须具备3个条件：一是个头大、力气大的成年雄性大猩猩；二是有超凡的智力和与敌人较量的勇气；三是能争当首领的那股当仁不让、舍我其谁的架势。猩王的职责，便是掌管这群大猩猩的外出采食、夜间住宿和安全保卫等日常事务。到了当猩王年龄的雄性大猩猩，背上会长出一撮银灰色的毛，人们叫它为"银背"，这是大猩猩群体中无可

▲ 大猩猩

争辩的首领。每一群大猩猩，至少有一只成年雄性大猩猩（银背），1～3只将成年的雄性（也许是银背的儿子，留在群体中以备将来银背死后或年老时接管这个群体），多只雌性，以及数目不等的幼仔。

在现在所有动物（包括大猩猩、猩猩和长臂猿）中，要数黑猩猩的形体特征和生理现象最接近人类了。正因为这一原因，长期以来，人们把黑猩猩作为人的"替身"进行医学、生理学、心理学等方面的实验。科学家曾测定过黑猩猩的脑容量，发现它的脑重占体重的0.7%，仅次于人（2.1%）和海豚（1.7%）。新近，美国疾病控制与预防中心

▼ 两只黑猩猩相互"打招呼"

▲ 黑猩猩

的艾滋病专家比特赖斯·哈恩提出，艾滋病病毒从黑猩猩进入人体，几乎可以肯定发生在赤道非洲。由于人类和黑猩猩在生理上十分接近，所以科学家较早就在人工饲养的黑猩猩身上试验艾滋病疫苗和肝炎疫苗了。

在野生或饲养的黑猩猩群体中，人们早已发现黑猩猩具有与人相似的许多丰富表情和情感。例如，两只关系亲密的黑猩猩相遇，它们不仅会相互"打招呼"，而且还会热烈拥抱。

许多人类学家认为，大约在 180 万年以前，人类的进化道路上有一个飞跃，这就是通过合作捕食和共同享食，才出现了典型的人类社会。而今天，人们不仅观察到黑猩猩在狩猎中有组织地合作围捕，而且对猎物进行社会分配，共同享用。例如，一次 5 只黑猩猩协同捕获了一只较大的猴子后，一起分享战利品。其中一只黑猩猩拣了一块猴子的胫骨，匆匆离去。科学家急忙尾随跟踪，看看它究竟去干什么？原来，它是把这块胫骨作为"礼物"，送给一只偏食猴骨而不在场的黑猩猩。这说明，黑猩猩也有偏食的食性。

美国耶鲁大学科学家查理斯·西伯雷等人，对动物进化与 DNA 分子作近两万个对照测定，并参照大量的化石资料，西伯雷得出结论：DNA 分子钟的走时约为 450 万年变化 1%。西伯雷等人比较了人类、黑猩猩、大猩猩、猩猩、长臂猿，以及 5 种旧大陆猴子的 DNA 分子，研究了它们之间的亲缘关系，发现所有猴类的 DNA 分子结构与人类、猿类差异都很大，说明关系较远。而人类与黑猩猩 DNA 分子结构差异最小，仅为 1.9%。根据分子钟走时可推算出，人类和黑猩猩是在大约 800 ~ 700 万年前由共同的祖先分化出来的，其次最为接近的，就是人类和大猩猩了，人类和大猩猩 DNA 分子结构差异为 2.1%，而大猩猩与黑猩猩的 DNA 分子结构差异为 2.4%，这说明大猩猩和黑猩猩的亲缘关系，还不如人类和黑猩猩亲缘关系来得近！

（华惠伦）